医院工程项目
BIM 技术应用研究

张大力　殷许鹏　著

 吉林大学 出版社

图书在版编目（CIP）数据

医院工程项目 BIM 技术应用研究 / 张大力，殷许鹏著 .—
长春 ：吉林大学出版社，2019.6
ISBN 978-7-5692-5136-4

Ⅰ . ①医… Ⅱ . ①张… ②殷… Ⅲ . ①医院－建筑设
计－计算机辅助设计－应用软件－研究 Ⅳ .
① TU246.1-39

中国版本图书馆 CIP 数据核字 (2019) 第 152152 号

书　　　名：医院工程项目 BIM 技术应用研究
　　　　　　YIYUAN GONGCHENG XIANGMU BIM JISHU YINGYONG YANJIU

作　　者：张大力　殷许鹏　著
策划编辑：邵宇彤
责任编辑：刘守秀
责任校对：柳　燕
装帧设计：优盛文化
出版发行：吉林大学出版社
社　　址：长春市人民大街 4059 号
邮政编码：130021
发行电话：0431-89580028/29/21
网　　址：http://www.jlup.com.cn
电子邮箱：jdcbs@jlu.edu.cn
印　　刷：定州启航印刷有限公司
成品尺寸：170mm×240mm　　16 开
印　　张：18.75
字　　数：367 千字
版　　次：2019 年 6 月第 1 版
印　　次：2019 年 6 月第 1 次
书　　号：ISBN 978-7-5692-5136-4
定　　价：88.00 元

前　言

当前，BIM 技术在我国的建筑业转型升级中起到关键作用，已成为建筑领域实现技术创新、转型升级的突破口。住房和城乡建设部 2015 年 6 月 16 日发布了《关于印发推进建筑信息模型应用指导意见的通知》，要求到 2020 年，建筑行业甲级勘察、设计单位以及特级、一级房屋建筑工程施工企业应掌握并实现 BIM 与企业管理系统和其他信息技术的一体化集成应用；到 2020 年末，以下新立项项目勘察设计、施工、运营维护中，集成应用 BIM 的项目比率达到 90%：以国有资金投资为主的大中型建筑；申报绿色建筑的公共建筑和绿色生态示范小区。各地市也相继出台了相关推动和规范 BIM 技术应用的相关文件，可见政府及市场对 BIM 技术的推崇与认可。

同时，随着中国城镇化进程的不断深入和我国医疗设施需求的不断增长和提高，新建医院项目建设需求量巨大，医院项目由于其特殊的功能需求和高昂的投资额，医院项目后期运营管理对前期施工过程信息的依赖性强，BIM 技术人员储备不足的问题也日益显现，开展建筑信息模型在施工管理过程中的应用迫在眉睫。

在此背景下，《医院工程项目 BIM 技术应用研究》深度论述了医院项目施工过程中 BIM 技术实施的方式和方法。全书从 BIM 技术的概述和医院项目 BIM 实施的意义开始，将 BIM 技术在施工图设计阶段的应用、BIM 技术在施工准备阶段的应用、BIM 技术在施工段的应用、基于 BIM 的协同管理平台的应用进行深度剖析，并借鉴了其他医院项目 BIM 技术实施案例，希望能为有志于从事 BIM 工作的技术人员提供帮助。

本书在编写过程中参考了大量宝贵的文献，吸取了行业专家的经验，参考和借鉴了有关专业书籍的内容，在此，向这些文献的作者表示衷心的感谢。由于作者水平有限，加之时间仓促，书中难免有疏漏之处，恳请读者批评指正，读者在应用本书过程中，如遇到相关问题，欢迎与我们交流。

作者

2018 年 10 月

目　录

第 1 章　BIM 技术的概述 ◇◇◇◇◇◇◇◇◇◇◇◇◇◇◇◇◇◇◇◇◇◇◇ 001

　　1.1　BIM 技术简介 ············· 001

　　1.2　BIM 在国内外应用发展现状 ············· 002

　　1.3　某县人民医院迁建项目 BIM 应用背景 ············· 004

　　1.4　某县人民医院迁建项目 BIM 实施方案 ············· 011

　　1.5　某县人民医院迁建项目 BIM 应用保障措施 ············· 034

第 2 章　BIM 技术在施工图设计阶段的应用 ◇◇◇◇◇◇◇◇◇◇◇◇ 049

　　2.1　门急诊医技楼项目全专业模型 ············· 049

　　2.2　新建定义设备 ············· 136

　　2.3　碰撞检查与管线综合 ············· 143

　　2.4　图纸问题反馈 ············· 154

　　2.5　明细表的统计 ············· 162

第 3 章　BIM 技术在施工准备阶段的应用 ◇◇◇◇◇◇◇◇◇◇◇◇◇ 164

　　3.1　场地布置 ············· 164

　　3.2　施工的深化设计 ············· 180

　　3.3　工程造价管理 ············· 193

　　3.4　砌体排布 ············· 200

第 4 章　BIM 技术在施工段的应用 ◇◇◇◇◇◇◇◇◇◇◇◇◇◇◇◇◇ 205

　　4.1　进度管理 ············· 205

　　4.2　BIM5D 的软件操作 ············· 211

　　4.3　质量与安全管理 ············· 223

　　4.4　材料管理 ············· 232

第 5 章　基于 BIM 的协同管理平台 ◇◇◇◇◇◇◇◇◇◇◇◇◇◇◇◇◇◇◇◇◇◇◇◇◇◇◇ 240

　　5.1　协同管理平台的发展分析 ·············· 240

　　5.2　医院项目基于 BIM 的协同管理平台的优势 ············ 243

　　5.3　基于 BIM 的协同管理平台实施与应用效果 ·········· 244

　　5.4　基于 BIM 的运维管理 ················· 249

　　5.5　推广 BIM 应用的成效 ··············· 256

第 6 章　BIM 技术的发展趋势 ◇◇◇◇◇◇◇◇◇◇◇◇◇◇◇◇◇◇◇◇◇◇◇◇◇◇◇◇ 258

第 7 章　项目案例 ◇◇◇◇◇◇◇◇◇◇◇◇◇◇◇◇◇◇◇◇◇◇◇◇◇◇◇◇◇◇◇◇◇◇◇◇ 259

　　7.1　BIM 技术在某住宅小区项目中的应用 ············ 259

　　7.2　BIM 技术在某市创新创业（科研）公共服务中心项目中的应用 ··· 263

　　7.3　BIM 技术在某市医院儿科医技培训中心综合楼项目中的应用 ······ 271

　　7.4　BIM 技术在某药业原料药搬迁项目中的应用 ············ 277

参考文献 ◇◇◇ 291

第1章 BIM 技术的概述

1.1 BIM 技术简介

2017 年 5 月 4 日，中华人民共和国住房和城乡建设部（以下简称住建部）发布《建筑信息模型施工应用标准》（下文简称《标准》）（GB/T 51235—2017），《标准》自 2018 年 1 月 1 日起实施。《标准》中建筑信息模型 [building information modeling, building information model（BIM）] 的含义是：在建设工程及实施全生命期内，对其物理和功能特性进行数字化表达，并以此设计、施工、运营的过程和结果的总称。简称模型。在其条文说明中指出《标准》中的定义与国际 BIM 联盟（Building SMART International）对应的 BIM 定义建筑信息模型化（building information modeling）、建筑信息模型（building information model）和建筑信息管理（building information management）相一致，但有两层含义：① 建筑工程及其设施物理和功能特性的数字化表达，在全生命期内提供共享的信息资源，并为各种决策提供基础信息（对应"建筑信息模型"）；② BIM 的创建、使用和管理过程（对应"建筑信息模型化"和"建筑信息管理"）。

BIM 具有可视化、协调性、模拟性、优化性和可出图性这五大特点。其对加快项目实施进度、节约成本、确保工程质量与安全有巨大的促进作用。2011 年住建部发布《2011—2015 年建筑业信息化发展纲要》，第一次将 BIM 纳入信息化标准建设内容；2013 年推出《关于推进建筑信息模型应用的指导意见》；2016 年发布《2016—2020 年建筑业信息化发展纲要》，BIM 成为"十三五"期间建筑业重点推广的五大信息技术之首；进入 2017 年，国家和地方加大 BIM 政策与标准落地，北京市、广东省、上海市、广西壮族自治区、浙江省、河南省、安徽省、吉林省、江西省、江苏省、内蒙古自治区、陕西省、湖北省相继出台了本地区 BIM 实施指南、标准。中华人民共和国住房和城乡建设部 2017 年 10 月 25 日颁布的《建筑业十项新技术（2017 版）》更是将 BIM 列为信息技术之首。

1.2 BIM 在国内外应用发展现状

1.2.1 BIM 在国外应用发展现状

随着 BIM 技术应用效益的日益凸显，美国、英国、新加坡、澳大利亚、韩国以及北欧各个国家和地区开始陆续推动 BIM 技术应用。从整体来看，国外 BIM 技术应用政策路线的制定以及实施推动主要有政府部门推动、行业组织（协会）推动以及企业自发推动三种模式，但政府部门推动、业主方（或建设单位，以下为同义语表达）驱动是当前 BIM 应用的主要模式。

在应用领域方面，2014 年 McGraw-Hill 的调研表明，国外承包商参与的 BIM 技术应用项目中，房建类项目较多，且主要集中于商业项目；参与的非房屋建设 BIM 技术应用项目主要集中在基础设施类项目和工业项目，矿物资源开采项目和能源项目较少。Pike Research 的研究表明，项目不同阶段，BIM 技术应用的侧重点也不同。BIM 技术的应用领域从高到低依次为：可视化（63.8%）、碰撞检测（60.7%）、建筑设计（60.4%）、建造模型（As-Built）（42.1%）、建筑装配（40.6%）、施工顺序（36.2%）、策划和体块研究（31.9%）、造价估算（27.9%）、可行性分析（24.1%）以及环境分析、设施管理、LEED 认证等。由于不同的 BIM 应用层次对组织的要求也不同，因此美国国家 BIM 标准提供了一套量化评价体系，即 BIM 能力成熟度模型（BIM Capability Maturity Model，BIMCMM），该标准将 BIM 应用能力从最不成熟的 1 级到最成熟的 10 级共划分为 10 个等级，评价维度包括数据丰富程度、生命周期视角、变更管理、角色专业、业务流程、及时响应程度、提交方法、图形信息、空间能力、信息准确度和互用 IFC 支撑等 11 个方面，采用百分制计分，通过确定每个维度的权重即可计算评估对象的成熟度得分。根据标准，50 分为通过，70 分为银牌，80 分为金牌，90 分为白金。其中，2009 年规定的最低标准为 40 分。

1.2.2 BIM 在国内应用发展现状

近些年来，BIM 技术在国内建筑行业的研究应用也较为广泛，如李久林研究了 BIM 技术在国家体育馆等大型复杂的建设项目建造的应用；王爱兰研究了 BIM 技术在北京马驹桥公租房装配式建筑结构产业化施工中的应用；骆汉宾研究了 BIM 技术在武汉地铁工程建设安全预警系统中的应用。BIM 的实际应用中，孙显峰等将无人机 3D 扫描和 BIM 结合应用于宁夏国际会堂改造项目的施工建造中；杨晓毅等将 BIM 技术应用于深圳国际会展中心的施工现场管理中，还有一些学者将 BIM 技术与 VR 结合应用于上海世博会奥地利馆等空间关系复杂的建设项目协同设计过程中。

　　1. 标杆性企业的研究进展

　　（1）中国建筑设计研究院。中国建筑设计研究院是我国最早应用 BIM 技术的企业之一，也是我国在这个行业的标杆性企业。多年来，从初步应用到不断摸索，中国建筑设计研究院也在不断总结和完善自己的 BIM 技术。以中国移动国际信息港二期项目为例，这个项目在全专业、全过程中运用了 BIM 技术，并在过程中有了很多的拓展和应用。它在协同中用了多款的软件完成了协同设计研究绿色方针、虚拟现实、云技术以及和施工相关的研究；在拓展中研究了标准、协作流程包括一些难点的攻关。这个项目当中应用了多款软件，最为关键的是多款软件中的信息传递问题，由于软件之间的接口不同，为了提高工作效率，同时不丢失相关信息，研究人员找到了从一款软件传递给另外一款软件的方法。

　　（2）上海鲁班软件股份有限公司。上海鲁班软件股份有限公司主要从事建造阶段 BIM 技术项目级、企业级解决方案研发和应用推广、城市级 BIM（CIM）应用、住户级 BIM 应用（精装、家装 BIM）。其主要优势突出在数字建模过程中，一次性建模，全员全过程应用，全面提升项目全过程精细化管理水平。

　　（3）广联达科技股份有限公司。广联达科技股份有限公司主要从事工程造价管理、项目管理、招投标管理等软件的开发与应用培训，立足建筑产业，围绕工程项目的全生命周期，以提供建设工程领域专业应用为核心基础支撑，以产业大数据、产业新金融等为增值服务。

　　（4）北京建筑设计研究院。北京建筑设计研究院（简称：BIAD）除提供三维数字建模、复杂建筑型体参数化设计、三维管线综合协调、三维施工图设计等常规 BIM 咨询服务以及复杂形体表现、可持续设计分析等高端增值服务外，还致力于应用 BIM 技术提高建筑产品的精致性、建筑服务的精细性和建造及运维的精密性。BIAD 致力于建筑信息模型（BIM）在建筑全生命周期中的应用与开发，促进规划、设计、建造、运行维护全产业链的信息整合。北京建筑设计研究院承担并完成国家大剧院、首都机场 3 号航站楼、国家体育馆、五棵松文化体育中心、奥林匹克公园国家会议中心、奥林匹克公园中心景观及下沉广场、中国石油大厦、北京电视中心、上海世博会项目等大型建设项目，在数字化设计领域具有较高的经验水平。

　　（5）中国电建集团华东勘测设计研究院。中国电建集团华东勘测设计研究院主要从事三维数字化设计、工程设计施工一体化管理、工程全生命周期管理等数字建造平台的构建，以实现全专业、全过程的工程三维数字化设计与应用。中国电建集团华东勘测设计研究院拥有工程设计综合甲级资质、工程勘察综合甲级资质、工程咨询甲级资质，名列"中国承包商 80 强"，并先后被评为"最具国际拓展力工程设计企业""最具效益承包商"。

2. 发展中存在的问题

目前，在我国市场上具有影响力的 BIM 软件一共有 30 种，这 30 种软件主要集中在设计阶段和工程量计算阶段，施工管理和运营维护的软件比较少。而较有影响力的供应商主要包括 Autodesk（美国）、Bentley（美国）、Progman（芬兰）、Graphisoft（匈牙利）以及中国的鸿业、理正、广联达、鲁班、斯维尔等。

1.3 某县人民医院迁建项目 BIM 应用背景

1.3.1 某县人民医院介绍

某县人民医院位于该县城西南部，始建于 1932 年，前身是美国人创建的教会医院，县级综合医院。是该县历史最悠久、设备最齐全、技术力量最雄厚、规模最大的非营利性县级医院，也是该县唯一的一所国家"二级甲等"医院，集医疗、教学、科研、康复、预防为一体。多年来，某县人民医院一直担负着全县 56 万人民的医疗保健工作，是某县农村合作医疗定点医院、某县医保定点医院。医院总占地面积为 43 000m²，职工 500 余人（其中高级职称 33 人，中级职称 98 人），年门诊量 20 余万人次，住院 10 000 余人次。现拥有高七层建筑面积达 8 000m² 的现代化门诊大楼，设有 330 张高标准病床的内、外科病房大楼；装备有核磁共振、螺旋 CT、彩色 B 超、体外碎石机、电子胃镜、脑彩超、乳腺诊断仪、肌电图、彩色颈颅多普勒、自动生化分析仪、电视遥控摇篮 X 光机等国内外先进医疗设备的特检科技大楼；开展了健康体检、导医导诊、预诊分诊、家庭医疗保健等特色服务。医院由介入科，肿瘤科，心脑血管病科，内分泌、肾病、糖尿病科，椎间盘突出科，骨病关节病科，创伤显微外科，泌尿科，烧伤科，白内障复明科，结石病科及眼、耳鼻咽喉、口腔、不孕不育、皮肤、肛肠、颈肩腰腿疼等科室组成。由全院百余名高、中级专业技术人员组成的人才队伍与省内外 10 余所医学院校、科研单位、医疗机构进行技术合作，引进并推广了钬激光治疗椎间盘突出、外科用腔镜、微创治疗脑出血、超声乳化治疗白内障、经尿道气化电切、断肢（指）再植等 10 余项国内外先进技术，有些项目甚至填补了省级空白（如钬激光治疗椎间盘突出等）。为了方便广大人民群众就医，某县人民医院在全县率先推行"无假日医院"，并对周末来院就诊的病人实行了特检费减免 10% 的优惠。多年来，某县人民医院一起坚持为患者提供专业的诊疗技术、人性化的诊疗服务和温馨的诊疗环境，并奉行"医疗价格最低化，医疗服务最优化"。

随着经济和社会的发展，该县现有医疗服务水平不能满足当地人民就医的需要。人民医院迁建项目作为当地重点民生工程（见图 1-1），项目内设血液净化、CCU、NICU、PICU、内、外、妇、儿等 22 个病区，项目建成后，可同时接纳各类住院患者及养老康复人员 2 500 余人，能够有效解决"养老难、就医难"问题，为当地社会保障及医疗卫生事业的发展发挥积极作用。

图 1-1　某县人民医院迁建项目门急诊医技楼工程效果图

1.3.2　门急诊医技楼工程 BIM 技术应用背景

某县人民医院迁建项目门急诊医技楼工程，位于河南省某县经四路与南二环路交叉口。该工程地下一层，地上五层。建筑总长为 155.5m，宽为 104.5m，建筑高度为 22.35m，总建筑面积为 76 182.7m²，该项目质量标准为确保"中州杯"，争创"鲁班奖"。

本工程一层地下室，单层面积达 19 774.11m²，后浇带多达 6 条，地下室砼用量约为 24 600m³，钢筋约为 2 400t，模板需近 55 000m²，拟投入 4 台塔吊、2 台砼输送泵和 2 台砼布料机，周边部位还配备汽车泵输送砼，地下室施工人数需 400人。作为一个系统、完备、智能化的建筑，机电安装的内容丰富；综合管线布置易发生碰撞，管线综合布置是否合理将直接影响装饰的美观；机电系统调试较为复杂；土建、装饰以及专业分包的协调配合贯穿于机电安装的整个过程。

针对目前医院建筑智能化运维管理水平难以满足后勤管理高要求的问题，项目中采用 BIM 技术将医院建筑基础数据与后勤运维管理数据进行有效集成与联动的方法。首先剖析了医院运维管理的特点、医院运维信息化现状、应用 BIM 技术辅助医院精细化管理的必要性，探讨了 BIM 运维模型建模精度、基于 BIM 的运维数据集成和运维模型交互操作等关键技术；提出了基于 BIM 的医院智慧运维管理系统架构及系统功能。

某县人民医院迁建项目门急诊医技楼项目是以医疗、科研、急救等为主体的民生工程，以服务社会为宗旨，本工程体量大、工期紧张、专业多，线管的预埋、孔洞预留都要求做到精确缜密。医院运维管理既具备与其他公共建筑运维管理共性的需求，又具有医疗行业独有的特点。医院内病员、家属、探视、医护、行政等人员密集且繁杂，运维服务难度大；公共区域、专用区域、特殊区域等不同区域对温度、室压、排风、排污、换气等要求各异，运维品质要求高，能源形式多样，包括电、水、燃气、蒸汽；运维保障要求高，机电系统繁多，包括冷热源、给水排水、变配电、医用气体系统等，运维专业要求高。然而，目前大部分医院运维工作多委托外包团队完成，水平参差不齐。传统的运维管理模式难以满足实际应用需求，解决医院医疗对后勤管理的高要求与目前相对落后的医院建筑运维管理水平之间的矛盾是医院管理的迫切需求。

从设计到施工过程中，图纸变更频繁且机电管线复杂，医疗建筑相比其他公共建筑增加了医用气体等专业系统，综合排布难度大（见图 1-2）。施工不可避免地要进行各个专业的交叉作业，现场协调难度大，质量、安全、环境保护要求高。此项目为争创绿色施工示范工程和鲁班奖工程。在项目开工初期便采用 BIM 技术，主要解决项目机电管线综合排布、系统校核以及 BIM 全过程的动态管理等问题。针对本项目重、难点定制不同的应对措施，结合 BIM 技术，高效完成施工任务。

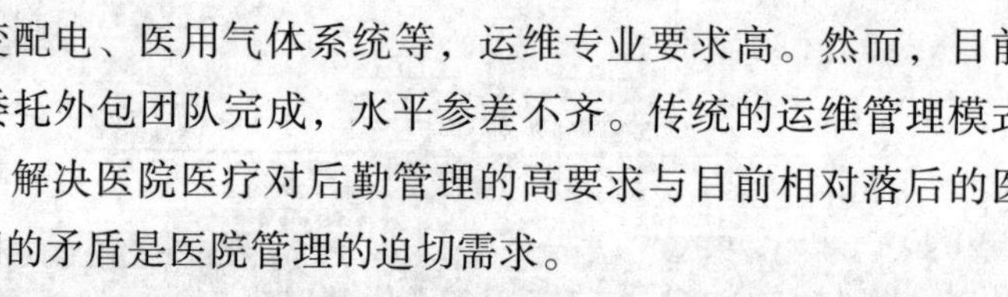

图 1-2　医院项目施工分区示意图

由于施工作业面较多、施工项目复杂，增加人力、分层分区施工是保证工期的最佳途径。

1.3.3　门急诊医技楼工程 BIM 技术实施的意义

1. 门急诊医技楼工程 BIM 技术实施的项目意义

某县人民医院迁建项目门急诊医技楼工程项目施工技术要求复杂，工程体量大，管道密集排布较多，预留洞口众多且难于定位，施工队伍和人员较多，分包管理困难，涉及专业多，各专业交叉施工协调难度大，工期紧，并且功能要求比较高，该项目将 BIM 技术应用于传统施工工艺之中，实现质量管理、安全管理、进度管理、成本管理的协调统一。

本工程采用 BIM 技术，全面实现项目信息的无障碍交流。按照不同层次并结合项目实际、业主要求、施工周期，安排不同层面应用内容：利用 BIM 进行管线碰撞检测、管线综合、系统平衡校核；利用模型做预制加工；快速统计项目工程量信息，准确评估成本变化；通过三维施工模拟与施工组织方案的结合，有效控制工程进度。

通过三维设计获得工程信息模型和几乎所有与设计相关的设计数据，可以持续即时地提供项目设计范围、进度以及成本信息，这些信息完整可靠、质量高并且完全协调。通过工程信息模型可以使得：交付速度加快（节约时间）、协调性加强（减少错误）、成本降低（节约资金）、生产效率提高、工作质量提升、沟通时间减少。具体内容包括：

（1）BIM 涵盖了全面的信息。可以有效地访问有关设计与几何图形、成本、进度信息，所有这些关键信息均可立即获得，从而可以更快更有效地制订项目相关决策。

（2）BIM 能降低设计和文档的工作量和错误。允许项目团队在设计或文档编制过程中随时对项目做出更改，三维工程模型能自动关联协调二维图纸的不当表达和疏漏，省去了繁重、低价值的反复协调与人工检查工作，提高检查质量。这使项目团队可将更多时间投入项目关键问题。

（3）BIM 更加方便修改和减少修改错误。BIM 模型只要对项目做出更改，由此产生的所有结果都会在整个项目中自动协调。创建关键项目交付件（例如可视化文档和管理机构审批文档）更加省时省力，因此可以更快更好地交付工作，信息模型提供的自动协调更改功能可以消除协调错误，提高工作整体质量。

（4）BIM 为施工阶段提供更多信息，提高效率、节约成本、更易沟通。可以同步提供有关建筑质量、进度以及成本的信息。施工人员可以促进建筑的量化，以进行评估和工程估价，并生成最新评估与施工规划。计划产出结果或实际产出结果易于分析和理解，并且施工人员可以迅速为业主制订展示场地使用情况或更新调整情况的规划，从而和业主进行沟通，将施工过程对业主的运营和人员的影响降到最低。还能提高文档质量，改善施工规划，从而节省施工中在过程与管理问题上投入的时间与资金。最终结果就是，保障施工的顺利完成，提高工程质量，能将业主更多的施工资金投入到建筑，而非行政和管理中。

（5）BIM 在工程建设生命周期的管理阶段的价值。BIM 可同步提供有关建筑、设备使用情况或性能已用时间以及财务方面的信息。工程建设模型可提供数字更新记录，并改善搬迁规划与管理，以及重要财务数据。这些全面的信息可以提高建筑运营过程中的收益与成本管理水平。同时还将用于例如搬迁管理、环境分析、能量分析、数字综合成本估算以及更新阶段规划。工程投资是一个典型的具备高投资与高风险要素的资本集中的过程，一个质量不佳的建筑工程不仅会造成投资成本的增加，还将严重影响后续的运营生产，工期的延误也将带来巨大的损失。不幸的是，基于当前设计的不严谨、劳动密集的技术环境下，建筑工程总是伴随着不可避免的错误、延期交付和超预算。贯穿于规划、设计与建造过程中的建筑信息模型（BIM）技术呈现出巨大的机会，改善上述因为不完备的建造文档、设计变更或不准确的设计图纸而造成的每一个项目交付的延误及投资成本的增加。BIM 不仅使得建设团队在实物建造完成前预先体验工程，更产生一个职能的数据库，提供贯穿于建筑物整个生命周期中的支持。BIM 的优势主要体现在以下几个方面：

① 实施：在建造之前获得对项目完整的理解。在 BIM 的投资将改善数据的重复利用及改进在旷日持久的过程中才可能发现的正确的设计方案，使项目按时并在预算内交付。借助卓越的发现与搜索工具，实行高效快速的设计交流审查，是确保项目实施速度的保障。这个加速交流审核的过程需要包括项目设计之外延伸的合作团队，以进一步改善设计方案的品质。

② 沟通：创建一个每个人都可以非常容易观察、探究和理解的 3D 模型。BIM 使得团队合作更为有效，这是因为与设计师沟通其设计意图更为便捷，更方便与承包、分包团队及他们的供应商、合作伙伴、客户讨论、审核，减少交流时间，提高大家对项目理解的共识从而使项目更好更快地完成。

③ 检查：在建造前，发现并解决设计方案中潜在的不合理预算投入和设计过程中的疏漏。在一个典型的项目中，在 BIM 数据模型环境中检查干涉，将设计错

误在成为现实问题之前发现并锁定，可以依据信息实质地排除，这将节省投资，减少浪费。

④ 模拟：在建造前已经把整个施工模拟出来，真正施工过程中一切均在计划之中。BIM 对任何人而言，消除了不可预见的错误，有效管理了他们的责任。BIM 可以很容易模拟真实施工过程，项目模型成为连接时间、费用和任何数据信息的网络数字信息中心，这给出了一个项目的全貌，保证工程按计划顺利实施和按时交付。

2. 门急诊医技楼工程 BIM 技术实施的社会意义

建筑信息模型（building information modeling，BIM）技术是在计算机辅助设计（CAD）等技术基础上发展起来的多维建筑模型信息集成管理技术，是由传统的二维设计建造方式向三维数字化设计建造方式转变的革命性技术，是促进绿色建筑发展、提高建筑产业信息化水平、推进智慧城市建设和实现建筑业转型升级的基础性技术。推行 BIM 技术应用，发挥其可视化、虚拟化、协同管理、成本和进度控制等优势，将极大地提升工程决策、规划、设计、施工和运营的管理水平，减少返工浪费，有效缩短工期，提高工程质量和投资效益。同时，将进一步增加建设工程信息的透明度和可追溯性，对规范市场秩序和预防建设领域腐败具有重要作用。

2017 年 7 月 2 日，河南省颁布相关条例明确了 BIM 应用的指导思想、基本原则、主要目标、主要任务和保障措施。为贯彻国务院办公厅《关于促进建筑业持续健康发展的意见》（国办发〔2017〕19 号）、住房城乡建设部《2016—2020 年建筑业信息化发展纲要》（建质函〔2016〕183 号）与《关于推进建筑信息模型应用的指导意见》（建质函〔2015〕159 号）的有关工作部署，现就推进河南省房屋建筑和市政基础设施工程建设领域建筑信息模型（building information modeling，以下简称 BIM）技术应用提出以下指导意见：

到 2017 年末，初步建成河南省房屋建筑和市政基础设施工程建设领域 BIM 技术应用的标准框架体系；本省骨干甲级工程勘察设计企业，特级、一级施工企业，综合、甲级监理企业，甲级工程造价咨询和部分一类图审机构基本具备 BIM 技术应用能力。到 2018 年末，基本形成满足河南省房屋建筑和市政基础设施工程建设领域 BIM 技术应用推广的技术体系和配套政策；本省主要甲级工程勘察设计企业，特级、一级施工企业，综合、甲级监理企业，甲级工程造价咨询和一类图审机构普遍具备 BIM 技术应用能力。到 2020 年末，建立完善河南省房屋建筑和市政基础设施工程建设领域 BIM 技术的政策法规、标准体系。本省甲级工程勘察设计企业，特级、一级施工企业，甲级监理企业，甲级工程造价咨询，全省一类及部分二类图审机构要全面普及 BIM 技术，基本实现 BIM 技术与企业信息管理系统和其他信息技术的一体化集成应用，BIM 技术应用水平进入全国先进行列。

根据国务院及住房和城乡建设部有关要求，结合河南省实际，分阶段、有序推进河南省 BIM 技术应用工作。编制河南省房屋建筑和市政基础设施工程建设领域 BIM 技术发展规划，到 2018 年末，基本编制完成河南省房屋建筑和市政基础设施工程建设领域的 BIM 技术应用标准。在示范工程基础上，逐步培育和完善 BIM 技术的应用推广和管理体系。到 2020 年末，基本编制完成河南省房屋建筑和市政基础设施工程建设领域 BIM 技术应用标准框架体系内的行业应用标准与指南。

随后启动首批试点示范工程，示范工程应为当年完成初步设计审批的重点工程，包括已完成设计或正在进行设计、在建或已建成并处于运营阶段的 BIM 技术应用。重点鼓励以国有资金投资为主的公共建筑、市政基础设施工程采用 BIM 技术进行试点应用。各省辖市、省直管县（市）住房和城乡建设主管部门应积极推动试点工作，分别选取 1 ~ 2 个 BIM 技术示范工程，总结经验，组织交流，形成示范效应。某县人民医院迁建项目成为示范项目之一。

政府鼓励工程勘察设计、施工、监理、工程造价咨询、软件开发骨干企业申报建设国家或省市级 BIM 技术科研平台，承担课题攻关、技术应用和推广的相关任务。鼓励本地企业自主或合作开发具有自主知识产权的应用软件。研究并建立各级 BIM 公共数据管理平台，逐步实现工程数据的互通互联、行业资源的有效整合和充分共享，为 BIM 技术全面推广应用奠定基础。在全省范围内组织开展 BIM 技术竞赛活动，加强企业技术创新和企业间技术交流，进一步提高全行业 BIM 技术应用的积极性。

与此同时，政府制定房屋建筑和市政基础设施工程建设领域 BIM 技术应用服务标准及满足 BIM 技术应用的招标和合同示范文本。对要求使用 BIM 技术的项目，按项目规模、投资额度和工程重要程度，在技术条款中明确 BIM 技术应用要求和交付成果。河南省住房和成立建设厅指导工程造价管理机构负责制定 BIM 技术应用的相关费用标准，指导有关行业协会开展 BIM 技术应用市场化成本要素测算，引导行业有序竞争，加强行业自律。

国外研究人员对医院、商业建筑、住宅、高速公路等项目运用 BIM 技术的情况进行了比较，发现医院项目管线极其复杂，其运用 BIM 技术可取得较高的成效。更值得关注的是，不同医院项目具有很高的相似性，从而使 BIM 技术应用的成功经验可以复制至未来项目，这极大提高了项目应用 BIM 技术的投入回报。可见，医院项目应用 BIM 技术具有极高价值。

近年来建筑市场发展很快，随着承包业方式多样化（EPC、DB 等），对施工单位能提供的服务需求也越来越广，不仅限于按图施工，图纸的深化设计成为招标要约的条件渐成惯例，可以使工程建设在施工设计的规定下更加优化。不仅要达到设计的要求，同时还能满足业主及其管理公司、咨询公司和机电设计顾问公司等对工程的最终目标及过程控制的需求，因而施工单位必须认真进行策划，使深化设计更加完善。

1.4　某县人民医院迁建项目 BIM 实施方案

1.4.1　BIM 实施目标和策略

1. 编制依据

根据某县人民医院迁建项目门急诊医技楼建设工程项目实际情况，结合国家和省市关于 BIM 技术应用的相关文件，编制某县人民医院迁建项目门急诊医技楼建设工程项目实施方案。

（1）某县人民医院迁建项目门急诊医技楼建设工程项目管理制度体系；

（2）《关于推进建筑信息模型应用的指导意见》（住建部 2015 年 6 月）；

（3）BIM 技术施工过程顾问服务项目服务合同。

2. 编制目的

根据 BIM 实际需求及计划，本方案主要为某县人民医院迁建项目门急诊医技楼建设工程项目的 BIM 实施提供具体指导：

（1）明确施工阶段 BIM 应用目标。明确施工阶段各阶段 BIM 应用点，对具体操作流程、协同流程提出了构想，对应用成效及成果做明确要求。

（2）明确基于 BIM 的成果质量、进度管理等内容，形成一系列 BIM 实施保障措施。包括交付成果审核体系，依据工程进度需提前或后期完善的内容及时间节点交付计划，通过建立及完善 BIM 成果质量管理体系，规划及落实相应的过程审核机制，是 BIM 成果及应用能够真正发挥效用的前提与保障。

（3）结合项目管理流程及基于 BIM 的项目管理规划，深化协同平台工作模式。通过对项目各参与方在 BIM 应用上相应职责的细化与切分，落实 BIM 应用的实施过程，加强项目管理的管控力度，提高 BIM 实际施工过程中的最大价值。

3. 项目简介

项目名称：某县人民医院迁建项目门急诊医技楼建设工程项目。

项目地址：某县经四路与南二环路交叉口东北角。

项目概况：总建筑面积为 76 182.7m²，筏板基础，框架剪力墙结构；其中地下建筑面积为 19 774.11m²，地上建筑面积为 56 408.49m²。

4. 项目重难点

某县人民医院迁建项目门急诊医技楼建设工程项目作为民生项目，项目体量大，结构复杂，工期要求紧。项目实施过程中存在诸多问题，施工管理过程中存在以下难点：

（1）工程复杂。项目设计复杂，技术难点多，工序繁杂。依靠传统的作业方式与技术手段，项目实施风险系数很高，必须综合运用现代化的项目管理技术，特别是高水准的 BIM 技术、信息系统、云计算等技术手段，才能保证项目高效率、高质量、低成本地运行。

（2）工期紧。一般项目为了早日投入运营，项目工期比较紧张，如何在较短的工期内完成项目建造与交付运营，对项目参与任何一方都是巨大的挑战。有效控制工期的途径是更少的变更、更少的重复工作、更高效的协调、更高的生产效率。

（3）专业多，图纸问题多，易造成返工。医技楼项目，特别是机电安装专业较复杂，专业多，管道设备错综复杂。如果依据以往的作业方式（二维蓝图交互、交底、审核），一是工作量巨大，二是图纸错误多且事前不易发现，无直观的资料做审查，易造成返工，成本增加。通过 3D 虚拟、碰撞检查，提前快速预见土建、机电专业间的问题，及时沟通解决问题，有利于整体地控制项目实施风险。

（4）数据协同共享难。该项目本身涉及的分支专业（系统）多，实施参与方也多、必然有庞大的信息量，协同共享历来是面临的重大难题。项目参与各方应在统一的信息共享平台、统一的 BIM 数据库系统、统一的流程框架下进行作业，才能高效协同。

根据以往项目 BIM 应用成果统计分析表明，某县人民医院迁建项目门急诊医技楼建设工程项目应用 BIM 技术可以在以下几方面获得提升：

① 减少施工过程中的返工现象，加快施工进度。

② 提升施工现场协同效率，质量安全管理能力加强。

③ 减少材料浪费，节约建设成本。

④ 梳理详细、准确，结构化的工程竣工资料。

⑤ 提升企业形象。

1.4.2　创建全专业 BIM 模型，提前发现图纸问题

1.建模软件及模型应用软件介绍

（1）鲁班土建（Luban Architecture）

鲁班土建为基于 AutoCAD 图形平台开发的工程量自动计算软件。它利用 AutoCAD 强大的图形功能并结合了我国工程造价模式的特点及未来造价模式的发展变化，内置了全国各地定额的计算规则，最终得出可靠的计算结果并输出各种形式的工程量数据。由于软件采用了三维立体建模的方式，使整个计算过程可视化。通过三维显示的土建工程可以较为直观地模拟现实情况。其包含的智能检查模块，可自动化、智能化地检查用户建模过程中的错误。

（2）鲁班钢筋（Luban Steel）

鲁班钢筋为基于国家规范和平法标准图集，采用 CAD 转化建模、绘图建模，辅以表格输入等多种方式，整体考虑构件之间的扣减关系，解决造价工程师在招投标、施工过程中钢筋工程量控制和结算阶段钢筋工程量的计算问题。软件自动考虑构件之间的关联和扣减，用户只需要完成绘图即可实现钢筋量计算，内置计算规则并可修改，强大的钢筋三维显示，使得计算过程有据可依，便于查看和控制。

（3）鲁班安装（Luban MEP）

鲁班安装是基于 AutoCAD 图形平台开发的工程量自动计算软件。其广泛运用于建设方、承包方、审价方等多方工程造价人员对安装工程量的计算。鲁班安装可适用于 CAD 转化、绘图输入、照片输入、表格输入等多种输入模式，在此基础上运用三维技术完成安装工程量的计算。鲁班安装可以解决工程造价人员手工统计繁杂、审核难度大、工作效率低等问题。

（4）鲁班浏览器（Luban Explorer）

鲁班浏览器是鲁班基础数据管理系统的前端应用，通过该浏览器，工程项目管理人员可以随时随地快速查询管理基础数据，操作简单方便，实现按时间、区域多维度检索与统计数据。在项目全过程管理中，为材料采购流程、资金审批流程、限额领料流程、分包管理、进度控制、成本核算、资源调配计划等方面提供动态、准确的基础数据支撑。

（5）鲁班集成应用（Luban Works）

鲁班集成应用可以把建筑、结构、安装等各专业 BIM 模型通过工作集的合并，在协同平台中进行模型及数据的集成应用。

（6）鲁班进度计划（Luban Plan）

鲁班进度计划是首款基于 BIM 技术的项目进度管理软件，通过 BIM 技术将工程项目进度管理与 BIM 模型相互结合，用横道图和网络图相辅相成的展示方式，革新现有的工程进度管理模式。鲁班进度计划致力于帮助项目管理人员快速、有效地对项目的施工进度进行精细化管理。同时鲁班进度计划是 Luban Builder 系统的重要成员，为 BIM 数据库提供时间维度数据，实现 BIM 数据库数据共享，打破传统的单机软件单打独斗的束缚。

（7）鲁班移动应用

MylubanApp 是鲁班基于支持移动端查看 BIM 模型的 App 产品，将 BIM 技术和移动互联网技术相互结合，致力于帮助项目现场管理人员能够更轻便更有效更直观地查询 BIM 信息并进行协同合作，同时依托 Luban Builder 系统直接从服务器项目数据库中获取 BIM 数据信息，打破传统的 PC 客户端携带不便的束缚，提升工作效率。

（8）鲁班协同

鲁班协同是一款企业级跨组织的协同项目管理软件，可将参建各方的传统线下工作流在线上完成，通过对如问题整改、阶段报告、方案报审、方案会签、现场签证、图纸变更等各类型的事件发起协作，并关联 BIM 模型、照片和资料，支持相关人员对协作做出审批、回复、生成报告等多项工作，大大提高了工作效率，并且结果可以追溯，快速发现问题，快速做出回应。

（9）广联达 BIM 场地布置软件

广联达 BIM 场地布置软件以广联达积累多年的图形平台技术为基础，内嵌数百种构件库采用积木式布模的交互方式为广大技术人员提供极为简单、高效的全新 BIM 产品，为临建设计、标书制作、施组设计、方案交底增添不一样的色彩。软件内嵌数百种常见临建构件模型，支持高清图片导出，支持场景渲染，能制作精确逼真的 BIM 模型，能进行 3D 动态观察，自由漫游行走，且具有支持构件模型的动画参数。

（10）广联达 BIM 模板脚手架设计

采用自主知识产权的图形平台技术，全新打造聚焦于建筑施工过程中模板脚手架业务，为施工企业及项目部的技术工程师提供模板脚手架全过程整体解决方案：快速智能化方案、高效设计验算、可视化方案交底、准确工程量统计、精细化施工管理。软件能够快速智能生成架体；智能创建支撑和剪刀撑；支持两种架体形式：扣件式和盘扣式、优化外脚手架搭设方案。能够快速智能化生成模板支架排布方案；支持多种架体形式：扣件式、盘扣式、轮扣式、碗扣式和套扣式；支持定制不同的构件模板支架形式；智能识别高支模，避免各类规范条文记忆和频繁试算。能够支持整栋、整层、任意剖切三维显示和高清图片输出；支持模板支架平面 / 立面 / 剖面以及不同位置详细节点输出；可视化设计成果应用于投标 / 专家论证 / 设计方案展示和现场交底。能够利用真实三维模型自动出图技术特点，可准确输出全方位多角度图纸，准确传递设计结果；内嵌结构计算引擎，协同规范参数约束条件实现基于结构模型自动计算模板支架参数，免去频繁试算调整的难处；材料统计功能可按楼层和区域输出不同用途的工程量统计表：模板接触面积，扣件式支架和脚手架的总用量，不同杆件规格的杆件配杆用量统计。

（11）广联达 BIM5D

广联达 BIM5D 为工程项目提供一个可视化、可量化的协同管理平台。通过轻量化的 BIM 应用方案，达到减少施工变更、缩短工期、控制成本、提升质量的目的，同时为项目和企业提供数据支撑，实现项目精细化管理和企业集约化经营。广联达 BIM5D 能提供以下价值点。

① 快速校核标的工程量清单。能够利用 BIM 模型提供的工程量快速测算或校核标的工程量，为商务标投标标的提供参考。在投标前期对资金进行把控，加强对后期资金成本控制，方便后期资金流转。

② 技术标可视化展示。对于施工企业而言，项目投标阶段时间紧、任务重、竞争强。广联达 BIM5D 能够对技术标中的关键施工方案、施工进度计划可视化动态模拟，直观呈现项目整体部署及配套资源的投入状态，充分展现施工组织设计的可行性。

③ 施工组织设计优化。在项目策划阶段，需要考虑总进度计划整体的劳务强度是否均衡，广联达 BIM5D 能够根据现场场地的不同情况，也要考虑场地的合理利用。通过广联达 BIM5D 产品对整个施工总进度进化校核，工程演示提前模拟，根据资源调配及技术方案划分施工流水段，实现整个工况、资源需求及物料控制的合理安排。同时利用曲线图，关注波峰波谷，对于施工计划从成本层面进行进一步校核，优化进度计划。

④ 过程进度实时跟踪。对每日任务完成情况进行自动分析，全面掌握施工进展，及时发现偏差，避免任务漏项，为保证施工工期提供数据支撑。利用手机端 App，在施工现场对生产任务进行过程跟踪，将影响项目进度的问题通过云端及时反馈，供决策层实时决策、处理，保证进度按计划进行。利用 BIM5D 进行多视口可视化动态模拟，将实际施工情况和计划进度通过模型进行进度复盘，分析进度偏差原因及时进行资源调配。最终实现管理留痕，精细化管理。

⑤ 预制化构件实时追踪。打破信息孤岛，随时随地掌握构件状态，提高多方

沟通效率；自动统计完工量，准确了解施工进度偏差；实测实量自动预警，提高质量管控力度。通过手机端对装配式等预制构件进行跟踪，参建各方可以实时了解到当前预制件所处阶段，提前规避风险；并通过 PC 端进行进度偏差分析以及 Web 端进行完工工程量自动汇总统计，完成对预制件，从加工到施工吊装完毕整个流程的进度、成本、质量安全管理管理。

⑥ 快速提取物资量。利用 BIM5D 平台依据工作需要快速提量并对分包进行审核，避免烦琐的手算，提高工作效率。快速按照施工部位和施工时间以及进度计划等条件提取物资量，完成劳动力计划、物资投入计划的编制，并可支持工程部完成物资需用计划，物资部完成采购及进场计划。

⑦ 质量安全实时监控。对岗位层级而言，提高岗位工作效率，方便问题记录、查询，对常见问题及风险源提前做到心中有数。对问题流程实现自动跟踪提醒，减少问题漏项，提高整改效率。自动输出销项单，整改通知单等，实现一次录入，多项成果输出，减少二次劳动。对管理层级而言，常见质量问题，危险源推送现场，将管理要求落实到现场，提高管理力度。管理流程实现闭环，实现管理留痕，减少问题发生频度。所有数据自动分析沉淀为后期追责、对分包管理提供科学数据支撑。

⑧ 工艺、工法指导标准化作业。积累项目工艺数据，对每日任务提供具体工艺、工法指导，让技术交底工作落到实处，从而让施工有法可依，有据可查，串联各岗位工作。同时，提高交底文件编制效率，有效避免工艺漏项。利用手机端 App 将工艺推送到现场，将交底内容与日常进度任务相结合，全面覆盖现场施工业务。

⑨竣工交付输出三项成果。第一是交付竣工 BIM 模型，这将是未来竣工存档的一种必然方式；第二是对整个项目过程中的历史数据可追溯，领导层可查看项目过程中的各类信息；第三是过程中资金情况可实时反馈存档。

（12）企业级账号安全管理，项目精细化管理

① 由于本工程项目部参建单位以及人员较多，可通过后台强大的人员账号安全管理系统，按照人员不同岗位进行数据，大大增加了数据的保密性。

② 鲁班秉承着开放的理念，与其他管理系统（如 ERP、PM、FM 系统）对接，共享工程基础数据。BIM 系统产生的数据可通过数据接口提供给管理系统调用，不仅大幅减少数据输入的工作量而且确保数据输入的准确性。BIM 系统中产生的数据（应发生的理论数据）与管理系统的数据（已发生的过程数据）进行对比，可实现项目及企业精细化管理。

本项目基于 BIM 的全过程协同管理模式，满足本工程 BIM 技术全过程数据集成管理平台如图 1-3 所示。

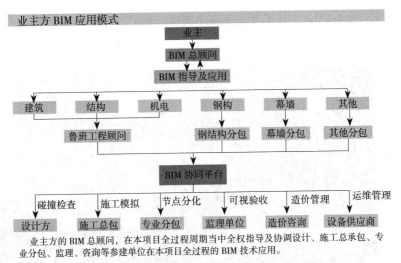

业主方的 BIM 总顾问，在本项目全过程周期当中全权指导及协调设计、施工总承包、专业分包、监理、咨询等参建单位在本项目全过程的 BIM 技术应用。

图 1-3 满足本工程 BIM 技术全过程数据集成管理平台

2.创建全专业 BIM 模型，提前发现图纸问题

采用鲁班系列建模软件完成模型的创建，BIM 建模过程同时也是在对图纸进行审核的过程，在施工前提前发现图纸问题，避免施工过程中的设计变更甚至是返工等情况。本工程图纸问题巨大，在创建 BIM 模型的过程中，记录了大量的相关问题，为以后深化图纸，建立综合优化模型奠定基础。

（1）土建专业。BIM 技术在解决施工图纸中土建专业的案例如图 1-4 所示。

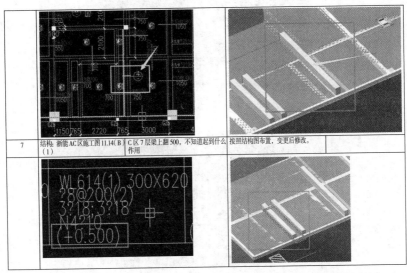

图 1-4 BIM 技术在解决施工图纸中土建专业的案例

（2）钢筋专业。BIM 技术在解决施工图纸中钢筋专业的案例如图 1-5 所示。

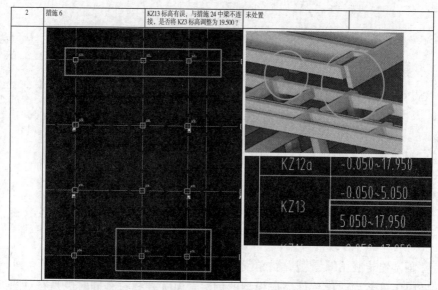

图 1-5　BIM 技术在解决施工图纸中钢筋专业的案例

（3）安装专业。BIM 技术在解决施工图纸中的案例如图 1-6 至图 1-9 所示。

图 1-6　BIM 技术在解决施工图纸中消防专业的案例

图 1-7　BIM 技术在解决施工图纸中暖通专业的案例

序号	图纸编号	图纸问号	模型处理方法	备注
1	给排水: 92433-302-14-7 为一层给排水平面布置图 c 区	一层 c 区该位置系统图少布置一个水龙头	从该洗脸盆位置反向延伸一根管道	

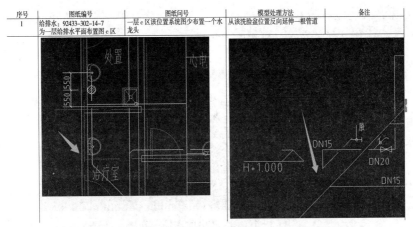

图 1-8　BIM 技术在解决施工图纸中给排水专业的案例

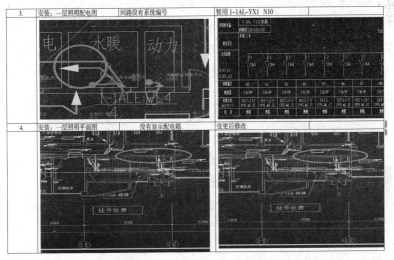

图 1-9　BIM 技术在解决施工图纸中电气专业的案例

1.4.3　建造过程实现虚拟仿真

通过对本工程进行建造阶段的施工模拟，即在实际建造过程中在计算机上的虚拟仿真实现，以便能及早地发现工程中存在或者可能出现的问题。该技术采用参数化设计、虚拟现实、结构仿真、计算机辅助设计等技术，在高性能计算机硬件等设备及相关软件本身发展的基础上协同工作，对施工中的人、财、物信息流动过程进行全真环境的三维模拟，图 1-10 所示为冷冻机房虚拟排布图，可为各个参与方提供一种可控制、无破坏性、耗费小、低风险并允许多次重复的试验方法，通过 BIM 技术可以有效地提高施工技术水平，消除施工隐患，防止施工事故，减少施工成本与时间，增强施工过程中决策、控制与优化的能力。

图 1-10　冷冻机房虚拟排布图

1.目的和意义

建筑性能模拟分析的主要目的是利用专业的性能分析软件，使用建筑信息模型或者通过建立分析模型，对建筑物的日照、采光、通风、能耗、人员疏散、火灾烟气、声学、结构、碳排放等进行模拟分析，以提高建筑的舒适性、安全性和合理性。

在方案设计阶段，辅助设计人员确定合理的建筑方案，举例如下：

（1）风环境模拟：主要采用 CFD（computational fluid dynamics）技术，对建筑周围的风环境进行模拟评价，从而帮助设计师推敲建筑物的体型、布局；并对设计方案进行优化，以达到有效改善建筑物周围的风环境的目的。

（2）能耗模拟分析：主要是对建筑物的负荷和能耗进行模拟分析，在满足节能标准各项要求的基础上，帮助设计师提供可参考的最低能耗方案，以达到降低建筑能耗的目的。

（3）遮阳和日照模拟：主要是对建筑和周边环境的遮阳和日照进行模拟分析，在满足建筑日照规范的基础上，从而帮助设计师进行日照方案比对，以达到提升建筑日照的要求，降低对周围建筑物的遮阳影响。

2.数据准备

建筑信息模型或相应方案设计资料、气象数据、热工参数及其他分析所需数据。

3.操作流程

（1）收集数据，并确保数据的准确性。

（2）根据前期数据以及分析软件要求，建立各类分析所需的模型。

（3）分别获得单项分析数据，综合各项结果反复调整模型，进行评估，寻求建筑综合性能平衡点。

（4）根据分析结果，调整设计方案，选择能够最大化提高建筑物性能的方案。

4. 成果

（1）专项分析模型。不同分析软件对建筑信息模型的深度要求不同，专项分析模型应满足该分析项目的数据要求。其中，建筑模型应能够体现建筑的几何尺寸、位置、朝向，窗洞尺寸和位置，门洞尺寸和位置等基本信息。

（2）专项模拟分析报告。报告应体现模型图像、软件情况、分析背景、分析方法、输入条件、分析数据结果以及对设计方案的对比说明。

（3）综合评估报告（可选）。

5. 成果案例

某项目能耗分析如图 1-11 所示。

某项目日照环境分析如图 1-12 所示。

图 1-11　某项目能耗分析

图 1-12　某项目日照环境分析

1.4.4 管综优化整齐美观、提高效率、节约成本

机电专业涉及专业多，并且还要考虑结构避让或者预留洞等情况。以往项目经常出现机电各专业之间碰撞以及机电与结构的碰撞，往往需要拆除并进行返工，影响施工进度。另外管线排布不合理，也会影响室内净空高度，通过净高检查提前发现不符合要求的构件，保证施工质量。

施工过程中将结合结构 BIM 模型（梁、柱、板等）与机电（风管、水管、桥架等）在 BIM 系统中进行碰撞检查，如图 1-13 所示为 B2 冷冻机房碰撞点示例。针对碰撞检查结果，在满足设计要求的情况下，对管线进行合理优化，提高整体质量，优化结果设计结构安全问题会通过总包单位报监理单位，最终由设计单位确定最终优化方案，业主单位审批后进行变更。

图 1-13 B2 冷冻机房碰撞点示例

针对碰撞结果对管线进行优化排布工作，如图 1-14 所示为某部位走道综合排布，可以设定相应管线排布的原则：电气让水管、水管让风管、小管让大管，有压让无压，施工难度小的让难度大的。管线宜靠近墙、梁集中合理布设，设备、

管线接头应避开大梁位置，同时考虑紧贴吊顶，保证检修空间。桥架和水管多层水平布置时，桥架应位于水管上方；高中压在上，低压在下，经常检修在下；桥架布设也应考虑后期电缆敷设。遇到管线并排布置时，应优先考虑共用支架等。

图 1-14　某部位走道综合排布

1.4.5　指导现场施工

利用 BIM 模型可以通过以下几种方式进行施工现场指导，帮助施工班组按规范要求保质保量完成现场施工，在加快施工进度的同时也保证施工进度。

内部漫游：在具体施工之前可以进行内部漫游，给工人直观查看施工完成后的情况以及提醒需要注意的事项，图 1-15 所示为内部虚拟漫游。

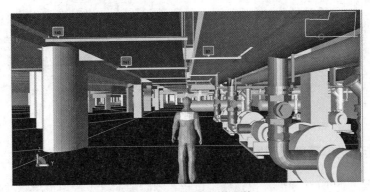

图 1-15　内部虚拟漫游

剖面图：复杂节点可以通过 BIM 模型提供各专业整合后的平面图和剖面图，施工班组可以根据提供的图纸进行准确施工，图 1-16 所示为剖面图指导施工。项目实施过程中涉及结构避让或者预留洞口问题，会在施工前对项目施工人员以剖面图、漫游动画等形式进行技术交底，使其明确避让或者预留洞口的位置信息、结构尺寸、施工后效果图、技术方案等信息，最大限度减少二次开洞或返工现象的发生。

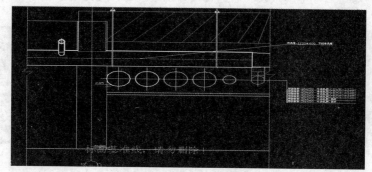

图1-16 管线排布剖面图

利用模型进行孔洞检查，生成孔洞检查报告，并通过软件进行预留孔洞智能定位，从而指导施工，解决了预留孔洞定位不准导致的二次返工损失，如图1-17所示。

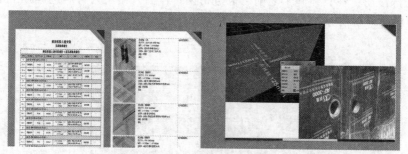

图1-17 孔洞预留示意图

1.4.6 施工进度管理及时发现偏差

利用建立的BIM模型，模拟施工过程，随时随地直观快速地将本项目施工计划与实际进展进行对比，图1-18所示为施工进度模拟，施工方、监理方，甚至非工程行业出身的业主领导都能对工程项目的各种问题和情况了如指掌。技术、施工人员通过模型，可以提前预知施工难点，进而提高协同效率，加快施工进度。

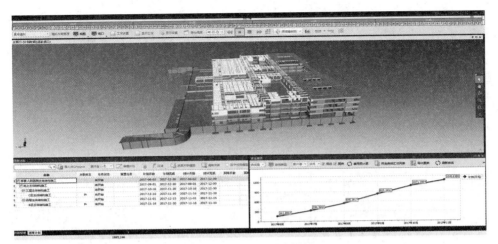

图 1-18　施工进度模拟

通过流水段划分等方式将模型划分为可以管理的工作面，帮助生产管理人员合理安排生产计划，提前规避工作面冲突，直观监控工程进度，对于施工过程中遇到的扬尘治理等情况，可对计划工期进行相应调整，保证在之后的施工过程中继续对进度进行管控。

1.4.7　材料精细化管理、节约成本

物料的精细化管理是 BIM 技术应用的重点，应结合施工组织设计，合理安排物料的进场，结合场布方案堆放物资，减少二次搬运或者二次搬运距离，采用框选出量等功能准确计算不同部位、不同时间节点物资需求，便于资源调配（见表 1-1 至 1-3）。

表 1-1　分部分项工程和单价措施项目清单与计价表

工程名称：平顶山 XXX 医院土建工程　　　标段：　　　　　　第 1 页　共 9 页

序号	项目编码	项目名称	项目特征描述	计量单位	工程量	金额（元）		
						综合单价	合价	其中暂估价
		建筑分部					8 0676 946.19	
	A.1	土石方工程					580 002.87	
	A.1.1	土方工程					268 624.01	

续 表

序号	项目编码	项目名称	项目特征描述	计量单位	工程量	金额（元）		
						综合单价	合价	其中暂估价
1	010101001001	平整场地	1. 土壤类别：一、二类土	m²	21 519.71	1.55	33 355.55	
2	010101002001	挖一般土方	1. 土壤类别：三类土 2.挖土深度:2m	m³	6 268.71	7.48	46 889.95	
3	010101002002	挖一般土方	1. 土壤类别：三类土 2.挖土深度:4m	m³	9 173.45	7.47	68 525.67	
4	010101003001	挖沟槽土方	1. 土壤类别：三类土 2. 挖土深度：lm	m³	1 488.59	9.72	14 469.09	
5	010101003002	挖沟槽土方	1. 土壤类别：三类土 2.挖土深度:2m	m³	10 841.95	9.72	105 383.75	
	A. 1.2	回填					311 378.86	
6	010103001001	回填方	1.密实度要求：夯填 2.填方材料	m³	18 040.49	17.26	311378.86	

表 1-2　分部分项工程和单价措施项目清单与计价表

工程名称：平顶山 XXX 医院通风采暖工程　　　标段：#1　　　第 1 页 共 6 页

序号	项目编码	项目名称	项目特征描述	计量单位	工程量	金额（元）		
						综合单价	合价	其中暂估价
		采暖系统					274 813.84	
1	031008012001	集水器	1. 规格：600×500×300 2. 安装方式：落地式	台	7	380.86	2 666.02	

2	030703001034	碳钢阀门	1. 名称：锁闭调节阀 2. 型号：DN40	个	35		
3	031003001001	螺纹阀门	1. 类型：自动排气阀 2. 材质：钢制 3. 规格、压力等级：DN25 4. 连接形式：螺纹连接	个	7	58.49	409.43
4	030113015001	过滤器	1. 名称：过滤器 2. 规格：DN40	台	7	18.71	130.97
5	031003014001	热量表	1. 类型：热量表 2. 型号、规格：DN40 3. 连接形式：螺纹连接	块	35		
6	080902004001	传感器	1. 名称：温度传感器 2. 规格：DN40	个	35		

表 1-3　分部分项工程量清单及计价表（钢筋）

级别 / 直径	总长（m）	总重（kg）	其中箍筋（kg）	接头类型	接头个数
$\phi 6$	426 883.84	111 025.746	47 134.781	绑扎	1 855
$\phi 6$	445.03	115.920	115.920	电渣压力焊	0
$\phi 6.5$	21 495.93	5 597.787	5 597.787	绑扎	0
$\phi 8$	532 920.04	210 505.877	198 561.269	绑扎	0
$\phi 8$	1 658.27	655.113	655.113	电渣压力焊	0
$\phi 10$	351 488.50	216 886.563	150 657.648	绑扎	9 464
$\phi 12$	2 593.3	2 303.627	2 303.627	绑扎	0
$\phi 12$	2 486.00	2 207.660	1 152.096	绑扎	0
$\phi 14$	118.38	142.980	142.980	绑扎	0
$\phi 16$	314.09	495.596	495.596	绑扎	0
$\phi 20$	975.86	2 406.437	0.000	平螺纹连接	0
$\phi 22$	173.86	518.792	0.000	平螺纹连接	0

续　表

级别 / 直径	总长（m）	总重（kg）	其中箍筋（kg）	接头类型	接头个数
$\phi 8$	421 345.65	166 427.448	18 003.782	绑扎	1 545
$\phi 10$	659 137.44	406 689.029	249 577.664	绑扎	8 112
$\phi 12$	655 329.55	581 935.211	242 038.237	绑扎	44 167
$\phi 14$	59 574.84	71 967.575	13 416.632	绑扎	1 961
$\phi 14$	3 786.12	4 573.619	4 208.531	电渣压力焊	43
$\phi 16$	87 927.56	138 747.751	0.000	绑扎	5 730
$\phi 16$	797.89	1 259.104	0.000	电渣压力焊	0
$\phi 18$	2 401.61	4 798.506	0.000	绑扎	0
$\phi 18$	90 392.74	180 605.073	0.000	平螺纹连接	5 643
$\phi 20$	162.40	400.464	0.000	绑扎	0
$\phi 20$	99 362.61	245 025.955	0.000	平螺纹连接	12 850
$\phi 22$	116.28	346.968	0.000	绑扎	0
$\phi 22$	103 538.65	308 960.419	0.000	平螺纹连接	9 034
$\phi 25$	125 132.53	482 135.484	0.000	平螺纹连接	8 970

通过二次砌体排布（见图 1-19），有效减少了碎砖数量，保证了墙体的美观性。通过自动排砖中的一键导出 CAD 排砖图，方便工人照图施工。

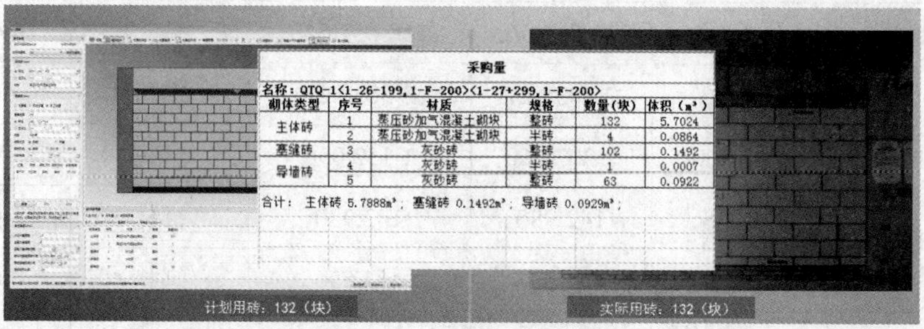

图 1-19　二次结构排布效果

1.4.8　移动终端提高管理水平

　　BIM 技术研究中心拟利用移动终端（智能手机、平板电脑）采集现场数据，建立现场质量缺陷、安全风险、文明施工等数据资料，与 BIM 模型即时关联，方便施工中、竣工后的质量缺陷等数据的统计管理。其具备以下特点：

　　（1）缺陷问题的可视化。现场缺陷通过拍照来记录，一目了然，图 1-20 所示为利用移动端应用获取照片等数据资料。

图 1-20　利用移动端应用获取资料

　　（2）将缺陷直接定位于 BIM 模型上。图 1-21 所示为质量缺陷与 BIM 模型直接关联：通过 BIM 模型定位模式，让管理者对缺陷的位置做到准确掌控。

图 1-21　质量缺陷与 BIM 模型直接关联

（3）方便的信息共享。让管理者在办公室即可随时掌握现场的质量缺陷安全风险因素。

（4）有效的协同共享，提高各方的沟通效率。各方根据权限，查看属于自己的问题，图 1-22 所示为项目建设相关方对各类问题统计分析，落实整改。

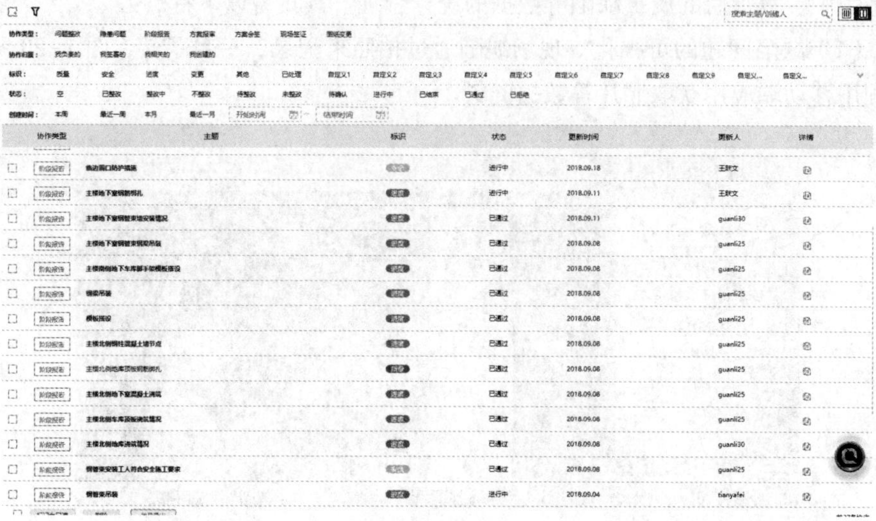

图 1-22　对各类问题统计分析，落实整改

（5）支持多种手持设备的使用。充分发挥手持设备的便捷性，让客户随时随地记录问题，支持 iPhone、iPad、Android 等智能设备。

（6）简单易用，便于快速实施。实施周期短，便于维护；手持设备端更是一教就会。

（7）基于云＋端的管理系统，运行速度快，可查询各种工程相关数据。

1.4.9　工程资料管理准确、详尽

BIM 技术研究中心拟采用的基于 BIM 技术的档案资料协同管理平台，可将施工现场的实验报告、验收单、设计变更等跟 BIM 模型进行关联，并提供给建设单位或监理单位进行快速搜索，或者通过 BIM 构件查询相关手续和资料的完整度。对于需要隐蔽验收部分可以拍照与 BIM 模型关联，方便后续调取查看，如图 1-23 所示的 3 层风管相关资料清晰可见，图 1-24 所示为设备运行参数及其参数说明书与模型关联。

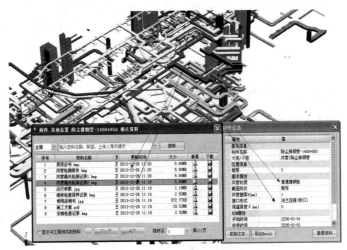

图 1-23　风管相关资料

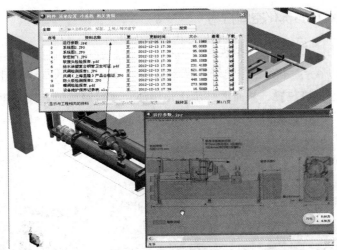

图 1-24　设备运行参数及其参数说明书与模型关联

1.4.10　BIM 共享平台实现施工过程的协同管理

为了方便施工各方协同，项目团队针对本项目建立管理共享平台，图 1-25 所示为某建设项目大楼管理协同平台。该平台基于互联网应用，并对所有数据进行加密处理，统一协调管理各专业 BIM 模型，对不同岗位应用人员进行权限管理与控制，在保证数据安全性的同时，实现对数据的共享和协同。

通过建立 BIM 协同平台，可以保证各工作岗位获得数据和资料的准确性、及时性、对应性和可追溯性。这样在项目技术例会的时候可以直接从平台调取最新的模型数据和信息，不必再进行文件的拷贝。

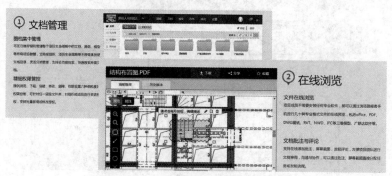

图 1-25   文档管理及在线浏览功能

1.4.11   三维场布优化空间布局

建立三维场布模型，模拟现场施工场布状况，分析场布合理性，三维场布模型如图 1-26 所示。本项目三维场布模型是基于 BIM 技术的三维项目模型，确定和优化塔式起重机位置、从而进一步优化钢筋、木料储存加工区及项目人员生活与办公区域，以达成合理布局、确保现场水电道路满足要求、减少现场材料二次搬运距离、方便项目人员工作和生活的目的。

图 1-26   现场三维场布

1.4.12　施工动画模拟提升项目档次

施工动画，用于展示工程概况、形象、进度，以及施工方案等内容，施工动画如图 1-27 所示。该项目施工动画模型在项目 BIM 模型制作完成后，结合现场施工组织设计要求组织实施，将 BIM 模型与施工进度计划进行关联，便于结合现场实际进度进行对比，及时发现施工过程中的难点、对影响施工进度的因素进行分析，及时发现可能出现的问题，做到"早发现、早处理"，便于项目管理人员准确决策，合理安排资源，减少返工。

图 1-27　施工过程动画模拟

1.4.13　完善后的 BIM 竣工模型辅助后期运维管理

通过施工过程中不断完善调整以及增加的相关资料，可以形成完整的竣工 BIM 模型，形成基于 BIM 的物业管理平台，为建设单位今后运行维护使用。基于电子化的竣工 BIM 模型，一方面可以真实反映建筑、结构以及机电（包括隐蔽管线）的情况，为今后二次改造提供准确依据。另外对于运维阶段设备的更换、保养等也价值具体，如图 1-28 所示为监控设备相关信息。项目中设备管线，可以通过在模型中设定养护周期，做到自动提醒。另外可以记录每次养护情况。如果需要更换，可以快速查询设备的厂家、联系电话、规格、型号等相关信息（见图 1-29）。

图 1-28　监控设备相关信息

图 1-29　基于 BIM 的物业管理

1.5　某县人民医院迁建项目 BIM 应用保障措施

施工过程中应保障 BIM 技术在项目顺利实施，跟施工现场管理紧密结合，达到以上预期的应用成果，避免现场管理和 BIM 应用"两层皮"，项目组成员拟通过以下四个方面工作来保障项目顺利完成。

1.5.1　明确 BIM 应用架构

利用统一的 BIM 技术平台进行项目管理部和总部的协同管理，发挥 BIM 技术研究中心总部的技术和人员优势，及时发现项目问题进行纠偏，对技术难点提供方案支撑等，形成"小前端，大后台"的管理模式，某县人民医院迁建项目门急诊医技楼建设工程项目 BIM 实施架构如图 1-30 所示。

同时 BIM 技术平台也可以开放部分端口给建设单位和监理单位等，用于过程中的协调沟通，方便相关实验报告、验收记录等资料的查看。

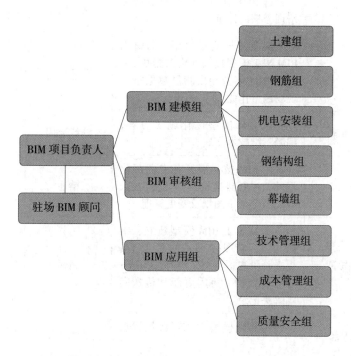

图 1-30　某县人民医院迁建项目门急诊医技楼建设工程项目 BIM 实施架构

1.5.2　明确岗位职责

本项目 BIM 小组主要负责：BIM 模型的创建、维护，确保设计和深化的设计图清楚、形象地展现在模型里，可以更好地发现图纸问题并及时解决；可以表现出钢构件组装流程、各种施工工艺等，更好地优化施工方案和工作计划；进行模拟施工，进而优化工程施工进度计划。同时，定期组织对项目部管理人员的培训工作。项目管理团队相关 BIM 工作的职责及要求如表 1-4 所示。

表 1-4　项目管理团队相关 BIM 工作的职责及要求

主要岗位 / 部门	BIM 工作及责任	BIM 能力要求	培训频率
项目经理	监督、检查项目执行进展	基本应用	1 月 / 次
BIM 小组组长	制订 BIM 实施方案并监督、组织、跟踪	基本应用	1 月 / 次
项目副经理	制订 BIM 培训方案并负责内部培训考核、评审	基本应用	1 月 / 次
测量负责人	采集及复核测量数据，为每周 BIM 竣工模型提供准确数据基础；利用 BIM 模型导出测量数据指导现场测量作业	熟练运用	2 周 / 次
技术管理部	利用 BIM 模型优化施工方案，编制三维技术交底	熟练运用	2 周 / 次
深化设计部	运用 BIM 技术展开各专业深化设计，进行碰撞检测并充分沟通、解决、记录；图纸及变更管理	精通	1 周 / 次
BIM 工作室	预算及施工 BIM 模型建立、维护、共享、管理；各专业协调、配合；提交阶段竣工模型，与各方沟通；建立、维护、每周更新和传送问题解决记录	精通	1 周 / 次
施工管理部	利用 BIM 模型优化资源配置组织	熟练运用	2 周 / 次
机电安装部	优化机电专业工序穿插及配合	熟练运用	2 周 / 次
商务合约管理部	确定预算 BIM 模型建立的标准。利用 BIM 模型对内、对外的商务管控及内部成本控制，三算对比	熟练运用	2 周 / 次
物资设备管理部	利用 BIM 模型生成清单，审批、上报准确的材料计划	熟练运用	2 周 / 次

续　表

主要岗位 / 部门	BIM 工作及责任	BIM 能力要求	培训频率
安全环境管理部	通过 BIM 可视化展开安全教育、危险源识别及预防预控，指定针对性应急措施	基本运用	1 月 / 次
质量管理部	通过 BIM 进行质量技术交底，优化检验批划分、验收与交接计划	熟练运用	2 周 / 次

　1.建设单位职责

（1）组织策划项目 BIM 实施策略，确定项目的 BIM 应用目标、应用要求，并落实相关费用。

（2）委托工程项目的 BIM 总顾问，BIM 总顾问可以为满足要求的建设单位相关部门、设计单位、施工单位或第三方咨询机构。

（3）接收通过审查的 BIM 交付模型和成果档案。

（4）对施工阶段的 BIM 实施与应用提出需求。

（5）审定、批准施工阶段 BIM 实施方案。

（6）审定施工阶段的 BIM 技术标准和工作流程。

（7）协助业主监督检查 BIM 各方工作进度、质量情况，验收施工阶段 BIM 交付成果。

（8）上传、发布、归档权限内的工程数据与资料至鲁班协同平台，执行鲁班平台中的项目管理流程。

（9）协助 BIM 顾问单位对 BIM 各实施与应用方的工作进行协调。

（10）定期参与 BIM 工作例会、协调会和 BIM 技术培训。

　2.BIM 总顾问方职责

（1）制订《BIM 实施方案》，组织落实并付诸实施。

（2）BIM 成果的收集、整合与发布，并对项目各参与方提供 BIM 技术支持；审查各阶段项目参与方提交的 BIM 成果并提出审查意见，协助建设单位进行 BIM 成果归档。

（3）施工图正式版图纸确定后，BIM 总顾问在规定时间内组织人员建模，按照合同约定时间进行机电安装和钢筋模型的创建，并且提交完成的 BIM 模型以及本阶段的 BIM 建模成果报告。

（4）根据建设单位 BIM 应用的实际情况，可协助其开通和辅助管理维护 BIM 项目协同平台。

（5）组织开展对各参与方的 BIM 工作流程的培训。

（6）监督、协调及管理各分包单位的 BIM 实施质量及进度，并对项目范围内最终的 BIM 成果负责。

（7）统筹协调各分包单位施工提交的 BIM 模型，将各分包单位交付的模型整合到施工总承包的施工 BIM 交付模型中。

（8）定期参与 BIM 工作例会、协调会和 BIM 技术培训。

3. 设计方职责

（1）配置 BIM 团队，并根据《BIM 实施方案》的要求提供完整的 BIM 模型，提高项目设计质量和效率。

（2）设计单位项目 BIM 负责人负责内外部的总体沟通与协调，组织设计阶段 BIM 的实施工作，根据合同要求提交 BIM 工作成果，并保证其正确性和完整性。

（3）配合 BIM 顾问单位提供深化、维护模型所需的设计数据、图纸及相关资料。

（4）参与施工图模型会审与交底会，辅助交底与答疑。

（5）协助 BIM 总顾问的工作，对总顾问方提出的交付成果审查意见及时整改落实。

（6）设计单位应将建成完整的最终稿 BIM 模型交付给 BIM 总顾问进行模型的审核，经 BIM 总顾问审核无误，由甲方签字确认后再由总顾问上传至系统平台，设计院提供的 REVIT 模型应符合 BIM 平台的导入标准。

（7）定期参与 BIM 工作例会、协调会和 BIM 技术培训。

4. 施工总承包职责

（1）配置 BIM 团队，并根据《BIM 实施方案》的要求进行配合，利用 BIM 技术进行节点组织控制管理，提高项目施工质量和效率。

（2）施工总承包单位配合 BIM 总顾问展开 BIM 各项工作。

（3）协助 BIM 总顾问方的工作，对总顾问方提出的交付成果审查意见及时整改落实。

（4）指派 BIM 负责人员 1～2 人，配合 BIM 总顾问进行组建且满足各专业的 BIM 实施要求。

（5）参与施工图模型会审与交底会，提出会审意见。

（6）根据设计阶段 BIM 技术标准及施工阶段 BIM 应用要求，深化制订施工阶段 BIM 技术标准，提交 BIM 顾问单位批准后执行。

（7）建立深化设计模型，优化深化设计质量，并确保深化设计图纸和模型保持一致。

（8）组织或参与 BIM 工作例会、协调会和 BIM 技术培训。

5. 机电安装分包职责

（1）利用 BIM 技术辅助现场管理施工，安排施工顺序节点，保障施工流水合理，按进度计划完成各项工程目标。

（2）分包单位应积极配合业主 BIM 总顾问单位的协调，提出管线综合优化排布方案以供业主 BIM 总顾问单位比选，满足净高要求和管道排布最优要求。分包单位管线综合排布方案有更优化的方案建议时，应及时和业主 BIM 总顾问方进行沟通调整，确保现场最优施工方案能够和 BIM 保持同步，使 BIM 能够有效指导现场施工，并使参建各方在 BIM 平台上，查询到的都是与现场一致的模型。

（3）分包单位 BIM 技术应用应符合现场实际进度，应满足以下要求：

① 在主体结构施工前需提交各楼层预留套管、预留洞口报告及图纸。

② 在机电管道施工前需提交管线综合优化排布方案。

③ 在机电管道施工前需提交主要部位（如走廊过道、设备机房等）支架排布方案。

④ 在机电管道施工前需提交设备机房管线综合排布方案。

⑤ 需提交机电专业现场施工进度计划，配合业主 BIM 总顾问单位进行进度录入工作。

（4）涉及 BIM 模型文件、BIM 工程量数据、资料等与本项目相关信息，分包单位需遵守业主方的相关保密要求，未经授权，不得外泄相关数据、模型等信息。

（5）分包单位 BIM 负责人需有 BIM 工作经验，并需定点长期专职服务于本项目 BIM 工作，工作过程中与业主 BIM 总顾问单位保持及时性沟通。

（6）分包单位应利用 BIM 技术，及时对现场质量、安全方面的内容进行拍照录入，对质量、安全方面的问题及时跟踪整改，并应在 BIM 平台上及时更新整改结果，便于业主方、监理方查询。

（7）厂家信息、设备及各构件负责人、施工时间等相关信息必须进行录入，以便进行项目管理。分包单位每周将工程相关资料（如：隐蔽验收记录、产品合格证、设备质保证书等）及时上传至 BIM 协同平台，并和模型中相关构件进行挂接，使参建各方便于及时查询，也方便后期运营维护。

（8）本项目各专业工程量数据可参考系统平台工程量报表所提供数据，对工程量存在异议之处，在有具体依据的情况下可与业主 BIM 总顾问进行具体沟通。

（9）每周业主组织 BIM 工作例会，分包单位必须派 BIM 负责人参加。

（10）协助业主 BIM 总顾问方收集 BIM 成果报告素材和提供参考资料。

（11）协助业主 BIM 总顾问单位，对后期运维模型进行信息数据方面的完善工作。

（12）组织或参与 BIM 工作例会、协调会和 BIM 技术培训。

6. 钢结构分包职责

（1）配置 BIM 团队，并根据《BIM 实施方案》的要求，提供钢结构 BIM 成果（模型文件），由 BIM 总顾问方的钢结构 BIM 工程师来对施工阶段 BIM 模型进行审核，保证模型的准确性和完整性。

（2）分包单位项目 BIM 负责人负责内外部的总体沟通与协调，组织分包施工 BIM 的实施工作。

（3）接受 BIM 总顾问方和施工总承包方的监督，并对其提出的模型审核意见及时地进行改正。

（4）利用 BIM 技术辅助现场管理施工，安排施工顺序节点，保障施工流水合理，按进度计划完成各项工程目标。

（5）分包应配合 BIM 总顾问提供必要的工程相关信息，如构件尺寸、规格、信息参数，并及时将项目资料文件上传到 BIM 系统平台中，每周五向业主汇报上传资料情况。

（6）每周或者半月根据施工进度计划做钢结构进度模拟，并且向业主汇报。

（7）根据施工现场做进度沙盘模拟，并且及时地进行信息的采集和录入。

（8）组织或参与 BIM 工作例会、协调会和 BIM 技术培训。

7. 幕墙专业分包职责

（1）配置 BIM 团队，并根据《BIM 实施方案》的要求，提供幕墙 BIM 成果（模型文件），由 BIM 总顾问方的幕墙 BIM 工程师来对施工阶段 BIM 模型进行审核，保证其正确性和完整性。

（2）幕墙单位 BIM 负责人负责内外部的总体沟通与协调，配合 BIM 总顾问的实施工作。

（3）接受 BIM 总顾问和施工总承包方的监督，并对其提出的模型审核意见及时地进行改正。

（4）利用 BIM 技术辅助现场管理施工，安排施工顺序节点，保障施工流水合理，按进度计划完成各项工程目标。

（5）配合 BIM 顾问将必要的工程相关信息录入。

（6）组织或参与 BIM 工作例会、协调会和 BIM 技术培训。

8. 其他专业分包职责

（1）分包单位项目，组织分包 BIM 的实施工作。

（2）各分包配合 BIM 总顾问展开 BIM 各项工作，并对其提出的审查意见及时整改落实。

（3）利用 BIM 技术辅助现场管理施工，安排施工顺序节点，保障施工流水合理，按进度计划完成各项工程目标。

（4）配合 BIM 总顾问完成必要的工程信息的录入和资料的上传。

（5）每周或者半月根据施工进度计划做施工进度模拟，并且向业主汇报。

（6）组织或参与 BIM 工作例会、协调会和 BIM 技术培训。

9. 造价咨询单位职责

（1）采用 BIM 软件对工程量进行统计。

（2）采用 BIM 技术辅助进行工程概算、预算和竣工结算工作。

（3）根据合同要求提交 BIM 工作成果，并保证其正确性和完整性。

（4）组织或参与 BIM 工作例会、协调会和 BIM 技术培训。

10. 监理单位职责

（1）利用 BIM 模型等应用成果与工程现场情况进行比对，通过移动终端进行现场核查，准确记录、上传、同步现场造价、进度、质量、安全信息与数据至模型中，同步审核、更新直至最终的 BIM 竣工模型。

（2）负责定期在 BIM 模型上反馈现场进度情况，原则上每天上传照片不少于5 张，分别为质量、安全，进度相关。

（3）完成 BIM 档案（变更、签证等）资料的输入与挂接，每天不少于五条，由监理指派专业人员进行上传。

（4）协助 BIM 咨询方和专业分包单位，使 BIM 模型与现场保持一致。

（5）参与施工图模型会审与交底会，提出会审意见。

（6）协助 BIM 总顾问对施工总包单位的 BIM 实施和应用进行监督和审查。

（7）比对 BIM 模型与二维设计文件，核查模型或设计文件中可能存在的问题，提出核查意见。

（8）定期提供含有 BIM 模型信息的现场进度、质量、安全和造价方面的监理报告，并进行总结和汇报。

（9）利用 BIM 模型等应用成果辅助现场协调、分部分项工程验收、隐蔽工程验收和竣工验收。

（10）参与 BIM 工作例会、协调会和 BIM 技术培训。

（11）运营单位应履行下列职责：

① 采用 BIM 模型及相关成果进行日常管理，并对 BIM 模型进行深化、更新和维护，保持适用性。

② 宜在设计和施工阶段提前配合 BIM 总协调方，确定 BIM 数据交付要求及数据格式，并在设计 BIM 交付模型及竣工 BIM 交付模型交付时配合 BIM 总协调方审核交付模型，提出审核意见。

③ 搭建基于 BIM 的项目运维管理平台。

④ 接收竣工 BIM 交付模型，并基于该模型，完善运营 BIM 模型，并保证其正确性和完整性。

⑤ 根据需要协助建设单位向项目所在城市的数字化城市平台提供项目模型。

1.5.3　制订 BIM 应用流程

对于上文提到的项目施工过程中的具体应用点，为了保证应用的深入以及成效，BIM 技术研究中心对主要应用点进行了流程制订，明确每个岗位在该阶段的工作以及前后相关岗位的工作衔接。

1. BIM 建模流程

BIM 模型的创建是 BIM 技术应用的前提和基础，如何正确创建一个 BIM 模型，需要建模团队、质量审核团队甚至设计院等相互的配合、沟通、协作。以下流程为创建 BIM 模型的基本流程，也可根据企业实际情况做相应调整，BIM 建模流程如图 1-31 所示。

2. BIM 模型交底流程

BIM 模型完成并组织内部评审后、上传实际应用前，需要对模型的整体情况向各条工作战线的同事进行全面的、可视化的交底，为 BIM 模型的应用尽可能地扫清技术层面障碍。BIM 的应用价值之一就是 4D 可视化，通过 BIM 模型的可视化交底，让复杂的空间问题简单化，BIM 模型交底流程如图 1-32 所示。

3.碰撞检查与辅助管线综合

各专业 BIM 模型创建审核完成后，机电项目施工前，对各个专业进行空间碰撞检查，提前发现问题。针对问题，反馈设计部门。按照最新修改的图纸，维护模型，重新碰撞，结合现场实际施工方案，在技术人员的指导下，做管线综合优化，管综优化流程如图 1-33 所示。

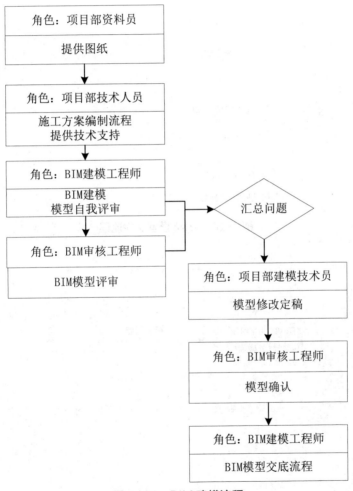

图 1-31　BIM 建模流程

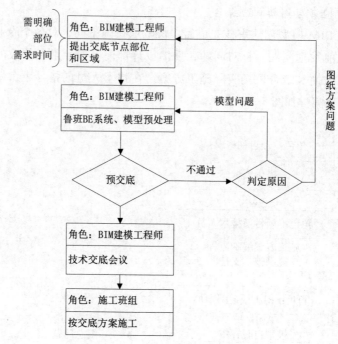

图 1-32　BIM 模型交底流程

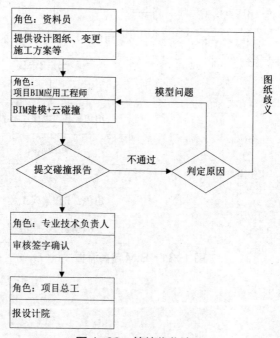

图 1-33　管综优化流程

1.5.4　培训方案

1. 培训方向

由 BIM 技术研究中心按项目实施的整体策划及实际 BIM 技术应用和管理需要，编制 BIM 培训计划，规定培训的内容及实施方式，通过两方面内容将培训贯彻执行：

（1）对 BIM 技术层面的培训。包括 BIM 建模培训、基本应用培训，协同平台使用的主要操作培训。

（2）对 BIM 管理层面的培训。包括运用 BIM 进行质量管理、技术管理、安全管理等管理思路上的宣贯及具体实施方式的培训。

2. 培训对象

主要受训对象为参与 BIM 技术及管理应用的相关管理负责人、技术工程师、信息管理工程师等，同时还会对本项目各参建单位的负责人、骨干及相关管理人员进行培训。

3. 培训内容及目标

（1）通过培训使参与 BIM 应用的各方负责人、项目管理人员明确 BIM 应用于项目管理的意义、方式方法及相关措施，保证项目在管理工作中充分运用 BIM 技术产生成效，达到预期效果，保障各方能积极参与 BIM 应用的协同工作。

（2）通过培训使 BIM 管理人员能够熟悉并操作应用 BIM 相关功能进行管理协调工作（包括人员职责权限、组织计划安排、交付标准、管理流程、协同流程等）。

（3）通过培训使 BIM 技术人员能够熟悉掌握系统的使用，完成相应阶段工作的 BIM 应用技术要求，技术人员能够掌握 BIM 模型使用及技术应用工作（包括模型及文档信息模板、编码规则等文件相关信息等），可以处理常见问题。

（4）通过培训使信息管理工程师能够掌握协同平台的相关操作，使项目参与各方能够独立管理和使用 BIM 技术及协同平台系统并具有日常的维护处理能力。

4. 培训方式

以集中学习方式为主，由相关责任方会同 BIM 技术研究中心制订培训计划、组织培训实施并实行跟踪检查、定期汇报的培训机制，以保证培训的质量及效果，结合本项目实际，BIM 技术研究中心和项目部成员采用"一对一"模式，保证培训效果。

5. 培训实施计划

在项目开展各阶段，充分考虑到各参与方现有管理人员、技术人员的实际水平，挑选合适的管理人员及技术人员进行 BIM 培训。培训时间按照总进度计划要求分期进行。由 BIM 技术研究中心负责管理实施培训方案，制订详细的培训方案，BIM 培训单位统一管理，辅助培训计划的实施。培训的具体时间、地点和学制安排，在每期开始前与建设单位确定后通知各参加人员（见表 1-5）。

表 1-5

	课程名称	培训内容	课时
第一部分	Revit（土建、安装）	1.Revit Architecture 用户界面及屏幕布局 2. 选取图元的基本功能及选取和过滤图元 3. 材质、纹理、图案、颜色、线条粗细和线条样式；墙体创建 4. 创建地板、屋顶、天花板、门窗、家具等不同构件 5. 明细表设计及核对、求和、排序和分组 6. 学习拉伸、融合、旋转、放样、放样融合、空心形状等操作 7. 安置墙、地板、屋顶、幕墙及创建楼梯、坡道、栏杆及幕墙 8. 界定房间、标记房间、建立房间明细表并用颜色进行区分 9. 空气供给系统、电气系统、卫浴系统 10. 结构墙、柱、梁及支架；创建地基、桩、柱、地板；梁桁架族	7 天
第二部分	Navisworks	1.Naviswork 渲染和光线追踪渲染 2. 选择集、模型项目计划表及 Switchback；生成 AVI 动画 3. 制作动画，操作动画布景内物体，配置动画模式 4. 应用新材料、将 IFC 模型转化为材料模型 5. 创建 4D 模拟、导出视频文件、添加动画、设置进度安排表 6. 项目间的碰撞检测；使用搜索集合和选择集合运行碰撞检测 7. 建立项目单位、项目设置、目录及材质统计	1 天
	Lumion	模型的导入、材质的赋予、漫游视频制作、模拟动画制作	1 天

续　表

	课程名称	培训内容	课时
第三部分	鲁班土建	1. 初识鲁班土建及工程设置：算量模式、楼层设置、材质设置、标高设置 2. 直线轴网、弧形轴网、删除轴网、增加主轴及次轴 3. 柱构件建模：柱属性定义、点击布置、轴交点布柱、设置偏心、批量偏心 4. 墙构件建模：墙属性定义、绘制墙、轴网布墙、墙的应用、门窗构件属性定义及布置 5. 梁构件建模：梁属性定义、绘制梁、支座识别、支座编辑、布圈梁、布过梁、原位标注 6. 板构件建模：板属性定义、形成楼板、绘制楼板、布板洞、布螺旋板、布弧形板、布楼梯 7. 布屋面：形成轮廓、绘制轮廓、单坡屋面、多坡屋面、设置翻边	1 天
		1. 基础构件建模：土方、桩基础、独立基础、条型基础、基础梁构件建模 2. 满堂基础、集水井构件建模：集水井、绘制井坑、形成井、设置边坡 3. 装饰建模：单房装饰、布天棚、布吊顶、墙面装饰、柱面装饰、外墙装饰、布保温层 4. 零星构建建模及二次结构建模：布台阶、布挑件、布坡道、布栏杆、布地下室、形成建筑面积、智能构造 5. 套清单、定额，云模型检查，工程量计算、可视化校验、报表整理	0.5 天
第四部分	鲁班安装	1. 了解鲁班安装软件专业分类： 强电、弱电、给排水、消防、暖通 2. 工程设置： CAD 图纸导入、楼层设置、层高设置 3. 消防专业 喷淋系统：喷淋头和喷淋管的转化 消防系统：布消防管最常用到的命令——箱连主管 4. 给排水专业 系统分类，材质的属性定义，布管道的步骤，阀门附件的布置，套管的生成，卫生设备的转化，管道沟槽的做法 5. 电气专业 最常用的命令：设备的转化，配管配线的编辑，桥架中配线引线的编辑，避雷带、接地极、引下线的布置 6. 暖通专业风管：风管的布置，风阀和设备的布置	0.5 天

续 表

课程名称		培训内容	课时
第五部分	鲁班钢筋	1. 工程设置:计算规则、楼层设置、锚固设置、计算设置、搭接设置、标高设置 2. 直线轴网、弧形轴网、辅助轴线、自由画线 　柱构件建模:柱属性定义（框架柱、暗柱、构造柱）、点击布柱、智能布柱、偏心设置、偏移对齐 3. 名称更换、设置图形构件私有属性 4. 墙构件建模:剪力墙、砖墙属性定义、连续布墙、智能布墙、倒角延伸、墙洞、门窗布置、连梁属性定义及布置 5. 梁构件建模:梁属性定义、连续布梁、智能布梁、支座识别、支座编辑、平法标注、吊筋布置、应用同名称梁 6. 板构件建模:快速成板、自由绘制板、板洞布置、布受力筋（底筋、负筋、跨版负筋）、布支座钢筋、放射筋、撑脚、绘制板筋区域 7. 屋面板建模:坡屋面、坡屋面布筋、构件随便顶高、高度调整 8. 基础构件建模:独立基础属性定义及布置（点击布置、智能布置），基础梁、基础连梁属性定义及布置，吊筋属性定义及布置条基属性定义及布置 9. 筏板构件建模:筏板属性定义及布置，筏板底筋、面筋、中层筋、支座钢筋属性定义及布置，集水井属性定义及布置 10. 楼梯构件建模:楼层构件法切换，楼梯定义。 11. 零星节点构件建模:绘制异形断面、配筋及布置节点构件。构件锁定、计算结果锁定、计算结果解锁、工程量计算、工程量报表统计、云模型检查、新功能介绍	1 天
第六部分	鲁班 BIM 系统平台	1. 鲁班浏览器（Luban Explorer）之工程上传及数据抽取;构件信息、属性查看;合同、变更、工程档案资料等上传与管理;保存视口以及生成报告;图纸上传及管理、信息查询;多角度任意剖切模型;沙盘模拟进度编辑等。鲁班移动应用（Luban View）:照片上传、发起信息协同;手机移动端模型、照片查看、数据查询;与鲁班 BE 浏览器的关联使用等 2. 鲁班驾驶舱（Luban Govern）:多维度资源分析;计划、实际月报;进度款、变更管理、资金走势 5D 虚拟建造;施工管理 　鲁班进度计划（Luban Plan）:进度计划的编辑、导入与模型构件关联;3D 虚拟建造;鲁班集成应用（Luban Works）客户端之工作集的创建;碰撞检查及碰撞报告自动生成;虚拟漫游与三维交底;设备虚拟进场等 4. 鲁班场布（Luban Site）;导入模型与图纸;布置临建,塔吊,电梯等相关设施;砌体排布计算及相关报表输出等	1 天

第2章 BIM 技术在施工图设计阶段的应用

2.1 门急诊医技楼项目全专业模型

2.1.1 建模标准

1.土建建模标准

（1）墙体

① 混凝土墙：

a.外墙构件名称定义：TWQ

例如：200厚混凝土外墙，图形中定义为 TWQ200厚，墙体厚度不同时数字改变。

b.内墙构件名称定义：TNQ

例如：200厚混凝土内墙，图形中定义为 TNQ200厚，墙体厚度不同时数字改变。

② 砖墙：

a.外墙构件名称定义：ZWQ

例如：200厚砖外墙，图形中定义为 ZWQ200厚，墙体厚度不同时数字改变。

b.内墙构件名称定义：TNQ

例如：200厚砖内墙，图形中定义为 ZNQ200厚，墙体厚度不同时数字改变。

（2）门窗洞

① 门：按图纸编号定义。

② 窗：按图纸编号定义。

③ 洞按部位定义名称：例如电梯，命名为电梯门洞。

（3）柱

① 框架柱：按图纸编号定义，严格区分暗柱与框架柱。

② 构造柱：按图纸编号定义。

（4）梁

① 梁：按图纸编号定义，严格区分框架梁与非框架梁。

② 连梁：在结构配筋中按墙属性定义，混凝土等级也会按墙的要求来划分，土建时通常会把此类构件工程量列入混凝土墙内，在此统一一下，连梁套用混凝土墙的清单及定额。

③ 圈梁：按部位区分构件名称，例如窗台下部定义为窗台梁，厨卫有防水要求的墙体根部定义为防水导墙；配电间需要做门槛的定义为门槛。

（5）板

板：定义为 B，例如 100 厚的板，图形中定义为 B100 厚，板厚不同时数字改变。

（6）装修

① 楼地面：按装饰做法中定义名称，区分地面和楼面及部位。

② 踢脚线：按装饰做法中定义名称，区分部位及高度。

③ 墙裙：按装饰做法中定义名称，区分部位及高度。

④ 墙面：按装饰做法中定义名称，区分外墙和内墙及部位。

⑤ 天棚：按装饰做法中定义名称，区分室外和室内及部位。

⑥ 吊顶：按装饰做法中定义名称，区分部位及吊顶高度。

⑦ 独立柱装修：区分室外和室内，构件名称定义为室外独立柱抹灰和室内独立柱抹灰，室外按外墙装饰，室内按内墙装饰。

（7）土方（计算时按室外设计地面标高）

① 挖土：分大开挖土方、基槽土方、基坑土方，注意清单与定额之间的区别，清单挖土按垫层底面积，无工作面及放坡，定额反之，既有工作面也有放坡，具体数据应根据当前工程和计算规则来判断；

② 回填：在这里要特别注意，图形中回填工程量往往误差很大，需要自己去验算，挖土总体积扣除埋置在基础内的混凝土、砖墙体积，如果为地下室则扣除垫层、满堂基础、集水井体积及地下室外形体积，剩余的则为回填体积。

③ 房心回填：此项指室内标高低于正负零时需要回填至建筑做法底面所发生的土方工程，也是建模容易漏项的部分。

（8）基础

① 基础梁：按图纸编号定义。

② 筏板基础：按图纸编号定义。

③ 条形基础：按图纸编号定义。

④ 独立基础：按图纸编号定义。

⑤ 桩承台：按图纸编号定义。

⑥ 桩：此项工程量手算统计，无须在图形中布置。

⑦ 垫层：区分部位定义名称，例如为基础梁部位，定义为基础梁垫层，筏板部位，定义为筏板垫层。

⑧ 柱墩：按图纸编号定义，套用满堂基础清单，清单后面标注为柱墩。

⑨ 集水井：按图纸编号定义，套用满堂基础清单，清单后面标注为集水井。

（9）其他

① 平整场地：此项也是需要注意的，也是建模容易漏项的部分。

② 散水：此项可以多功能使用，可用于散水、坡道、台阶及台阶上部平台，根据部位定义名称。

③ 后浇带：按图纸编号定义，清单可以为一个，根据部位不同套用多个定额。

④ 挑檐：按图纸编号定义，既可编辑矩形也可编辑异形。

⑤ 雨棚：按图纸编号定义，通常会用现浇板构件来布置雨棚，然后把此构件命名为雨棚，用现浇板布置有一个好处是可以生成天棚装饰。

⑥ 阳台：同上。

⑦ 屋面：按图纸编号定义，此项也是需要注意的，屋面不扣除烟囱、风帽、内天沟所占面积，遇墙弯起部分的高度图纸有规定的按图纸，无规定的女儿墙按 250mm，天窗按 500mm 高度弯起，防水工程量并入到屋面内。

（10）自定义

自定义线：在此仅对自定义线做个说明，可用于地下室外墙钢板止水带，所有平面栏杆等。

2.机电管线建模原则

（1）管道避让原则

① 大管优先，小管让大管。

② 有压管让无压管。

③ 常温管让高温、低温管。

（2）给排水专业

① 管线要尽量少设置弯头。

② 给水管线在上，排水管线在下。保温管道在上，不保温管道在下，小口径管路应尽量支撑在大口径管路上方。

③ 喷淋管离吊顶间间距应为管外壁离吊顶上部面层间距净空不小于 100mm

（有造型的装修面层可结合时间情况考虑）。

④ 为节省空间，各专业水管尽量平行敷设，复杂位置按设计单位要求进行。

⑤ 污排、雨排、废水排水等自然排水管线不应上翻，其他管线避让重力管线。排水管道弯头处采用带检查门的门弯，每层距地 1m 处设置带门直通。

⑥ 桥架在水管的上层或水平布置时要留有足够空间。水管与桥架层叠铺设时，要放在桥架下方，并预留不小于 100mm 的间距。

⑦ 参照设计施工说明，地下车库宽度大于 1 200mm 风管下方增设一排下喷喷淋头。

⑧ 管道碰撞需翻越时，不要采用龙门弯，而采用"之"字弯。

⑨ 远距离运输主干管线根据情况贴梁底安装。

⑩ 注意冷凝水排水管均有防结露层，厚度为 25mm。

（3）暖通专业

① 空调冷冻水管、乙二醇管、空调风管、吊顶内的排烟风管均需设置保温，其厚度及空调水管实际管径见《设计说明》《施工说明》。风管法兰宽度一般可按 35mm 考虑。

② 注意冷凝水排水管均有防结露层，厚度为 25mm。

（4）电气专业

① 水平敷设的电缆线槽、桥架宜高出地面 2.2m 以上。

② 在没有吊顶的区域，线槽和桥架顶部距顶棚或其他障碍物不宜小于 0.2m；在吊顶内设置时，槽盖开启面应保持不小于 100mm 的垂直净空，与其他专业之间的距离最好保持在不小于 100mm。

③ 两组电缆桥架的平行间距可按照不小于 0.2m 处理（方便金属线管从桥架两侧穿出）（如线管从桥架下方引出，且现场采用可扰金属普利卡管安装，则可按 0.1m 处理）。桥架距墙壁或柱边净距不小于 100mm。

④ 电缆桥架多层安装时，控制电缆间不小于 0.15m，电力电缆间不小于 0.2m，当电缆桥架为不小于 30° 的夹角交叉时，该间距可适当减小 0.1m，弱电电缆与电力电缆间不小于 0.5m，如有屏蔽盖可减少到 0.3m，桥架上部距顶棚或其他障碍不小于 0.3m。

⑤ 电缆桥架不宜敷设在腐蚀性气体管道和热力管道的上方及腐蚀性液体管道的下方，以及腐蚀性液体管道、各种水管的下方，且电缆桥架不宜与上述管道在走廊中同侧布置。

⑥ 通信桥架距离其他桥架水平间距至少 300mm，垂直距离至少 300mm，防止其他桥磁场干扰。

⑦ 桥架上下翻时要放缓坡，角度控制在 45° 以下，桥架与其他管道平行间距不小于 100mm。

⑧ 桥架不宜穿楼梯间、空调机房、管井、风井等，遇到后尽量绕行。

⑨ 强电桥架要靠近配电间的位置安装，如果强电桥架与弱电桥架上下安装时，优先考虑将强电桥架放在上方。

3. BIM 模型管线综合

① 与设计单位协商明确吊顶空间内各位置梁底标高及其吊顶高度。

② 检查各专业是否有缺少图纸、模型的情况，了解各管廊复杂位置。

③ 按设计单位图纸要求明确风管底标高、水管中心标高、桥架底标高。

④ 按各专业要求分出各自在吊顶空间内的位置。一般施工情况从上至下为暖通专业、电气专业、水专业（需设计单位确定）。

⑤ 模型中管线的路由根据管综的结果需要发生改变时，要与设计方协调。遇到空间特别紧张又有吊顶净高限制的管廊，如需要改变某些管道的截面尺寸，应事先征得设计师的同意。

⑥ 充分考虑到管线外壁下方支吊架的安装空间（圆钢、角钢高度范围在 10 ～ 100mm 之间）。

⑦ 有条件时给排水管线尽可能单独放置一处空间不与空调管道并行。但若空间紧张无法实现时，可与设计师协商个别水管穿梁，如果穿梁也无法解决时，应同设计师协商对系统管路进行调整，例如水管全改成竖向系统，不走水平管。

⑧ 从走道进入房间的新风支管如果与梁或者其他管道碰撞，可与设计师协商改用软风管，自由弯曲绕开障碍物。

2.1.2　土建模型的建立

1. 建模前应做的工作

浏览建筑和结构图，熟悉设计说明，了解砼等级、墙体类型等基础参数，以便做好属性设置。

找出图纸的规律：是否有标准层、是否存在对称或相同的区域等，对称位置可以镜像，相同的可以复制，避免重复建模。

设置软件参数，比如自动保存时间、右键功能、捕捉点等。

（1）工程设置问题。

① 根据工程具体情况，在工程设置当中设置"工程概况"，以及"算量模式"的选择，如图 2-1 至 2-2 所示。

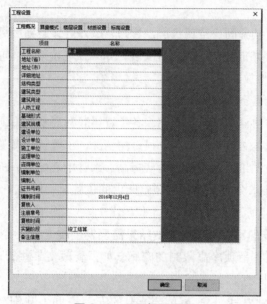

图 2-1　工程概况界面

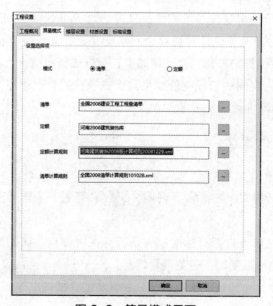

图 2-2　算量模式界面

② 楼层的划分要特别注意建筑和结构是否统一，比如建筑图 3 ~ 9 层是标准层，但梁结构层是 3 ~ 6 层一样，7，8，9 分别不同，那么楼层设置就需要设置为 3 ~ 6 层是标准层，其他的分列，如图 2-3 所示。

图 2-3　楼层设置界面

③ 工程设置里的砼等级和砂浆等级是针对整个楼层的构件，如果梁、柱等构件的等级不一样，则在构件属性定义里单独调整即可，如图 2-4 所示。

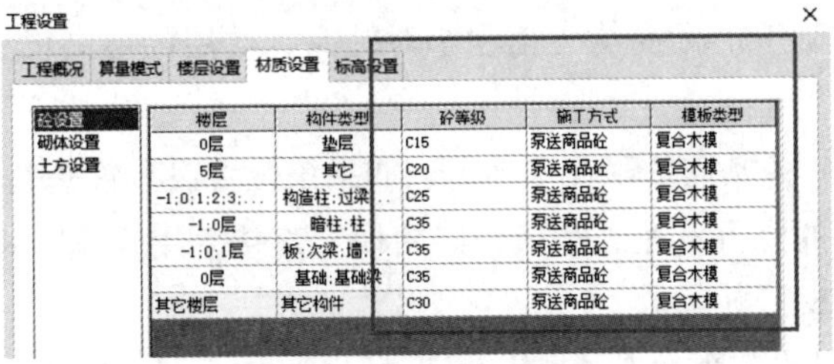

图 2-4　材质设置界面

④ 自然地坪标高与土方有关，室外设计地坪标高与外墙装饰及外墙脚手架有关，如图 2-5 所示。

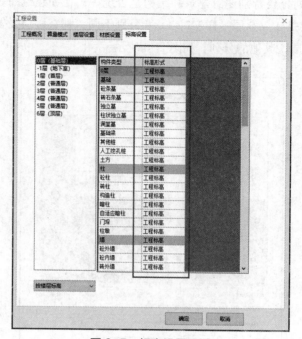

图 2-5　标高设置界面

（2）建模顺序

建模流程可以分为：① 属性定义（构件名称、构件尺寸等）；② 绘制图形，依据设计图将所有需计算的构件绘制好；③ 套取构件所需要计算项目的清单（定额）。

（3）基础层建模注意点

① 标高：基础层的标高均为工程绝对标高，楼层的层高设为 0，所有构件标高在属性里调整。

② 砖条基、砼条基需依附在墙体上，如果该位置没布置基础墙，可布置 0 墙。

③ 基础构件的土方开挖、垫层、砖胎模，直接套用定额，相关的尺寸可以在"附件尺寸"里调整。

（4）上部楼层建模注意点

① 墙体：同一位置如果有两道墙，另一道墙需要用填充墙来代替，并调整好标高。

② 楼板：如果楼层中板的厚度一致，可以利用墙外包线执行"形成板"命令形成一大块楼板；如果板厚不一样，需要分别绘制。在楼板上绘制楼梯，楼板会

自动扣除楼梯。如果只要计算楼梯的面积，可以绘制一块板套楼梯定额。

③ 外墙装饰：一层外墙装饰有两种（比如 600mm 以下是石材，以上是涂料），可将石材定义成墙裙，涂料则按外墙面正常定义。

④ 房间装饰：形成房间装饰的前提是房间墙中线闭合，如遇到有未封闭或缺少墙体，需要用 0 墙连通。

⑤ 建筑面积：形成后的建筑面积，已包括了阳台，软件默认为计算一半，如果要调整系数，可通过"工程量"→"阳台面积系数"命令调整；建筑面积需提取后方可在报表中显示（提取方法："工程量"→"编辑其他项目"→提取所有）

⑥ 楼层复制：楼层复制时要特别注意"源楼层"和"目标楼层"的选择；如果局部（区域）构件需要复制，可以用"构件块复制"和"构件块粘贴"命令，这样可以将图形和属性都复制；不要使用 CAD 的复制命令，因为该命令仅仅只能复制图形，不能复制属性。

⑦ 屋面：屋面的结构层一般用板来代替；屋面上有坡度时，防水、保温工程量的相应变化，可以在相应定额"量值调整"中调整工程量系数。

⑧ 女儿墙：最好单独设置一层进行绘制，同时注意进行高度（标高）调整。

（5）CAD 转化注意点

① 在转化短肢剪力墙时，注意将最大合并距离改为 0，在量取墙厚时，有个小窍门，可以将软件默认的墙厚全部选择再添加 400 厚，这样可以大大节省找墙厚的时间。

② 转化好墙体，一定要对照 CAD 图纸，查看是否转化完全，墙体是否合并，如果没有，则应手工修改好，然后再用"构件名称更换"命令将内（外）墙更换正确。

③ 柱状独立基（承台）是在基础层中，选择转化柱→柱类型→柱状独立基，同时根据图纸更改承台识别符号。

④ 转化梁，要注意方法的选择，梁名称要跟图纸一致。

⑤ 转化门窗，注意首先看墙体有无连通，然后看门窗属性中的名称和图纸中的名称是否一致，以及门窗尺寸是否正确。

⑥ 软件支持对 EXCEL 表格导入的支持，目的是针对梁、门窗构件繁多，又无电子版门窗表的工程。在操作的时候，可以先用 EXCEL 输入好构件名称及尺寸后，将表格复制、粘贴过来，再用 CAD 转化即可。

2. 轴网

（1）轴网概念

在绘制建筑平面图之前，我们要先画轴网。轴网是由建筑轴线组成的网，是人为地在建筑图纸中为了标示构件的详细尺寸，按照一般的习惯标准虚设的，习惯上标注在对称界面或截面构件的中心线上。

轴网由定位轴线（建筑结构中的墙或柱的中心线）、标志尺寸（用心标注建筑物定位轴线之间的距离大小）和轴号组成。

（2）轴网创建及讲解

轴网的创建有两种方法：第一种方法是根据设计图的轴网的尺寸，绘制设计图示的轴网。方法如图 2-6 所示。

轴网分直线轴网和弧线轴网，"轴网"命令栏在绘图区域的左侧，点击"轴网"，出现"轴网"命令的分类、编辑整理、增加主次轴等命令。

点击"直线轴网"，屏幕上弹出直线轴网的对话框，如图 2-7 所示。

图 2-6 创建轴网

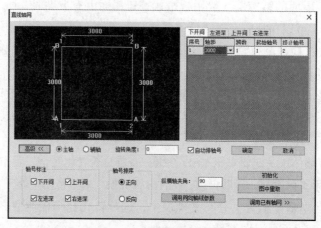

图 2-7 直线轴网对话框

其中直线轴网对话框出现的"下开间"选项是指图纸下方标注轴线的开间尺寸；"上开间"选项是指图纸上方标注轴线的开间尺寸；"左进深"选项是指图纸左方标注轴线的进深尺寸；"右进深"选项是指图纸右方标注轴线的进深尺寸。

"自动排轴号"选项根据起始轴号的名称，自动排列其他轴号的名称。例如：上开间起始轴号为 s_1，上开间其他轴号依次为 s_2、s_3……

"高级"选项可以对轴网进行高级设置，包括轴号标注（四个选项，如果不需显示一部分的标注，将其前面的"√"去掉即可）、调用同向轴线参数 [如果上下开间（左右进深）的尺寸相同，输入下开间（左进深）的尺寸后，切换到上开间

（右进深），左键点击"调用同向轴线参数"，上开间（右进深）的尺寸将拷贝下开间（左进深）的尺寸]、初始化、图中量取（根据 CAD 图中进行尺寸量取）、调用已有轴网（是指调用已设置好的轴网尺寸信息）等高级命令。

"旋转角度"选项是指针对已设置好的轴网信息根据轴网的中心进行旋转。

根据设计图的轴网的尺寸，绘制设计图示的轴网如图 2-8 所示。

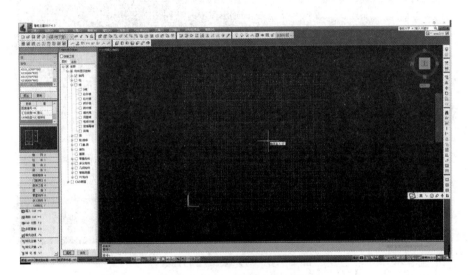

图 2-8　绘制设计图示的轴网

第二种方法是通过 CAD 转化轴网，如图 2-9 所示。

| 轴　网 0 |
| 柱　体 1 |
| 墙　体 2 |
| 梁　体 3 |
| 楼板楼梯 4 |
| 门窗洞口 5 |
| 装饰工程 6 |
| 屋　面 7 |
| 零星构件 8 |
| 多义构件 9 |
| CAD转化 / |
| 调入 CAD →0 |
| 清除 CAD ←1 |
| CAD 分图 ↑2 |
| 多层复制 ↓3 |
| 填充边线 ↗4 |
| 转化主轴 ↖5 |
| 转化次轴 ↙6 |
| 转化桩 ↘7 |

图 2-9　通过 CAD 转化轴网

首先选择"轴网"命令，在轴网的命令下点击 CAD 转化，才可以对图纸中的轴网进行转化。

在"CAD 转化"中，点击"调入轴网"，选择需要导入的图纸，点击确定导入后，如图 2-10 所示。

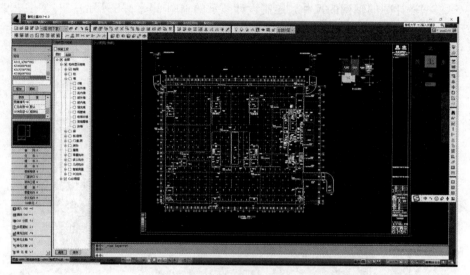

图 2-10　导入图纸后的界面

点击"转化主轴"选项，会弹出转化轴网选项卡（见图 2-11），包括有轴线层和轴符层的提取。选择"提取"命令，对导入的 CAD 图层的轴网进行提取，选择"轴符"命令，对导入的 CAD 图层的轴符进行提取，提取完毕之后，点击"转化"，CAD 转化即可完成，但需要注意的是系统转化存在一定的误差，仍需要对图纸的轴网进行核对与修改。

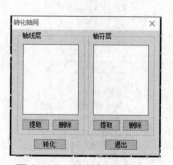

图 2-11　转化轴网选项卡

3.墙体

（1）墙体的概念与分类。墙体主要包括承重墙与非承重墙，主要起围护、分隔空间的作用。墙承重结构建筑的墙体，承重与围护合一，骨架结构体系建筑墙体的作用是围护与分隔空间。墙体要有足够的强度和稳定性，具有保温、隔热、隔声、防火、防水的能力。

墙体的种类较多，有单一材料的墙体，也有复合材料的墙体。

（2）墙体创建及讲解。软件中墙体分为：砖内墙、砖外墙、砼内墙、砼外墙、间壁墙、电梯井墙，其计算规则、计算方法各不相同（见图2-12）。

图2-12

（3）通过定义属性的方式绘制墙体。"墙体"命令栏在绘图区域的左侧，点击"墙体"，出现"墙体"命令绘制方式等命令，如图2-12所示，点击"绘制墙"，在中文菜单栏"墙体"的上方出现墙体的名称及分类，如图2-13所示。

图2-13　墙体的名称及分类

双击"Q0"，屏幕上弹出属性定义的对话框，如图2-14所示。

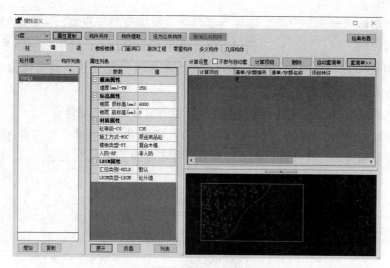

图 2-14　属性定义对话框

①定义墙体：软件中任何构件的定义均分 3 步走：定义名称，点击"套清单"套指定清单，套消耗量定额，输入墙体厚度和材料。

该工程墙体定义如下：砼内墙 350mm、350mm，砖内墙 100mm 、200mm、370mm（墙体材料均为砖墙）。定义好后如图 2-15 所示。

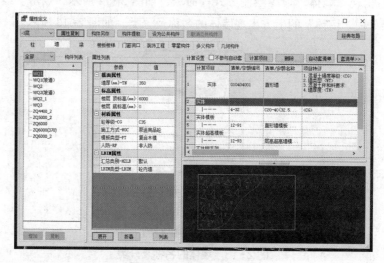

图 2-15　定义工程墙体

② 布置墙体。

方法一：

单击中文工具栏中"绘制墙"命令，属性工具栏中选择定义好的砖内墙"ZQ4000"，根据图纸中墙体位置，在绘图区域轴网上绘制墙体，绘制过程中可在属性工具栏中切换相应墙体（内外墙）。

方法二：

单击中文工具栏中"轴网变墙"命令，属性工具栏中选择定义好的砖内墙"ZQ4000"，框选选中轴网，确定后，所有轴线均变为红色，按命令行提示，选择裁减区域，连续选中图中不形成墙的线，选择好后确定，所有未选中的地方均形成"ZQ4000"。将内墙部分用"构件名称更换"替换成定义好的砖内墙（选择墙体时选择墙体名称可快速选中该墙体），注意区分厚度。

按照设计图绘制的 -1 层全部墙体及轴网如图 2-16 所示。

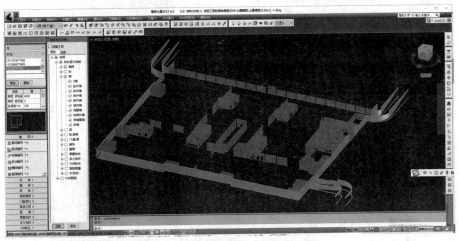

图 2-16 -1 层全部墙体及轴网

4. 门窗

（1）门窗的概念与分类。门和窗是建筑物围护结构系统中重要的组成部分，门和窗又是建筑造型的重要组成部分（虚实对比、韵律艺术效果），起着重要的作用，所以它们的形状、尺寸、比例、排列、色彩、造型等对建筑的整体造型都有很大的影响。

（2）门窗创建及讲解。通过定义属性的方式绘制门窗。

"门窗"命令栏在绘图区域的左侧，点击"门窗洞口"，出现门窗绘制方式等命令，如图2-17所示。点击"布门"，在中文菜单栏"门窗洞口"的上方出现门窗的名称及分类，如图2-18所示。

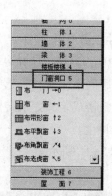

图2-17　点击"门窗洞口"

图2-18　门窗的名称及分类

双击"M1521"，屏幕上弹出属性定义的对话框，如图2-19所示。

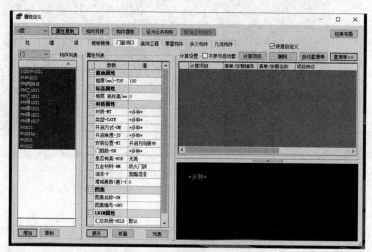

图2-19　属性定义对话框

① 定义门窗。进入构件属性定义对话框，根据门窗表对门窗、洞口尺寸进行定义，完成后套用相应定额。幕墙在软件中可用窗来代替，根据幕墙形状分别定义窗户，套幕墙定额，由于软件中楼层与楼层间构件无扣减关系，故幕墙需分层

进行定义（通窗同理）；转角窗，软件中可采用布转角飘窗，将飘板尺寸定义为 0
来进行操作。

②布置门窗。执行"布门"命令，在属性工具栏里选择 M1521，按命令行
提示"选择加构件的墙"，按照设计图选择要布置 M1521 的墙体，可多选，选择
完成后确定。重复执行命令布置 M1021。窗的定义和布置同门。布置完成后此项
目 -1 层的门窗如图 2-20 所示，其余楼层布门窗方式同上。

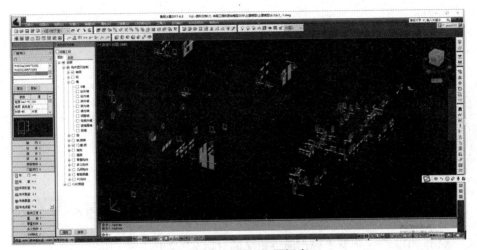

图 2-20　项目 -1 层门窗

5. 柱体

（1）柱的概念与分类。柱是建筑物中垂直的主结构件，承托在它上方物件的
重量。柱的示例如图 2-21 所示。

图 2-21　柱的示例

（2）柱的创建及讲解。通过定义属性的方式绘制柱。

"柱"命令栏在绘图区域的左侧，点击"柱体"，出现柱体命令绘制方式等命令，如图2-22所示。点击"点击布柱"，在中文菜单栏"柱体"的上方出现柱体的名称及分类，如图2-23所示。

图2-22　点击"柱体"

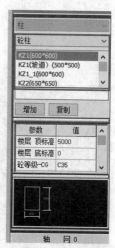

图2-23　柱体名称及分类

双击"KZ1"，屏幕上弹出属性定义的对话框，如图2-24所示。

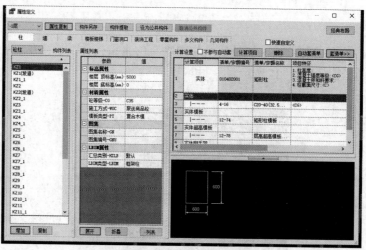

图2-24　属性定义对话框

① 定义构造柱：进入构件属性定义对话框，对构造柱进行定义，软件默认构

造柱尺寸为 240mm×240mm，在此我们无须更改，套用相应清单及消耗量定额。

② 布置构造柱。点击"墙交点柱"命令，按图纸位置选择墙体交点，右键确定，完成墙拐角处构造柱布置；点击"点击布柱"命令，分别按照设计图的柱所在部位点击，该项目的 -1 层柱子布置完成，如图 2-25 所示。

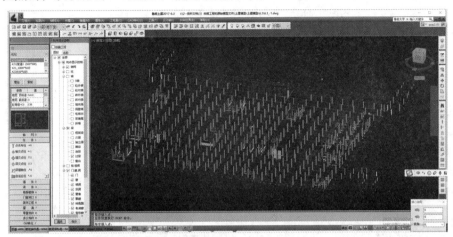

图 2-25　该项目 -1 层柱子

6. 梁、板、楼梯

（1）概念介绍

梁：由支座支承，承受的外力以横向力和剪力为主，以弯曲为主要变形的构件称为梁。梁承托着建筑物上部构架中的构件及屋面的全部重量，是建筑上部构架中最为重要的部分。依据梁的具体位置、详细形状、具体作用等的不同有不同的名称。大多数梁的方向，都与建筑物的横断面一致。

楼板：一般指预制场加工生产的一种混凝土预制件（见图 2-26）。楼板层中的承重部分，它将房屋垂直方向分隔为若干层，并把人和家具等竖向荷载及楼板自重通过墙体、梁或柱传给基础。

图 2-26　预制混凝土楼板

① 基本菜单命令（见图 2-27、2-28）

梁	构件类型
连续布梁	梁基本操作命令同墙，无须额外增加学习成本
轴网变梁	此命令用于至少有纵横各两根轴线组成的轴网
轴段变梁	利用现有轴段变梁，用于梁中线在轴线上的梁建模
线变梁	利用现有线段变梁，如墙中线变梁等
口式布梁	形成的封闭区域的轴段快速生成梁
梁偏移	对已布置梁位置进行偏移
偏移复制	对已布置梁进行复制后偏移
梁拉伸	对已布置梁长度进行拉抻，输入负值，可收缩
布过梁	布置过梁命令，门窗的附属构件
布圈梁	布置圈梁命令，墙体的附属构件
斜梁设置	用于调整梁两端部标高，设置斜梁，同"山墙设置"
梁偏向	用于改变不对称梁左右方向

图 2-27　梁构件基本操作类型

板.楼梯	构件类型
形成板	批量生成板的方式，可按墙或梁封闭区域批量生成
自由绘板	自由绘板板区域，用于绘制单块不规则形状的板
框选布板	通过选框，捕捉选框外封闭区域自动生成板
矩形布板	指定对角线，快速绘制单块矩形板的命令
布预制板	布置预制板的命令
板上开洞	板上布置洞口命令
增加夹点	增加板边线夹点，用鼠标左键可对夹点进行拖拽，以形成任意形状
斜板设置	设置斜板命令，可将平板变斜
布楼梯	布置楼梯命令

图 2-28　板构件基本操作

② 同一位置布置多道梁

目前版本中处理同一位置多道梁（框架梁、次梁、独立梁），可将梁偏侈 1mm，使梁中心线不在同一直线上即可，其误差可忽略不计。

③ 自定义断面梁的灵活运用

软件处理一些异形构件时，除软件提取的截面外，还可自行定义断面形状。例如变截面梁，拱形板、球形板等均可用自定义断面梁来进行建模。自定义断面梁时需注意对每条边属性进行设置，以确定哪条边计算模板和粉刷；另外需注意插入点的选择，自定义断面构件标高的选取以插入点为准。

（2）梁、板、楼梯的建模

① 梁构件建模

"梁"命令栏在绘图区域的左侧，点击"梁体"，出现梁体命令绘制方式等命令，如图 2-29 所示，点击"绘制梁"，在中文菜单栏"梁体"的上方出现梁体的名称及分类，如图 2-30 所示。

图 2-29　梁体绘制方式

图 2-30　梁体的名称及分类

双击"KL1"，屏幕上弹出属性定义的对话框，如图 2-31 所示。

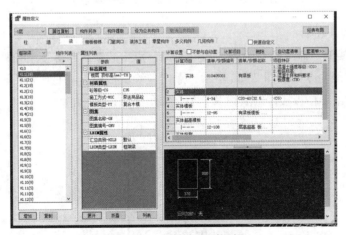

图 2-31　属性定义对话框

a. 定义梁：根据梁情况进行定义，KL1 梁定义中断面选择"框架梁"，按图纸要求输入梁宽 × 梁高：370mm×800mm。

构件属性定义：构件命名；单击选择"随墙厚断面"；调整"顶标高"及"砼

等级"；用相应清单及消耗量定额。

按图纸要求输入梁顶标高后用相应清单及消耗量定额。

b.布置梁：执行"绘制梁"命令，属性工具栏内选择定义好的梁，框选相应梁，根据 CAD 所示的图纸位置进行布置后右键确定，梁布置完成，该项目 -1 层布置后的梁模型如图 2-32 所示，其余楼层均按此方式布置。

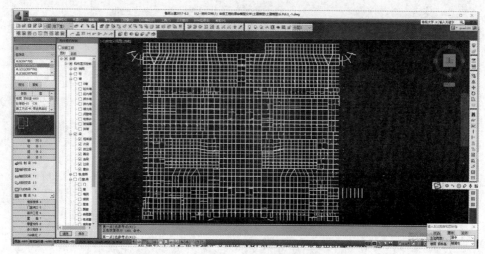

图 2-32 该项目 -1 层布置后的梁模型

② 板构件建模

"板、楼梯"命令栏在绘图区域的左侧，点击"楼板楼梯"，出现楼板楼梯命令绘制方式等命令，如图 2-33 所示，点击"绘制楼板"，在中文菜单栏"楼板楼梯"的上方出现楼板楼梯的名称及分类，如图 2-34 所示。

图 2-33 点击"楼梯楼板"

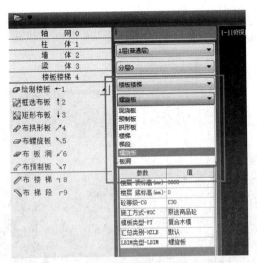

图 2-34　楼板楼梯的名称及分类

双击现浇板的空白区域，屏幕上弹出属性定义的对话框，如图 2-35 所示。

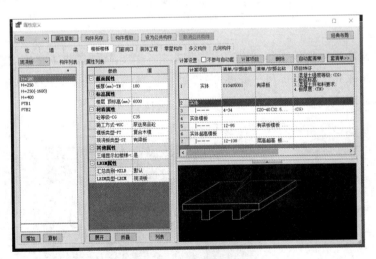

图 2-35　板属性定义

a. 定义板：点击"属性复制"，按图纸说明定义板：楼板均为现浇板，厚度为 180mm、250mm、400mm，并给出板名称"H=180、H=250、H=400"。不同厚度的板要分别进行定义。

b. 布置板：在属性工具栏里选择定义好的 H=180，点击中文菜单中的"绘制楼板"命令，在弹出的生成方式中根据计算规则选择"内墙按中线，外墙按边线"

（需先执行"形成墙体外边线"命令，指定墙体外边线），按照设计图示的楼板的厚度、位置及板面标杆绘制现浇板。该项目-1层的现浇板绘制完成如图2-36，其他楼层做法如上。

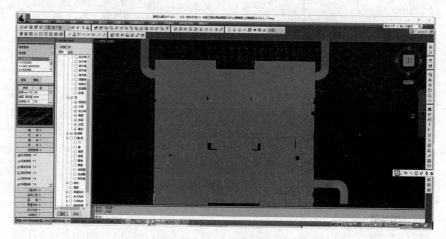

图2-36 -1层现浇板

③ 楼梯建模

a.定义楼梯：软件中楼梯的定义同集水井一样，软件提供了常用的楼梯形式，只需按图录入相关参数即可，如图2-37所示。特殊楼梯，如直形三跑楼梯，我们可以用直形双跑楼梯＋单跑楼梯进行组合，再分别调整其标高。

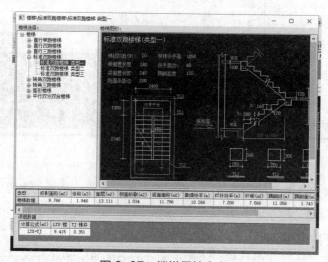

图2-37 楼梯属性定义

　　b. 布置楼梯：执行"布楼梯"命令，属性工具栏中选择定义相应的楼梯，按住键盘上 CTRL 键 + 鼠标右键，布置好临时捕捉点后，左建点击楼梯插入位置即可，完成后如图 2-38 所示。

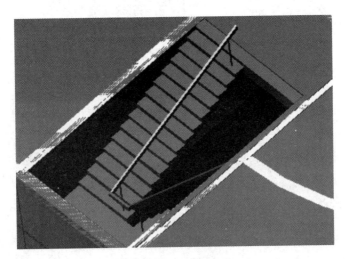

图 2-38　布置楼梯

　　7. 基础

　　（1）基础的概念与分类。基础是指建筑物地面以下的承重结构，如基坑、承台、框架柱、地梁等。是建筑物的墙或柱子在地下的扩大部分，其作用是承受建筑物上部结构传下来的荷载，并把它们连同自重一起传给地基。

　　（2）基础创建及讲解。

　　① 基本命令菜单（见图 2-39）。

　　② 砼、砖条基布置（寄生构件）：a. 左键选取布置砖基的墙的名称，也可以左键框选，选中的墙体变虚，按回车键确认。b. 砖基会自动布置在墙体上，再根据实际情况，使用"名称更换"命令更换不同的砖基。

　　③ 满堂基布置：点击左边中文工具栏中"满堂基础"图标，自动弹出"请选择布置满基方式"对话框，方法如图 2-40 所示。

图2-39　基本命令菜单

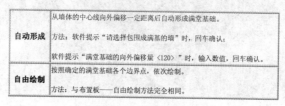

图2-40　满堂基布置

④ 放坡及工作面：进入构件属性定义对话框，在挖土方项目中进入附件尺寸中设置相关参数，如图2-41所示。

图2-41　附件尺寸

⑤ 挖土方计算：a. 计算基础实体量；b. 进入编辑其他项目中，增加土方相关参数（见图2-42）。

图2-42　土方计算

根据设计图示的要求，创建完该模型整体的墙、门窗洞口、柱、梁、板、楼梯、基础以及其他零星构件之后，所得的某县人民医院土建三维模型如图 2-43 所示。

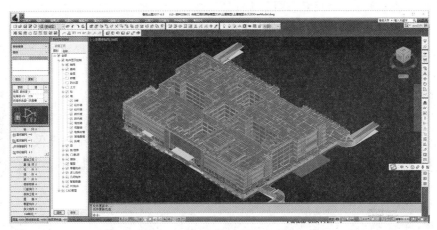

图 2-43　某县人民医院土建三维模型

8.其他常见问题

（1）在编辑其他项目中，增加自定义计算项目，输入计算式后，为什么有时候会没有结果？

① 目前软件暂不支持中括号和大括号"[]、{}"，遇到非小括号的地方请用小括号代替。

② 软件对于数字、包括符号的输入目前只支持半角模式，在输入时，必须将全角改为半角。

（2）如何查看区域图形的周长和面积？

① 如果本身有封闭区域，可以执行框选布板命令，生成板后再通过编辑其他项目来提取板的周长和面积。

② 如果本身没有封闭区域，则利用 CAD 命令，在命令框中输入 PL——连续布线命令，在图纸上描绘所需要计算的图形，形成闭合面。

绘制完成图形后，单击图形，在命令框中输入 List（LI）快捷键，点击确定就可以查看绘制图形的建筑面积。

③ 利用其他编辑命令。在命令框中输入 PL——连续布线命令，在图纸上描绘所需要计算的图形，形成闭合面。

在编辑其他命令中增加一项，点击计算公式。

选择封闭的区域，可以查看并提取面积和长度。

（3）楼层间构件复制与同名构件属性复制（不同层）的异同点。

① 相同点：用"楼层间构件复制"选择覆盖时所复制的跟使用"同名构件属性复制"是一样的，都只复制同名构件的属性。

② 不同点：用"楼层间构件复制"选择覆盖来复制时是将源层同名构件的所有属性（包括截面信息）也全部复制至目标层；用"同名构件属性复制（不同层）"是只将源层属性参数和计算规则复制。

（4）为何构件复制和镜像后，一定要进行构件整理？

若复制、镜像后不进行构件整理，那么，当我们要修改复制（镜像）后的新构件时，软件认到的实体是原构件，无法对新构件进行修改。当复制（镜像）后，进行了构件整理，那么原构件和新构件是两个相对独立的构件，可以单独进行修改了。

（5）两坡屋面下一道墙体如何使用墙柱梁随板调整高度？

利用墙打断，然后分别随板调整标高。

① 找到两种坡屋面相交处；② 在此处用 0 墙把墙体打断；③ 再使用墙柱梁随板调整高度命令。

9.建模快速核查

（1）工程设置中相关数据是否准确。

对照剖面图，查看各层层高是否设置正确，层高的正确与否将直接影响到工程量的计算正确与否。参看设计说明，核对工程设置中砼等级、砂浆等级的设置。

（2）查看构件定额查套是否完整、正确。

需要计算工程量的项目必须套取定额，对于未套定额的项目，软件默认不计算工程量。

计算结果与计算项目紧密相关。例如满堂基础的土方开挖项目，必须在"挖土方"子目下套取定额，不能在"实体"套取挖土方定额。

（3）计算规则设置是否正确。

鲁班软件的计算规则是完全开放的，可以由用户自定义。不同的建模方式，计算规则也是不一样的，特别是对于一些变通处理的构件。

重点：变通处理的构件计算规则，例：填充墙代替导墙、多满基土方等基础类构件。

（4）构件的属性参数是否设置正确。

重点：构件基本的尺寸参数是否设置正确。构件的底标高、顶标高是否设置正确，注意：鲁班软件中的标高，除了基础层构件为工程绝对标高外，其他楼层均为工程相对标高。

例如：墙厚、板厚等基本的尺寸参数，构件标高设置是否正确（特别是基础层）。

（5）检查轴网尺寸及轴号，避免因轴网设置错误影响工程量。

重点：轴距是否有误，是否有遗漏。

（6）查看平面图形，构件布置是否完整。

重点：板、构造柱、圈过梁、装饰。

例：板区域、楼梯装饰做法

（7）逐层三维显示，看构件布置是否合理，空间位置关系是否正确（见图2-44、2-45）。

重点：构件三维位置标高。

例：基础构件、门窗、屋面构件。

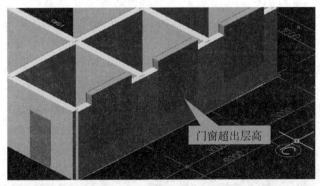

图 2-44　查看空间位置关系

图 2-45　调整位置关系

（8）通过"属性查询"命令快速查找构件的构件名称、类型、属性参数、断面尺寸、所套清单（定额），如图 2-46 所示。

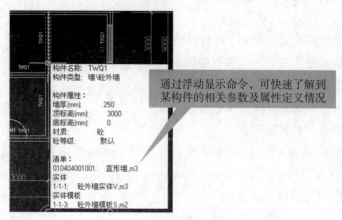

图 2-46　属性查询

（9）使用计算模型合法性检查命令，可以检查未套定额构件、项目以及一些建模错误：无效装饰、房间无门、门窗超出墙范围、未封闭墙区域，如图 2-47 所示。

图 2-47　模型检查

2.1.3　建筑与结构模型调整

策划及方案设计主要是从医院建筑项目的需求出发，根据建筑项目所在院区的设计条件，研究分析满足建筑功能、性能和布局的总体方案，利用 BIM 技术对项目的设计方案进行数字化仿真模拟并对其可行性进行验证，从而对医院建筑的总体方案进行初步评价、优化和确认。

建筑与结构专业模型的构建，主要是利用 BIM 软件建立三维几何实体模型。其应用目的在于建筑与结构专业模型的构建，为场地分析、建筑性能模拟分析、虚拟仿真漫游、设计方案比选、医疗工艺流程仿真及优化、特殊设施模拟和特殊场所模拟等工作奠定基础，旨在达到完善建筑、结构设计方案的目标，为施工图设计提供设计模型和依据，并为后续的 BIM 应用提供模型基础。

施工图设计阶段，由于房间功能布局的进一步明确、机电设备的空间需求进一步确定等种种原因，相比扩初设计阶段的各专业模型需进一步提高模型精度并做相应的调整。在此阶段需要通过 BIM 模型冲突检测，检查出不易发现的问题进行优化或者纠正，提高图纸质量为后续施工图的绘制提供参考与支撑。

应用流程在现有条件下，规划及方案设计阶段的建筑、结构专业模型通常是基于设计院前期工作提供的建筑结构二维设计图进行构建的，在构建过程中需要从专业模型中提取平面、立面、剖面图进行审查并添加关联标注。

注意要点：在规划及方案设计阶段，由于设计方案的不确定性，所安排的相关应用点对建模的深度要求也不高，故该阶段的建模主要包括基本的建筑结构以及简单构造的门窗，保证楼层标高、墙面厚度、门窗位置以及外观效果与设计方案一致。

1.建筑模型调整

在根据图纸相对应的数据进行某县人民医院的模型建造时发现部分数据有问题，根据相应的标准和讨论决定进行数据的调整，调整情况如下：

（1）对轴网、窗户的数据进行调整

调整了轴网 1-9/1-11 与 1-P 处百叶窗高度，保持位置不变，窗户的高度适应墙体的高度标准，调整前后情况见图 2-48、2-49。

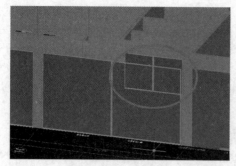 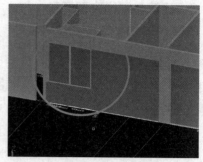

图 2-48　调整前　　　　　　　　图 2-49　调整后

（2）门窗尺寸调整

在一层图纸中 1-C、1-D 与 1-23 轴处 MLC7818 门窗表没有给定尺寸，通过查询相关的医院门窗规定，小组讨论暂定采用 7 800mm×1 800mm 尺寸的普通门进行绘制，见图 2-50、2-51。

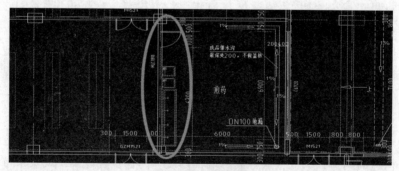

图 2-50　修改前

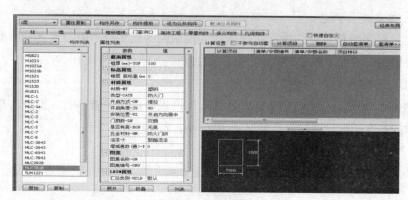

图 2-51　修改后

2.结构模型调整

某县人民医院门急诊医技楼在施工图设计阶段的结构调整包括预留洞口调整和梁板柱的标高调整，调整情况如下。

（1）圈梁兼过梁

在实际工程中，经常有圈梁兼过梁的情况，当其兼过梁时，根据《砌体结构设计规范》（GB 50003—2011"第 7.1.5 条规定：圈梁兼做过梁时，过量部分的钢筋应按计算用量另行配置。"调整前后情况见图 2-52、2-53。

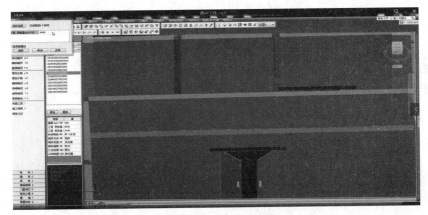

图 2-52　标高调整前

图 2-53　调整后

（2）洞口的调整

在模拟混凝土墙体、混凝土楼板预留孔洞的定位参考结构、给排水、消防、喷淋、暖通和电气施工图纸。管线预留洞口，依据图纸的标高（见图2-54），利用BIM技术对全专业管线进行了综合深化，预留洞口位置最终可以作为参考。某县人民医院门急诊医技楼共发现混凝土墙体预留孔洞：41个；混凝土楼板预留孔洞：152个。

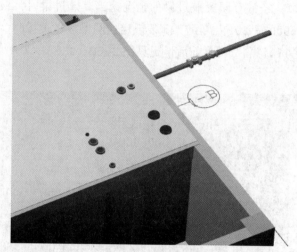

图2-54　预留孔洞

2.1.4　钢筋模型的建立

1. 工程设置要点

工程设置对整个工程的影响是联动的，所以工程设置是否准确会影响到计算结果的准确性。本小节主要讲解工程设置中的要点和注意的部分，其他的基本操作方法详见帮助（F1）。

建模前几个需要注意的要点：

① 浏览建筑和结构图，熟悉设计说明，了解砼结构类型，砼等级、抗震等级（抗震设防烈度）、选用规范以及节点设置，以便做好工程设置及属性设置。

② 直接影响钢筋计算长度的要素有：砼等级、抗震等级、选用规范，了解这些基本参数才能正确地做好工程设置。

③ 找出图纸的规律：是否有标准层、是否存在对称或相同的区域等，对称位置可以镜像，相同的可以复制，避免重复建模。

④ 查看电子图，参照CAD转化注意事项一节，在转化前可以对CAD图纸做适当的修改，保证转化达到更高的成功率。

（1）计算规则（见图 2-55）。

图 2-55　计算规则

① 图集的选择。图集规范的选择，要选择 16G101 和 11G101 之外，软件选用的其他的图集还包括：03G101 和 00G101。

② 抗震等级的选择。抗震等级的选择，在下一步的楼层设置和以后的构件抗震等级都读取计算规则中的设置，可以单个设置以红色的表示同总体设置不一样。

③ 弯钩增加值。指单个的弯钩增加长度，钢筋在弯曲后长度会有微小变化。弯曲调整值 = 量度尺寸 - 下料尺寸。

④ 箍筋弯钩增加值。指箍筋的两个弯钩增加的总长，软件中箍筋的计算公式为：周长 + 箍筋弯钩增加值，4209 表示抗震箍筋，4218 表示非抗震的箍筋，4219 表示抗扭箍筋。这几个数据表示钢筋的形状。

提示：23.8d 的由来：$23.8d=10d \times 2+1.9d \times 2$。

半 径 为 $1.25d+0.5d=1.75d$； 周 长 $=2 \times 3.1416 \times 1.75d=11d$，根 据 弧 长 计 算 式 可 得 135° 的 弧 长 为 =（11d/360°）$\times 135°$ =4.13d，根据上式的下料长度为 $=4.13d-1d-1.25d=1.88d$，约等于 1.9d，如图 2-56 所示。

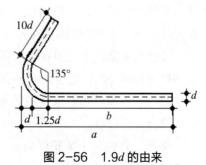

图 2-56　1.9d 的由来

⑤ 计算参数。弯曲系数：又称弯曲调整值，选择“不考虑”，钢筋长度不进行任何扣减；选择“考虑”，软件根据钢筋弯折的不同的角度扣除相对应的弯曲调整值，这两种选择都影响工程量的重量，如表 2-1 所示。

表 2-1　弯曲调整值对照表

弯曲调整值				
弯折 30°	弯折 45°	弯折 60°	弯折 90°	弯折 135°
0.35*d*	0.5*d*	0.85*d*	2*d*	2.5*d*

定尺长度：影响接头的个数，钢筋长度超过定尺时，软件自动增加一个接头。

损耗率：只在“工程信息表中体现”，其他的工程量报表全部为净重。

（2）楼层设置（见图 2-57）。

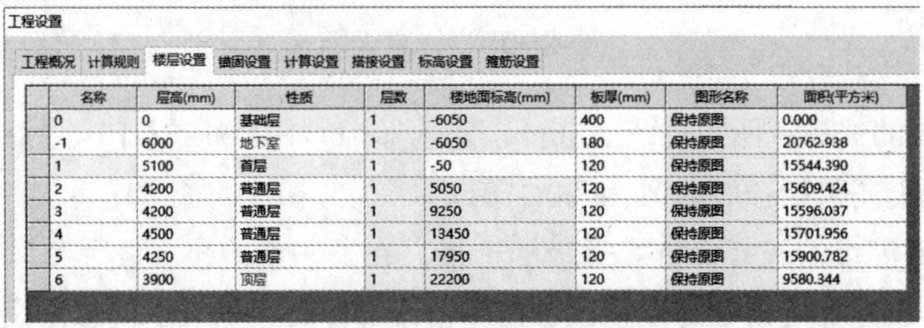

名称	层高(mm)	性质	层数	楼地面标高(mm)	板厚(mm)	图形名称	面积(平方米)
0	0	基础层	1	-6050	400	保持原图	0.000
-1	6000	地下室	1	-6050	180	保持原图	20762.938
1	5100	首层	1	-50	120	保持原图	15544.390
2	4200	普通层	1	5050	120	保持原图	15609.424
3	4200	普通层	1	9250	120	保持原图	15596.037
4	4500	普通层	1	13450	120	保持原图	15701.956
5	4250	普通层	1	17950	120	保持原图	15900.782
6	3900	顶层	1	22200	120	保持原图	9580.344

图 2-57　楼层设置

提示：楼层设置层高直接影响到竖向构件的长度的计算。

软件中 0 层的定义：同结构图纸不一样，软件 0 层指基础混凝土顶面以下的部分，软件通过基础构件的面标高、厚度来控制竖向钢筋长度，软件在基础的箍筋个数默认同规范，规范只计算外箍不小于 500mm 且不少于 2 个，所以 0 层层高要设置为 0。在软件中每一层都为一个面。

楼地面标高：本层的底面标高（本层的面标高 = 上层的底标高），软件中的所有构件面标高是默认随层高的，所以面标高也影响竖向构件的长度计算。

板厚：不单单指默认设置的板厚，同时也影响梁腰筋在按规范计算时的取值。应填最薄一个板厚。

面积：在输入了面积以后，在报表中可以统计出每个平方的钢筋含量。用于钢筋经济指标分析。

（3）锚固值设置（见图 2-58）。

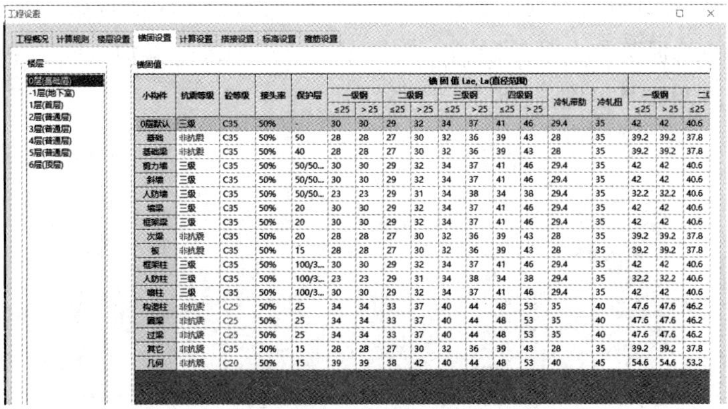

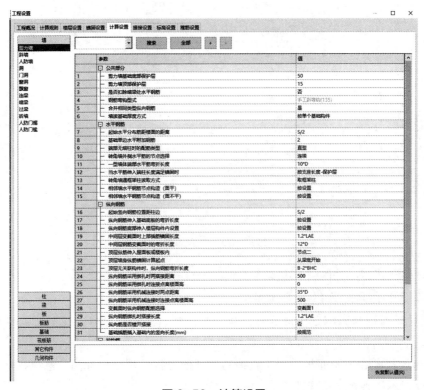

图 2-58 锚固设置

提示：这些构件在图集上都是以 la（非震抗）来表示的。

（4）计算设置（见图 2-59）。

图 2-59 计算设置

在工程开始的时候，根据图纸上的各个节点要求，设置软件中的节点。

如：① 次梁两边的箍筋个数；② 屋面框架梁的相对应的节点；③ 支座筋的分布筋。一般的工程基本上都是以同一类最多的节点为准，其他不同的单个修改。

（5）标高调整（见图2-60）。

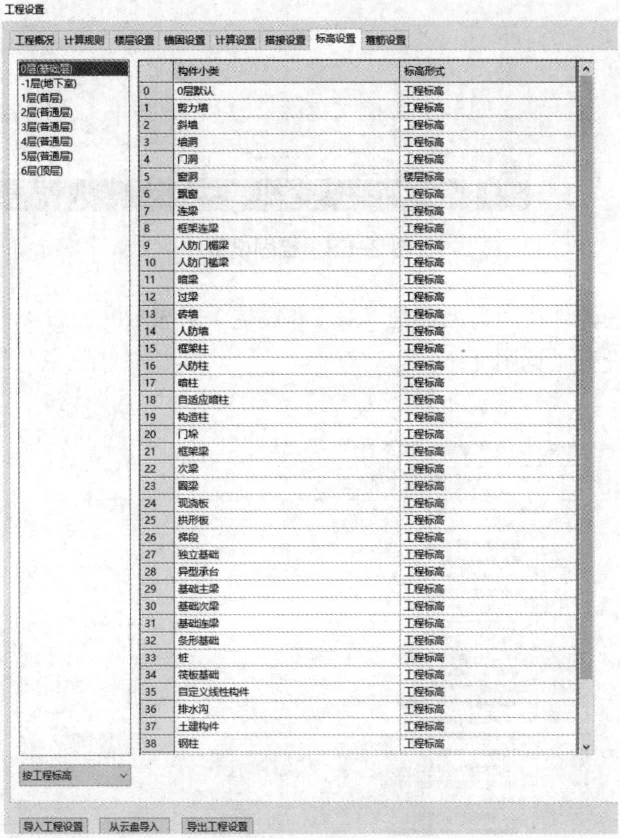

图2-60　标高设置

① 楼层标高：相对本层楼地面标高的高度（层高）。

② 工程标高：指绝对标高，结构标高。

③ 梁面标高影响柱子的长度计算。标高形式下拉可选择：工程标高和楼层标高。

建议基础和坡屋面板采用工程标高，其他类构件用楼层标高，避免在标高输入错误时不好查找出错构件。

（6）箍筋设置（见图 2-61）。

图 2-61　箍筋设置

① 指不同肢数的箍筋的内部组合方式，组合方式不同，计算的长度不一样。在这里的设置是对后面整个工程相对应的箍筋肢数进行内部组合计算。

提示：nb 横向表示自动取值，nh 表示竖向自动取值，修改其中的数值数据，可以定义内箍套的主筋根数。

2. 图形法操作技巧

如图 2-62 所示为图形法操作界面。

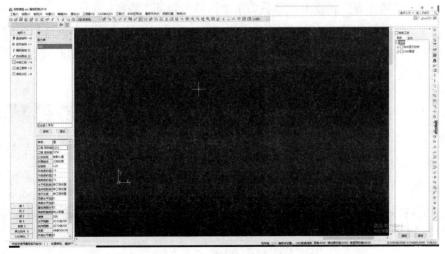

图 2-62　图形法操作界面

（1）功能快捷键

F1 帮助：软件自带的各种构件属性和绘图的初级命令。

F2 锁定（解锁）：可以设置各个构件是否锁定，建议做工程时锁定轴网。

F3 捕捉点设置：如图 2-63 所示。

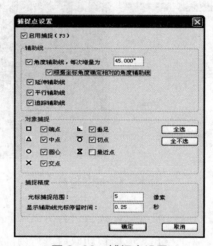

图 2-63　捕捉点设置

F4 删除构件：

选择构件，或者用 SHIFT 多选，按 F4。

按 F4，选择构件可以多选，也可以框选，然后点击右键确定。

F5 单个构件查看：查看计算后的单个构件的钢筋工程量。

F6 属性替换：按 F6，选择构件可以多选，也可以框选，然后右键选择名称。

F7 属性复制格式刷：可以将某个构件的名称以及公共属性、私有属性替换过来，如图 2-64 所示，公有属性包含：名称、配筋、截面。

私有属性包含：标高、抗震等级、砼等级、接头类型、定尺长度、根数计算规则、锚固搭接值、计算设置。

操作方法：按 F7，先选择源构件，然后选择需要替换的构件，可以多选，也可以框选，然后确定。

F8 正交：保持绘图时的直线为水平 180°，在绘制水平构件时应开启正交。

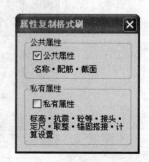

图 2-64　属性复制格式刷

F9 平法标注：对构件进行原位标注，可以修改内部配筋，其他的同名称联动。

提示：

可以进行平法标注的构件：梁、框架柱、墙、承台、板筋、筏板筋、撑脚、基础梁、基础连梁、条形基础、暗梁、连梁、过梁、圈梁、暗柱。

F10 合法性检查：可以检查图形构件布置是否正确。

F11 标高调整。

（2）轴网

在鲁班钢筋中轴网只需要在任意一个平面视图中绘制一次，其他平面和立面、三维视图中都将自动显示。轴网用于为构件定位，在鲁班钢筋中轴网确定了一个不可见的工作平面。轴网编号以及标高符号样式均可定制修改。软件目前可以绘制弧形和直线轴网，还支持折线轴网。

① 在绘图区域的工作平面内找到"轴网"选项卡，点击"轴网"，可见轴网分为：直线轴网、弧形轴网、自由划线和布施工段、指定顺序、指定分工等六项。

② 根据某县人民医院的结构图纸的轴网进行"下开间""上开间""左进深""右进深"的相应数据定义，并在"起止轴号""终止轴号"处设置相应的轴号名称，"高级设置"处具有设置轴号的标注位置、轴号排序以及调用已有轴网等相应功能，得到如图 2-65 所示轴网信息。

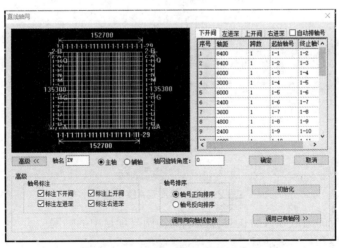

图 2-65　某县人民医院轴网信息

③点击确定，布置轴网，则该项目轴网布置如图 2-66 所示。

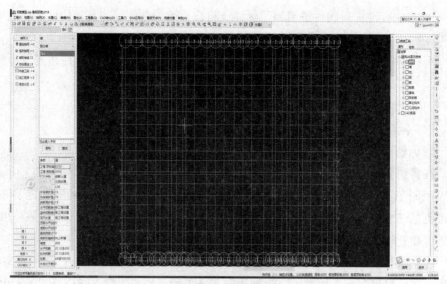

图 2-66　轴网布置

（3）CAD 图纸导入

在绘图区域的工作平面内找到"CAD 转化"选项卡，点击"CAD 转化"，找到"CAD 草图"的"导入 CAD 草图"，如图 2-67 所示。

图 2-67　导入 CAD 草图

选择相应的图纸导入后，对齐图纸的轴网与项目中的轴网。

（4）框架柱与非框架柱

根据图纸在不同的楼层绘制相应的框架柱与非框架柱，首先在视图卡选择相应的楼层，进行以下操作：

① 在绘图区域的工作平面内找到"柱"选项卡，点击"柱"，可见柱的操作

分为：点击布柱、智能布柱、自适应柱、设置偏心、识别边角、设置边角、步柱帽，智能柱帽以及设置斜柱等选项。

② 选择"点击布柱"，相应的右侧会出现柱的类型选项："框架柱"，如图 2-68 所示。点击"框架柱"可以选择相应的柱类型，如图 2-69 所示。

图 2-68　框架柱　　　　　　图 2-69　柱类型

③ 如图 2-70 所示，点击"复制"或者"新建"命名框架柱，双击 KZ1，进入"构件属性定义"栏，如图 2-70 所示；在此截面编辑该柱的截面尺寸，箍筋，拉筋，角筋信息以及相应的参数信息。例如；工程底标高、工程顶标高等。

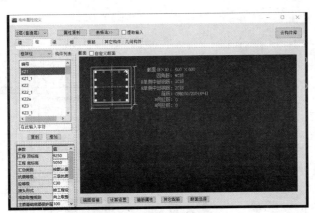

图 2-70　构件属性定义

④ 定义完全部的框架柱与非框架柱之后，对应图纸的相应位置进行布置，某县人民医院迁建项目的所有部分的所有柱布置完成如图 2-71 所示。

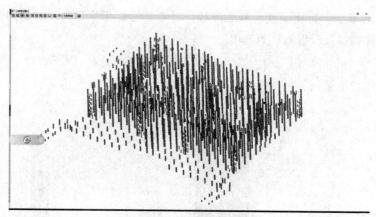

图 2-71　所有柱布置完成

（5）墙体

根据图纸在不同的楼层绘制相应的墙体，首先在视图卡选择相应的楼层，进行以下操作：

① 在绘图区域的工作平面内找到"墙"选项卡，点击"墙"，可见墙的操作选项卡，如图 2-72 所示。

② 选择"绘制墙"，相应的右侧会出现墙的类型选项："剪力墙"，如图 2-73 所示。点击"剪力墙"可以选择相应的墙类型，如图 2-74 所示。

图 2-72　墙的操作　　　图 2-73　剪力墙　　　图 2-74　墙类型

③ 如图 2-73 所示，点击"复制"或者"新建"命名剪力墙，双击 JLQ，进入"构件属性定义"栏，如图 2-75 所示；在此截面编辑该墙的水平筋、纵向筋、拉结筋以及相应的参数信息。例如，工程底标高、工程顶标高等。

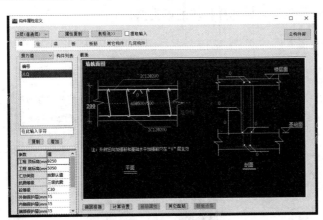

图 2-75　构件属性定义

④ 定义完全部的框架柱与非框架柱之后，对应图纸的相应位置进行布置，某县人民医院迁建项目的所有部分的所有墙柱布置完成如图 2-76 所示。

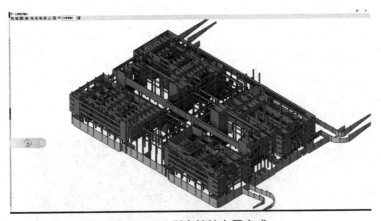

图 2-76　所有墙柱布置完成

（6）框架梁与非框架梁

根据图纸在不同的楼层绘制相应的框架梁与非框架梁，首先在视图卡选择相应的楼层，进行以下操作：

① 在绘图区域的工作平面内找到"梁"选项卡，点击"梁"，可见梁的操作

分为：绘制梁、智能布梁、识别支座、编辑支座、设置拱梁、刷新支座、吊筋布置、扁梁加筋、格式刷、同名称梁、布圈梁、智能圈梁等选项。

② 选择"绘制梁"，相应的右侧会出现梁的类型选项："框架梁"，如图 2-77 所示；点击"框架梁"可以选择相应的梁类型，如图 2-78 所示。

图 2-77　框架梁

图 2-78　梁类型

③ 点击"复制"或者"新建"命名框架梁，双击 KL1，进入"构件属性定义"栏，如图 2-79 所示；在此截面编辑该梁的截面尺寸、箍筋、上部贯通筋、下部贯通筋、腰筋信息以及相应的参数信息。例如，工程梁面标高等。

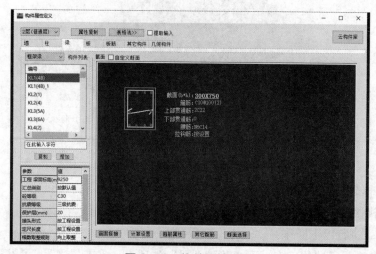

图 2-79　构件属性定义

　　④定义完全部的框架梁与非框架梁之后，对应图纸的相应位置进行布置，然后选择"识别支座"与"编辑支座"进行梁跨数的设置。

　　⑤定义梁的集中标注后，需要设置梁的原位标注。找到视图面板的 标志，然后选中相应位置的梁，在每一跨进行原位标注的定义，包括梁的跨偏移以及高度偏移等信息。如图 2-80 所示。

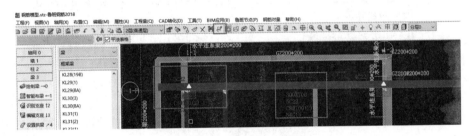

图 2-80　设置梁的原位标柱

　　某县人民医院迁建项目的梁柱部分的所有梁布置完成如图 2-81 所示。

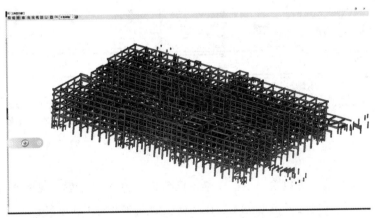

图 2-81　所有梁布置完成

（7）钢筋中梁的操作常见的问题

① 图集上的各种梁在软件中都用什么梁来做?

a. 基础主梁（JZL）、基础次梁（JCL）都属于梁下的大类构件。

b. 基础连梁（JLL）：属性基础下的。

c. 框架梁（KL）、地下框架梁（DKL）：计算规则相同，属于梁的大类构件下。

次梁（CL，L）、圈梁（QL）：同属于梁的大类构件下。

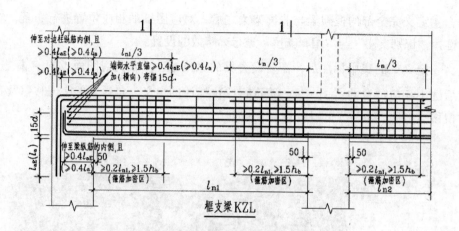

图 2-82　框支梁

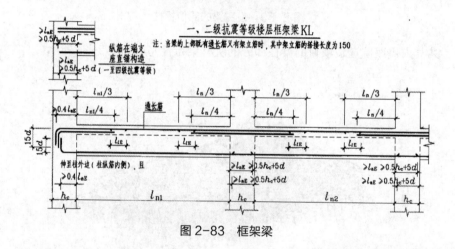

图 2-83　框架梁

从以上两个节点可以看出，框支梁（见图 2-82）和框架梁（见图 2-83）有不同之处，也有相同之处，主要是体现在端支座处上部纵筋，加密区也不同。

② 梁平法标注时连通配筋显示为（0）是什么意思？

（0）表示没有架立筋，通长钢筋读取集中标注中的值，无须重复标注，如果同集中标注不一致可单独标注。

③ 楼层中的 JZL（井字梁）可以用什么梁来做？

如果图纸上给定了各种排非贯通筋向梁内延伸的长度时，可以通过修改梁高级完成。如果有多跨跨长相同时，可以用应用同名称梁完成。

④ 蓝图建模时梁支座识别后全是一个颜色，平法标注后不好检查，有没有比较好用的办法？

先定义属性，再按图纸布置，全部布置以后，先检查是否漏布，然后直接用平法标注（平法标注有支座识别的功能），标注好一条检查后再标注下一条，以免出错，增加折点 – 折点设置操作技巧，如图 2-84 所示。

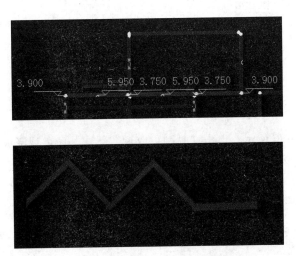

图 2-84　折点 – 折点设置

操作步骤：先用标高调整将梁标高设置为最低点高度，如果两端高度不一样可以变斜调整完成。

提示：

在添加折点时不能先定义阴角的高度，否则无法形成。

3. 板及板筋

根据图纸在不同的楼层绘制相应的板及板筋，首先在视图卡选择相应的楼层，进行以下操作：

（1）在绘图区域的工作平面内找到"板"选项卡，点击"板"，可见板的操作面板，如图 2-85 所示。

（2）选择"形成楼板"，相应的右侧会出现板的类型选项："现浇板"，如图 2-86 所示；点击"现浇板"可以选择相应的板类型，如图 2-87 所示。

图 2-85　板的操作

图 2-86　现浇板

图 2-87　板类型

（3）如图 2-86 所示，点击"复制"或者"新建"命名现浇板，双击 XJB，进入"构件属性定义"栏，如图 2-88；在此截面编辑该板的工程板面标高、板厚以及砼等级等。

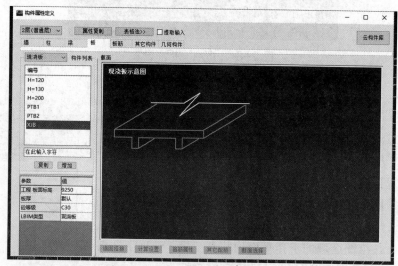

图 2-88　构件属性定义

（4）定义完全部的板之后，对应图纸的相应位置进行布置，接下来开始布置板筋，在绘图区域的工作平面内找到"板筋"选项卡，点击"板筋"，可见板筋的操作界面，如图所示 2-89 所示。

图 2-89　板筋的操作

（5）选择"布受力筋"，相应的右侧会出现板筋的类型选项："底筋"，如图 2-95 所示；点击"底筋"可以选择相应的板筋类型，如图 2-90 所示；

图 2-90　底筋

（6）点击"复制"或者"新建"命名板筋，双击 DJ，进入"构件属性定义"栏，如图 2-91 所示；在此截面编辑该板筋的钢筋规格。

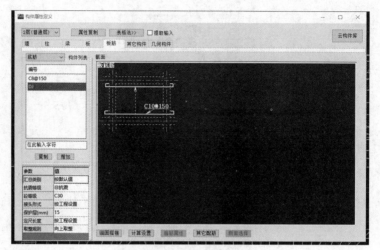

图 2-91　构件属性定义

某县人民医院迁建项目的柱、墙、梁、板及板筋部分的所有布置完成如图 2-92 所示。

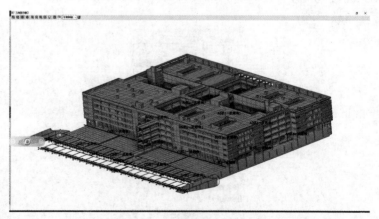

图 2-92　项目的柱、墙、梁、板及板筋布置完成

（7）关于鲁班钢筋中板筋操作常见的问题。

① 板筋能以哪些构件为支座？

在软件中板筋的支座是以墙、梁为支座的，注意板筋的支座在转角要相交，才能使板筋正确地读取支座。

② 板筋如何快速标注名称以及属性？

a. 点击平法标注，左键点击需要标注的钢筋，在名称中输入钢筋属性 a8-200（见图 2-93），按回车键确认。

a8-200 既是属性又是这根钢筋的名称。

图 2-93　标注名称及属性方法一

b. 点击平法标注，左键点击需要标注的钢筋，输入如图 2-94 所示名称，按回车键确认。＊号前表示钢筋名称，＊号后表示属性。

图 2-94　标注名称及属性方法二

③ 支座钢筋的布置技巧有哪些？

支座钢筋在布置时候，实时对话栏可以选择布置的三种方式，如图 2-95 所示。

图 2-95　布置的三种方式

同时可以修改左右支座向板内延伸的长度，当支座筋左右两端长度不相同时，可以点击"构件翻转"来控制支座钢筋的方向。对应的快捷键是 X 和 Y，两个键都有效，如图 2-96 所示。

图 2-96　修改支座筋左右端长度

点击夹点可以左右拉动，钢筋以白色高亮提示钢筋在拉动后的形状，再次点击鼠标左键确认完成。

④ 如何进行底板筋的快速布置？

当某些工程中底板钢筋都为同一属性时，可以通过智能布置快速地布置板筋，如图 2-97 所示。

选择好板筋名称后框选或者点选需要布置的板，点击鼠标右键确认完成。

提示：

a. 当框住不需要选择的板时，可以再次用鼠标左键点击板，即可以取消选择当前板。

b. 智能布置支持底筋、负筋、支座钢筋、跨板负筋、温度筋、双层双向钢筋、撑脚的布置。

图 2-97　智能布置

⑤ 如何进行通长负筋的快速布置？

通长负筋需要连续通过支座，可以用多板布置完成。点击鼠标左键先选择某一块板，按 shift 键，再点击命令，选择钢筋名称，左键确定完成多板布筋支持（温度筋、跨板负筋、底筋、负筋、双层双向钢筋），如图 2-98 所示。

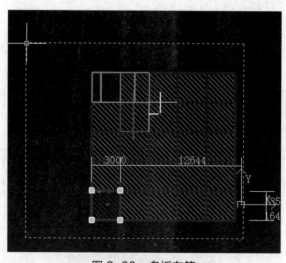

图 2-98　多板布筋

⑥ 为什么有的时候支座钢筋计算结果无弯钩？

如果需要增加弯钩，修改计算设置第 5 条，如图 2-99 所示。

5	端支座负筋在支座内的弯折长度	按锚固

图 2-99　增加弯钩

拉框选择为：按锚固，$h-1\times BHC$，$h-2\times BHC$，$15d$。自定义数值格式为：几倍 d 或数字。默认为：$h-1\times BHC$。注：d——钢筋直径；h——板厚；BHC——保护层；按锚固指根据上一项的锚固长度来计算弯折，如果支座宽大于锚固长，就直锚；$h-1\times BHC$ 等选项或自定义数值强制性把负筋算到支座边，并弯折，长度为所选项；输入 $>=$ 按锚固、$h-1\times BHC$、$h-2\times BHC$ 或 $15d$ 或自定义的数值，就按照锚固所算弯折和强制定义弯折长度之间取大值。

⑦ 空调板、悬挑板端支座如何处理？

空调板，悬挑板端支座部分同一般板筋在支座处构件不一样，可以修改计算设置第 5 条，如图 2-100 所示。

5	端支座负筋在支座内的弯折长度	按锚固

图 2-100　修改计算设置第 5 条

根据图纸上给定的长度进行调整。

⑧ 图纸上支座钢筋标注的平直段长度为计算结果，软件中如何处理？

可以在计算设置中修改，如图 2-101 所示。

6	端支座负筋遇支座时，单边标注的长度表示	支座中线
7	中间支座负筋遇支座时，单边标注的长度表示	支座中线

图 2-101　修改计算设置

将参数栏中的值改为水平长度，水平长度的意思就是标注长度，即为计算结果，如图 2-102 所示。

6	端支座负筋遇支座时，单边标...	水平长度

图 2-102　水平长度

⑨ 温度筋一级钢不要 180 度弯钩怎么做？

打开计算设置，修改第 2 条，下拉选择为"否"即可，如图 2-103 所示。

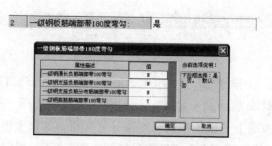

图 2-103　修改温度筋 180 度弯钩

⑩ 为何支座钢筋的分布筋没有计算？

当支座钢筋的分布筋计算结果中无显示时：

a. 计算设置中没有定义分布筋的直径。

b. 支座钢筋同负筋十字相交了，十字相交时分布筋是同负筋平行，不需要重复布置。

板洞边需要增加两根加强钢筋怎么做，如图 2-104 所示。

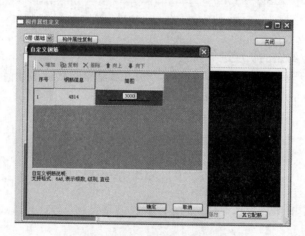

图 2-104　增加两根加强钢筋

⑪ 板上暗梁、加强带怎么做？（见图 2-105）

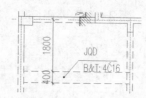

图 2-105　做暗梁、加强带

板上的暗梁、加强带在软件中可以用梁来做。根据结构说明，来修改梁的计算，达到构造要求。

⑫ 地下室顶板支座构件怎么做？（见图 2-106）

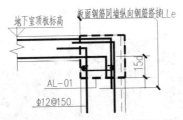

图 2-106　某地下室顶板构造

⑬ 多坡屋面板有时候构件不可能随板调整，是什么原因？（见图 2-107）

解决方法：

在捕捉设置选项卡下勾选启用捕捉。如图 2-109，当找不到对象捕捉点时，将不能绘制。

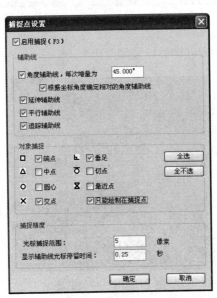

图 2-107　构件随板调整

如果不是等坡屋面在绘制的时候，应该先用平屋面画出整个屋面板的投影面积的框，然后用切割命令把各块板分开，再进行构件变斜调整，这样可以保证在绘制板的时候捕捉精度无问题。

4.基础

（1）方法1

① 按承台底部宽（b值）+承台底部左右宽度来定义承台宽度，以图2-108为例，承台宽度为b+350+350mm，承台不配筋。

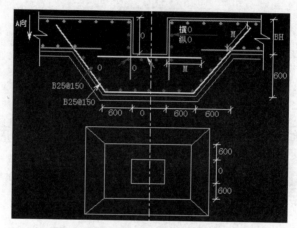

图2-108　承台宽度

将井深和（X，Y）方向的井口宽度改为0，如图2-109所示。

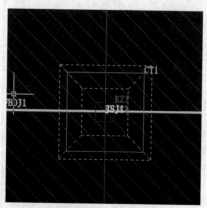

图2-109　井口宽度

提示：

a.将井深和（X，Y）方向的井口宽度改为0，让集水井不对筏板面筋进行扣减。

b. 按承台底部宽（b 值）＋承台底部左右宽度来定义承台宽度，让筏板筋正确地读取到锚入位置。

c. 承台和集水重叠对构件计算无影响，只要是保证向构件能正确地读取基础的高度。

修改筏板底筋计算设置，如图 2-110 所示。

5	底筋遇集水井处理方式	节点一

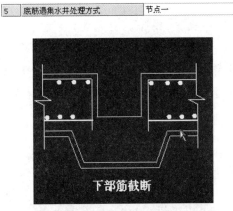

图 2-110　修改筏板底筋计算设置

选择节点二和集水井属性是联动的，要让筏板底筋遇到集水井时不做扣减。

② 修改筏板底筋计算设置第 4 条下拉选择"锚入"，如图 2-111 所示。

4	筏板底筋遇独立基础计算	锚入

图 2-111　修改筏板底筋计算设置第 4 条

将计算设置第 6 条参数栏中修改为筏板底筋锚入的值，如图 2-112 所示。

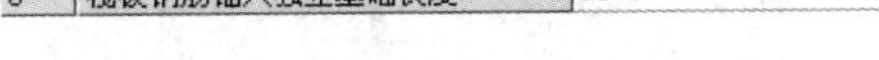

6	筏板钢筋锚入独立基础长度	50*D

图 2-112　修改计算设置第 6 条

（2）方法 2

① 按承台底部宽（b 值）＋承台底部左右宽度来定义承台宽度，以图 2-108 为例承台宽度为 b+350+350mm，布置好承台，承台钢筋在其他配筋中加入。

② 修改筏板底筋计算设置第 4 条下拉选择"锚入"，如图 2-113 所示。

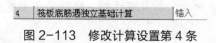

图 2-113　修改计算设置第 4 条

将计算设置第 6 条参数栏中修改为筏板底筋锚入的值，如图 2-114 所示。

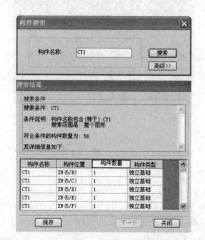

图 2-114　修改计算设置第 6 条

（3）方法 3

① 按承台底部宽（b 值）+ 承台底部左右宽度来定义承台宽度，以图 2-115 为例承台宽度为 b+350+350mm，布置好承台，在构件法中用集水井做所有的承台钢筋，如图 2-115。

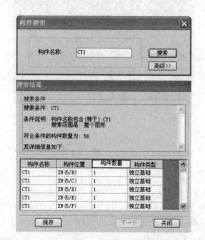

图 2-115　用集水井做所有的承台钢筋

② 修改筏板底筋计算设置第 4 条下拉选择"锚入"，如图 2-116 所示。

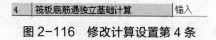

图 2-116　修改计算设置第 4 条

将计算设置第 6 条参数栏中修改为筏板底筋锚入的值，如图 2-117 所示。

图 2-117　修改计算设置第 6 条

提示：可以直接在基础选项中直接选择放坡承台。

推荐方法 1 和 3，建模速度快，而且可以在图形中查看构件位置和工程量。
大型车库和主楼地下部位连接处构造，如图 2-118 所示。

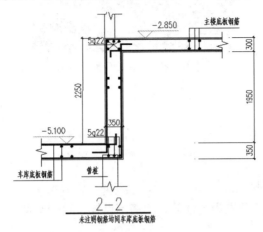

图 2-118　大型车与主楼地下部位连接构造

③ 先布置好整块筏板不分高低，如图 2-119 所示，再用"切割"命令，沿
高低板的分界线，低跨的外边切割，这样可以保证相交接处不会因为绘制的问题，
造成重叠或者不相交。再分别定义各个板的标高，如图 2-120。

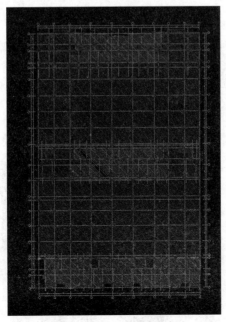

图 2-119　切割筏板

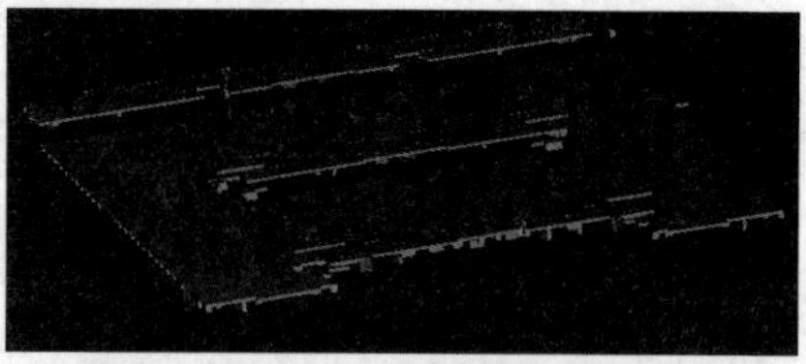

图 2-120 定义各板的标高

④ 修改筏板底筋的计算设置，如图 2-121 所示。

| 8 | 相邻筏板底标高不同时，放坡角度（°） | 90 |
| 9 | 相邻筏板底标高不同时，标高较低的筏板的底筋伸入长度 | 0 |

图 2-121 修改计算设置

将第 8 条改为 90°，第 9 条输入 0，不外伸，因为筏板是按低跨的外边切割的。

上下部通钢筋筋分别为加强筋，箍筋不设置，32C14 表示高低筏板的分布筋，如图 2-122 所示。

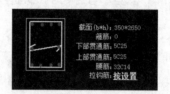

图 2-122 修改钢筋计算参数

设置基础梁是为了对加强钢筋区域的筏板钢筋进行扣减，以及计算高低筏板之间的分布筋。

如何只扣除筏板底筋?

断面选择中选择筏板洞断面 1，如图 2-123 所示。

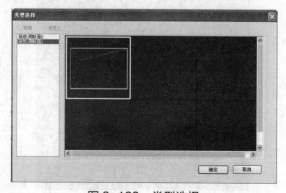

图 2-123 类型选择

提示：这种断面只对筏板底筋进行扣减，可以用作地下室内水沟部分进行钢筋混凝土扣减，水沟钢筋可以在其他配筋里面加入。

5. CAD 转化

CAD 转化可以使建模的速度成倍地增加，但是目前建筑行业对于 CAD 制图没有一个标准，所以出现了很多奇怪的图纸，如果我们对软件的工作原理有深入的了解，在图纸有问题的情况下，可以通过一些修改或者技巧来正确地识别图纸，以保证结果的准确性。

CAD 图纸在导入软件的时候都会被展开，所在导入的图不存在块？

导入后的图，只分为两个大类，线和文本信息，这两个大类又分成各种构件图层，由设计者给予了这些图层各种各样的名称，所以这些到底是什么构件的线，是什么构件的标注，需要操作者给它定义，所以软件识别构件的步骤如下：

第一步：提取信息，如图 2-124 所示。

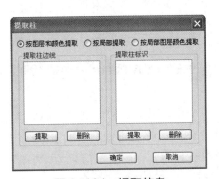

图 2-124　提取信息

这些线和标注是属于什么构件由用户来定义。

第二步：自动识别，这一步是用户给予构件名称，软件根据用户给予的名称是否和图纸的构件名称匹配，来识别构件的属性，如自动识别梁、自动识别柱。

第三步：转化结果应用，软件是将提取到的构件通过识别再应用为鲁班的图形数据，才可以计算工程量，所以导入的图纸和识别后的图层都是不参加计算的，是否存在都不影响工程量的计算。

（1）CAD 转化的流程？

转化顺序可以按点线面大类来进行转化。

① 优先按以下顺序：点状构件（承台，柱）、线性构件（墙，梁）、面域构件（板筋）。

② 优先转化竖向构件（柱，墙）。

例如先转化柱墙，在转化梁的时候，当图层过于混乱时，可以不需要再次提取支座信息，如图2-125所示。

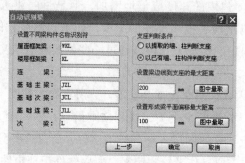

图2-125 自动识别梁

（2）梁图分 X 方向和 Y 方向的，怎么处理？

① 把两张图纸都导入到软件中，然后用移动命令把图纸合并到一起，再进行转化。

② 在CAD中移动其中的一张图纸与另一个图纸重合即可，梁的线段重合对转化是没有影响的。

（3）自动识别梁、单个识别梁、自动识别梁原位标注有什么区别？

① 自动识别梁、单个识别梁都是指识别梁的集中标注。

优先识别有梁标注引线和梁名称的文本信息为集中标注。

② 自动识别梁原位标注是指识别梁的原位标注。

优先识别没有梁标注引线和梁名称的文本信息为集中标注。

提示：

当集中标注和原位标注在一个图层的时候，需要把这些标注全部提取到梁集中标注中，软件根据以上方案进行准确识别。

每次操作自动识别梁或者单个识别梁时，会重新识别支座，此操作对整个图层生效，所以每次操作过自动识别梁或者单个识别梁后，会清除识别过的原位标注信息，需要再次识别梁原位标注。

（4）当图纸导入时，都是一个符号怎么处理？

在CAD中查找相应字体并进行替换，如图2-126所示。

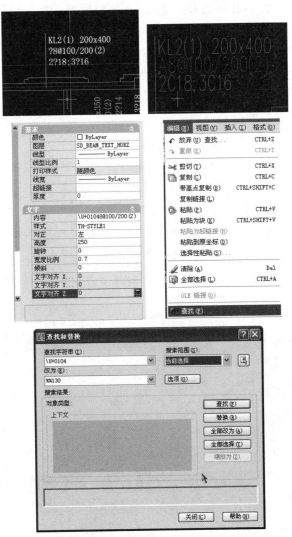

图 2-126　查找和替换 CAD 的字体

　　在"在查找字符串"中输入 \U+0104 查找当前 CAD 图中的钢筋符号，在"改为"中输入"%%130 一级钢"等软件认的钢筋符号。点击"全部改为"。

　　提示："改为"中不要直接输入字母 A，B，C，D 之类，防止某些字符重复替换。最好输入软件可以直接识别的符号如 %%130 一级钢、%%131 二级钢、%%132 三级钢。

（5）一般打开 CAD 图时会有很多图，如果想导入其中一张图应怎么导入？

在 CAD 中打开图纸，把需要的一张图框选中，点击工具栏上的文件，选择输出，在输出数据的对话框里的文件类型里选择“块（*.dwg）”，保存，界面跳到 CAD 图里，任意选择一个基点即可，保存的文件在之前所保存的路径里。

（6）为什么转化来的柱会有 KZ3-1 这样的柱出现？

CAD 转化柱转化原理：

软件根据提取的柱边线形成的实际长度来读取柱子边长，和柱名称（文本信息）来识别柱，当同名称柱形成的封闭区域尺寸不一致时，以整数为标准值，其他的以原名称后加 -1 区别。

（7）图纸中的梁宽和标注不一样能正确识别吗？

自动识别梁规则：

① 软件首先识别梁标注中的截面尺寸，如图 2-127 所示。

② 再根据梁边之间距离跟整个图层的标注是否匹配，如果有匹配项则根据标注转化，如图 2-128 所示。

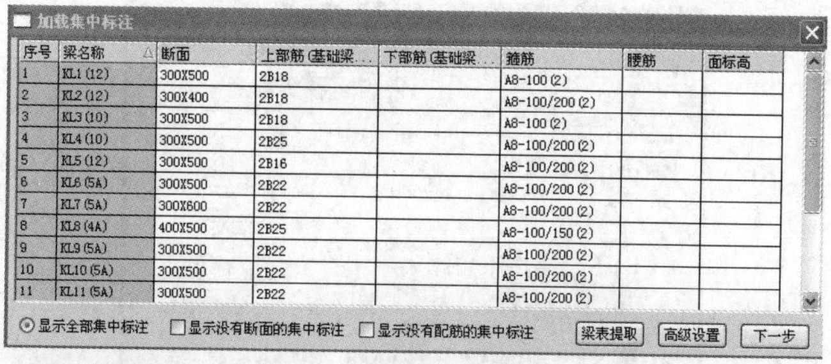
加载集中标注

序号	梁名称	断面	上部筋(基础梁...	下部筋(基础梁...	箍筋	腰筋	面标高
1	KL1(12)	300X500	2B18		A8-100(2)		
2	KL2(12)	300X400	2B18		A8-100/200(2)		
3	KL3(10)	300X500	2B18		A8-100(2)		
4	KL4(10)	300X500	2B25		A8-100/200(2)		
5	KL5(12)	300X500	2B16		A8-100/200(2)		
6	KL6(5A)	300X500	2B22		A8-100/200(2)		
7	KL7(5A)	300X600	2B22		A8-100/200(2)		
8	KL8(4A)	400X500	2B25		A8-100/150(2)		
9	KL9(5A)	300X500	2B22		A8-100/200(2)		
10	KL10(5A)	300X500	2B22		A8-100/200(2)		
11	KL11(5A)	300X500	2B22		A8-100/200(2)		

显示全部集中标注　显示没有断面的集中标注　显示没有配筋的集中标注　梁表提取　高级设置　下一步

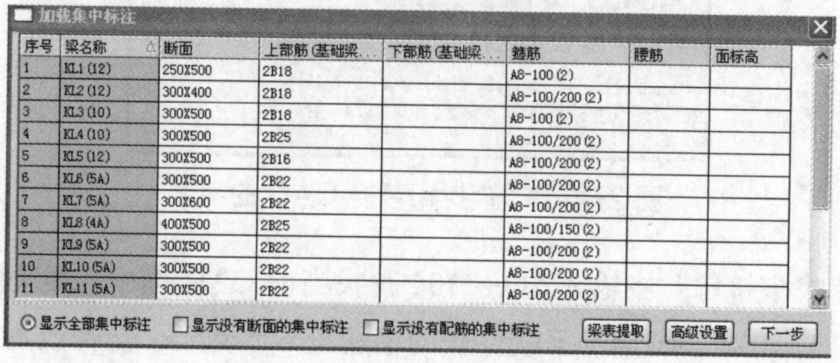
加载集中标注

序号	梁名称	断面	上部筋(基础梁...	下部筋(基础梁...	箍筋	腰筋	面标高
1	KL1(12)	250X500	2B18		A8-100(2)		
2	KL2(12)	300X400	2B18		A8-100/200(2)		
3	KL3(10)	300X500	2B18		A8-100(2)		
4	KL4(10)	300X500	2B25		A8-100/200(2)		
5	KL5(12)	300X500	2B16		A8-100/200(2)		
6	KL6(5A)	300X500	2B22		A8-100/200(2)		
7	KL7(5A)	300X600	2B22		A8-100/200(2)		
8	KL8(4A)	400X500	2B25		A8-100/150(2)		
9	KL9(5A)	300X500	2B22		A8-100/200(2)		
10	KL10(5A)	300X500	2B22		A8-100/200(2)		
11	KL11(5A)	300X500	2B22		A8-100/200(2)		

显示全部集中标注　显示没有断面的集中标注　显示没有配筋的集中标注　梁表提取　高级设置　下一步

图 2-127　识别梁截面尺寸

修改后的断面需要和实际宽度相同，只需要修改一个数据其他断面就可以正确地读取。

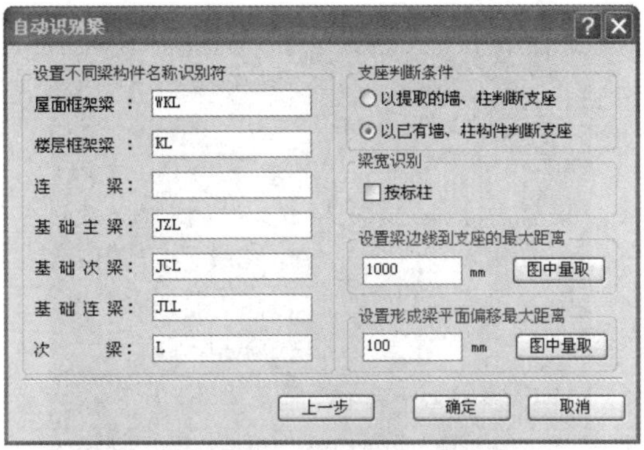

图 2-128　修改梁截面

（8）某些钢筋符号导入软件的时候，不能直接提取怎么处理？

当出现某些软件不能直接提取的符号时，可以在"CAD 原始符号"里输入相对应的钢筋符号信息，如图 2-129 所示。

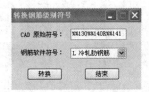

图 2-129　转换钢筋识别符号

提示：不要把直径也输入进去，@ 前面的就是钢筋直径了。

（9）生成暗柱边线时点错了可以取消吗？

生成的暗柱边线是实体，按图层排列优先在顶层，当生成错误的时候，左键点击选择删除。

（10）暗柱边线和墙线共用一个图层如何转化？（见图 2-130）

在结构图纸中暗柱只是墙的加强部位，是墙的一部，所以在很多图纸上暗柱和墙边线都是一个图层。这种图纸需要用形成暗柱边线来完成。

柱可以先转化成框架柱再定义属性，用名称更换快捷键 F6 梁可以先把圈梁边线转化成墙，再把墙替换成砖墙，分别定义砖墙名称，再在实时对话栏中选择"构件"，在不同的墙上生成不同的梁。对检查过的构件可以用锁定命令对构件进行褪色显示，表示这些构件已经检查完毕，如图 2-131 所示。

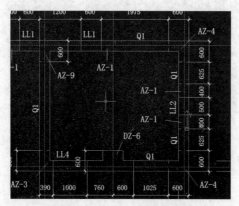

图 2-130　柱、墙共用图层

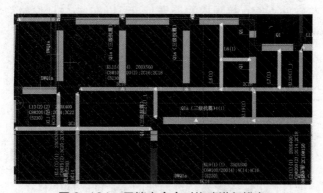

图 2-131　用锁定命令对构建进行槛车

2.1.5　安装模型的建立

医院项目的机电系统复杂，具有多个子系统，机电系统全部通过管，线等功能设备连接。这些管道、线路和设备必须占据建筑物的一定空间，而现代建筑的内部空间有限。管道、线路和设备的合理布置已成为机电安装工程施工规划的首要任务。针对医院的这一特点，我们制定了一套详尽的管道综合标准，从而达到管线多而不乱，排列整齐，层次分明，方向合理，管道适当的交叉处理，以及美观的安装要求（见图 2-132）。

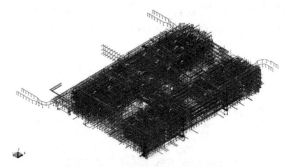

图 2-132　各专业机电模型建立

1. 给排水部分

（1）打开软件，选择新建工程，进入之后按照项目信息填写工程概况，在算量模式下选择清单、定额，点击确定进入软件操作界面（见图 2-133）。

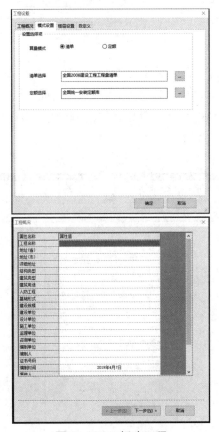

图 2-133　新建工程

（2）楼层设置严格按照图纸进行，特别注意各分项工程信息应一致，标准层部分要详细检查图纸，确保准确无误（见图2-134）。

图2-134　工程设置

（3）调入CAD文件。在一层使用"CAD转化"命令下的"调入CAD"命令，选择需要的图纸，导入软件中。选择（0,0）点作为插入点。对于没有分割的图纸，软件自带的多层复制CAD命令，可以快捷复制图纸，通过区域选择指定插入点，对应相应楼层（见图2-135）。

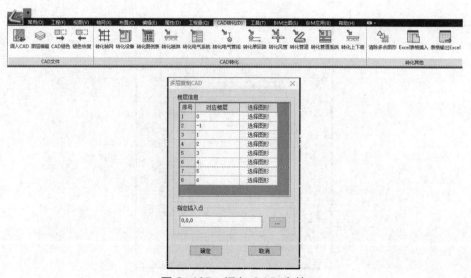

图2-135　调入CAD文件

（4）生成轴网。

① 软件自动生成轴网。使用转化轴网命令，提取轴符层，提取轴线层，选择完成以后点击转化，生成轴网（见图 2-136）。

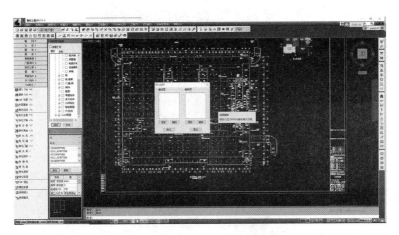

图 2-136　自动生成轴网

② 手动生成轴网。使用轴网选项卡下的"直线轴网"命令（或选择"弧线轴网"），按照图纸内容设置轴距、序号等。在这里设置好下开间和左进深之后，点击高级选项，在上开间和右进深页面下分别点击调用同相轴线参数，对于轴网形状复杂有角度的工程，可选择轴网旋转角度，输入测量好的数据，点击确定生成轴网（见图 2-137）。

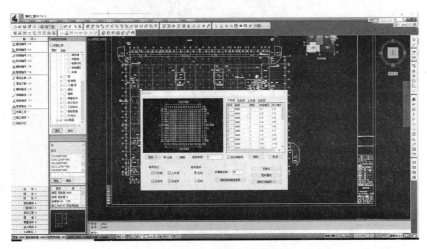

图 2-137　手动生成轴网

（5）管道属性定义。在给排水工程中管道一栏下点击"增加"命令，进入构件定义界面，选择需要的构件材质、构件规格、连接方式等信息，按照需要可勾选"根据参数自动生成名称"或者手动输入名称，最后点击添加，退出（见图2-138）。

图 2-138　管道属性定义

注：在属性工具栏中可根据项目内容选择给水管、热给水管、废水管等管道信息。

（6）管道布置。使用"任意布管道"命令，根据图纸内容选择合适的管径、标高信息，按照系统图与平面图走向绘制水平、竖直管道。左键点击起始点，绘制到变径节点位置，适当超出一定距离，切换管径继续依次绘制完毕。也可以使用CAD转化命令下的"转化管道"命令，识别管道走向信息，生成管道（见图2-139）。

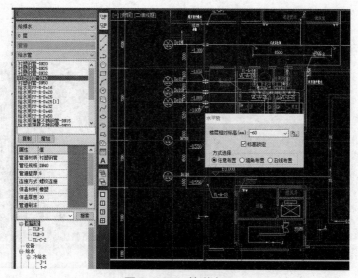

图 2-139　管道布置

（7）材料属性定义。按照图纸材料表，设置卫生器具、阀门法兰等构件信息（见图 2-140）。

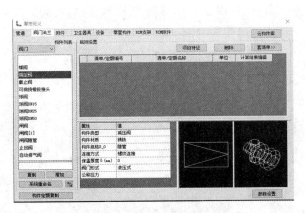

图 2-140　材料属性定义

（8）阀门法兰等构件布置。点击"阀门法兰"命令，选择需要布置的构件，再选择放置的水平或竖直管道，设置高度信息，勾选"自动生成短立管"，逐一点击布置完毕（见图 2-141）。

图 2-141　阀门法兰等构件布置

（9）转化设备。选择"CAD 转化"命令下的"转化设备"，点击"提取二维"，鼠标右击指定插入点，选择三维模型，设置构件名称和高度等信息，点击转化，转化成功之后，软件会以记事本的方式显示转化成功的数量、高度等信息。在这里也可以选择多种构件，将全部楼层转化，在"高级"中可以定义图层、颜色、比例等信息（见图 2-142）。

将洁具设备转化成功以后，根据图纸检查核对，避免出现转化错误，转化漏选的构件，可通过手动布置的方式，重新添加进去。

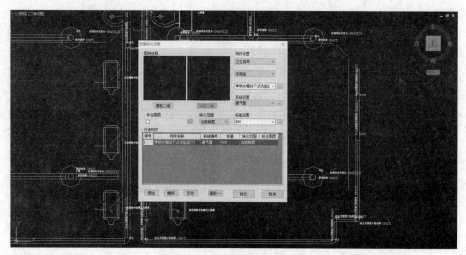

图2-142　批量转化设备

（10）标准房间的创建及布置。首先将专业切换到建筑专业中，接着选择房间，点击"自由绘制"命令，绘制好一个房间，点击"创建标准房间"命令（见图2-143），提取刚绘制的房间，选择跟随房间复制的构件，全选即可，点击确定，选择绘制的房间，这时整个区域内的构件就全部选中，指定一个点作为插入点，更改名称信息后点击确定，接着点击"布置标准间"命令，选择插入点即可。

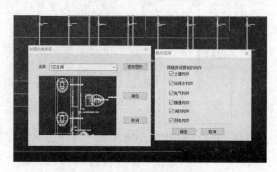

图2-143　各专业机电模型建立

注意：跨层构件不会被选择。

（11）生成支架。如图2-144所示，打开属性定义，选择零星构件，找到管道支架，可以自定义构件类型。设置完毕后，可以选择任意支架布置，输入一个标高，也可以选择布支架，选择一个管道进行布置。软件可以自动生成支架，点击"生成支架"命令，软件会自动识别需要生成支架的管道，在这里我们可以设置间距、支架类型、范围等信息，选择完毕点击确定即可生成。

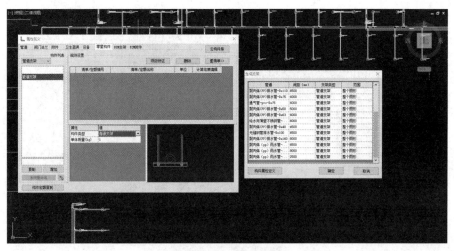

图 2-144　生成支架

（12）生成套管。如图 2-145 所示，在属性定义内，将套管信息定义好，或者点击"生成套管"命令，软件会自动识别需要生成套管的位置，当管道穿墙穿楼板时，需要生成套管。我们需要将制作完毕的土建模型，通过模型导入的方式导入到安装软件内，软件会根据土建模型，自动生成套管。

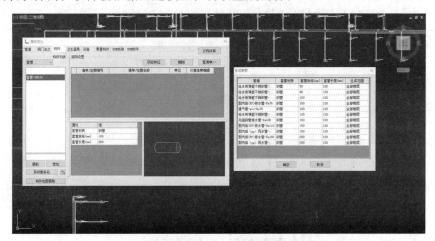

图 2-145　生成套管

（13）工程量计算。

① 计算项目设置。打开工程量设置一栏下的项目设置，点击给水管道，根据项目计算依据，选择是否勾选管道长度、外表面积、内表面积、绝热保温体积等（见图 2-146）。当需要计算管道保温时，需要对管道属性定义中的管道保温厚度进行设置。

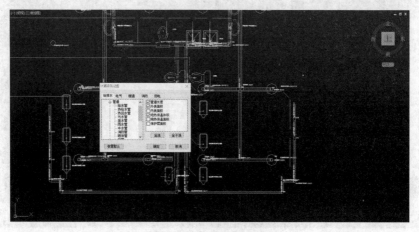

图 2-146　计算项目设置

② 合法性检查。打开工程量设置一栏下的合法性检查（见图 2-147），选择检查范围、给排水检查（见图 2-148），点击确定，软件会自动检查不合理的构件。

图 2-147　合法性检查

图 2-148　选择检查范围

③ 云模型检查。合法性检查项目较少，有些位置检查不到，点击云模型检查中的当前层检查（见图 2-149），软件会详细检查模型，找到问题点后可以定位模型位置并进行修改。

图 2-149　云模型检查

④ 工程量计算及输出报表。点击工程量计算，选择按楼层选择，勾选全部楼层、全部设备，点击计算（见图 2-150）。

图 2-150　工程量计算

计算完成以后软件会自动打开计算报表，我们可以点选蓝色的加号，展开计算报表，软件还可以导出计算报表，方便进行查看（见图 2-151）。

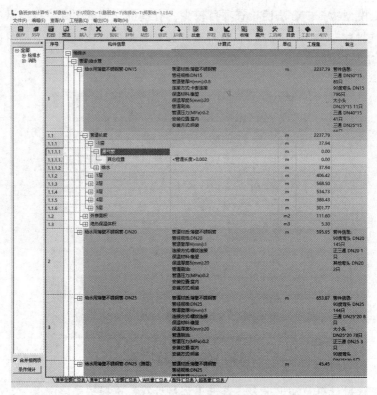

图 2-151　输出报表

2.强电部分

（1）图纸导入既可以采用"带基点复制"，也可以先整体复制，通过"设备转化"命令进行图纸分层（注意；如果有图纸缺失情况，可以通过切换楼层来解决这个问题）。

（2）图纸显示可以采用"显示控制""打开指定图层"和"关闭指定图纸"来控制图层显示，如图 2-152 所示。

图 2-152　图纸显示

（3）转化设备后，在显示控制面板中"系统编号管理"通过"CAD 文件褪色"，调整色调与色差来查看点状构件的准确与否。如图 2-153 所示。

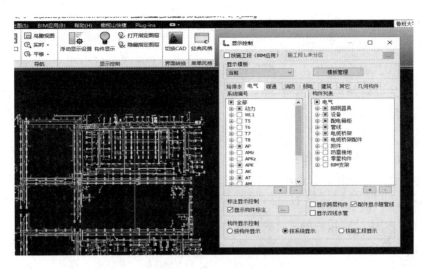

图 2-153　显示控制

（4）电气管线的转化（注意管线材质规格）。

① 如果有的管线没有转化或者转化错误，使用"选择布管线"命令绘制水平管线。

② 竖向管线用"垂直管线"工程相对标高方式绘制。

（5）绘制桥架：① 起点生成；② 终点生成；③ 生成斜管线。

（6）桥架配线引线（当前楼层桥架配线配管）与跨层配线引线（跨层之间桥架配线配管），如图 2-154 所示。

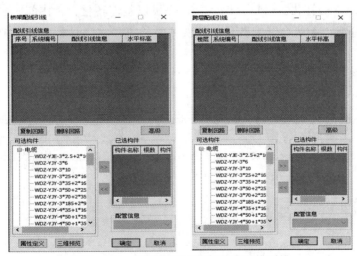

图 2-154　桥架配线引线与跨层配线引线

注：① 桥架配线的成功要看桥架的连续性。

② 桥架回路配错走向。

③ 配线是引出与引入端标高问题。

（7）生成附件（接线盒等）。

（8）防雷接地绘制。结合第2步图层手法和"线变功能"，把避雷带与接地线做出，有上下翻或屋面斜线时，可用"水平避雷带""水平接地母线"命令以两点高差不同的方式生成不同的方式做出。

（9）在"零星构件"中根据图纸要求设置，一键生成桥架支架。

（10）进行"云检查"。

（11）运用计算报表的统计和反查功能能更好地与人对量。

（12）导出 Excel，按当前界面导出报表，如图 2-155 所示。

图 2-155　导出报表

3. 弱电部分

弱电系统工程主要包括智能消防系统、监控系统、计算机网络、楼宇自控、智能广播等。

（1）与强电的1，2步相同。

（2）CAD 的转化。可以分层转化，也可以整体转化，转化前应注意将图纸中的图层打断，不然会影响转化。其次注意检查错误，看是否有漏掉和错误的地方。

CAD 转化相关命令见图 2-156。

图 2-156　CAD 转化

转化后模型如图 2-157 所示。

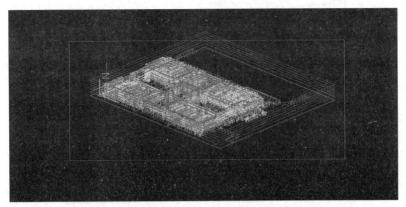

图 2-157　转化后模型

　　尤其要注意电缆桥架转化时的变径，形成三通，四通等问题，如图 2-158 所示。

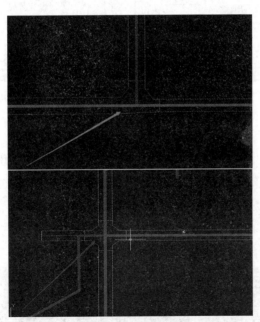

图 2-158　注意电缆桥架转化时的变径

（3）管线的布置及属性（注意其材质及布线方式），如图 2-159 所示。

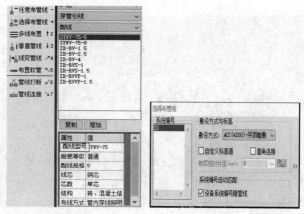

（a）管线属性　　　　　　　（b）水平布线

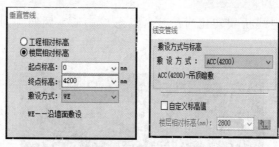

（c）垂直管线　　　　　　　（d）线变线管

图 2-159　管线的布置及属性

重点：① 管线的连接应注意高差、角度、方向等，要根据图纸的位置，排布好管线，注意不要交叉"打架"，不同颜色的管线代表不同的作用，我们要能分清其用途。② 要注意立管的位置，不得随意改动。

（4）布置桥架。

① 注意桥架的高度与图纸上保持一致，如图 2-160 所示。

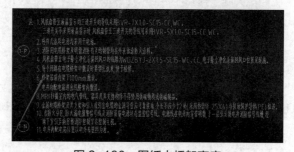

图 2-160　图纸中桥架高度

② 桥架的尺寸应与要求匹配，如图 2-161 所示。

图 2-161　匹配桥架尺寸

③ 图纸上如果有预留洞，要严格按照预留洞的高度来布置桥架。

④ 桥架配线要注意本层和跨层的区别，如图 2-162 所示。

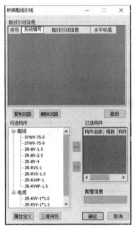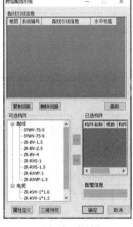

（a）同层　　　　　　　　　　（b）跨层

图 2-162　桥架配线

（5）生成附件，如接线盒，套管等。

（6）零星构件，如支架与管线沟槽。

（7）BIM 支架，注意其类型与尺寸，如图 2-163 所示。

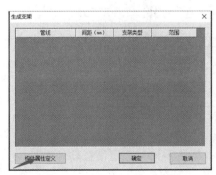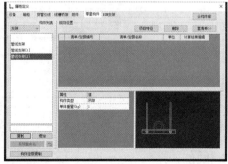

图 2-163　管线支架

（8）与强电的 8 ～ 12 步一致。

4.暖通部分

（1）新建工程

① 打开鲁班软件进行新建工程（打开工程），如图 2-164 所示。

图 2-164　新建工程

② 进行工程概况设置，包含项目名称、地址、结构类型、建设单位、建筑规模、基础形式等基本信息，如图 2-165 所示。

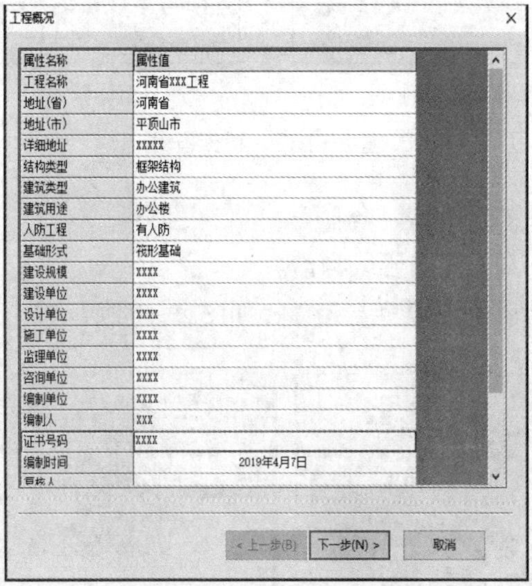

图 2-165　工程概况设置

③ 指定的清单或定额计价方式设置，根据所需清单或定额在软件中查找，然后选择就可以按照指定的清单或定额进行计价，如图 2-166 所示。

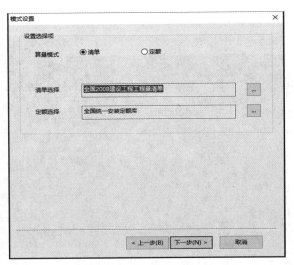

图 2-166　模式设置

　　④ 楼层信息的设置，根据图纸中的楼层信息进行修改，可以进行地下室、标准层以及夹层的布置，如图 2-167 所示。

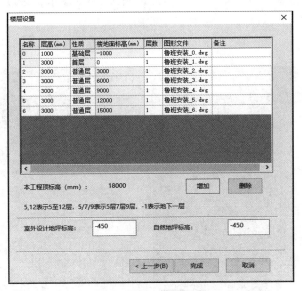

图 2-167　楼层设置

（2）进入软件绘图页面

绘图页面如图 2-168 所示。

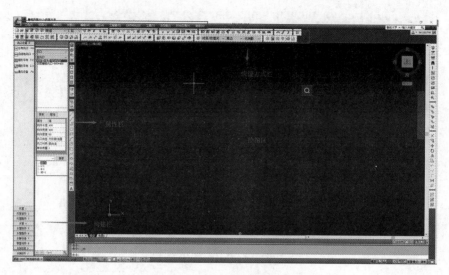

图 2-168　绘图页面

① 导入 CAD 图纸

在菜单栏里选择 CAD 转化，然后点击调入 CAD 图纸，最后选择所需调入的图纸文件并点击插入点导入。如图 2-169 所示。

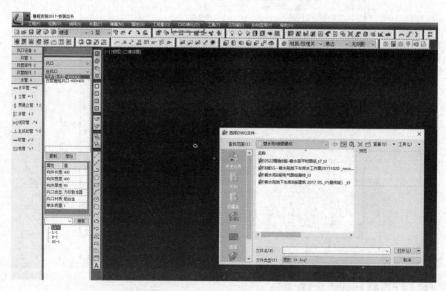

图 2-169　导入 CAD 图纸

② 进行 CAD 图纸分割

选择快捷栏里边的多层复制 CAD，首先选择分割基点，其次框选所需楼层图纸，把图纸分割到对应楼层，如图 2-170 所示。

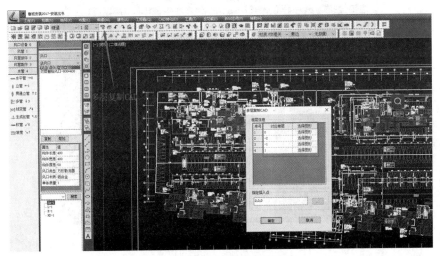

图 2-170　CAD 图纸分割

③ 系统编号管理调整

a. 利用系统编号管理把各系统划分开，有利于最终量的汇总，在快捷栏里点击系统编号管理设置，系统用不同颜色划分，如图 2-171 所示。

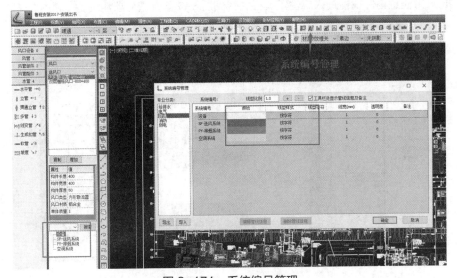

图 2-171　系统编号管理

b. 点击显示控制，选择按系统显示，即可按照所设置的信息显示（见图 2-172）。

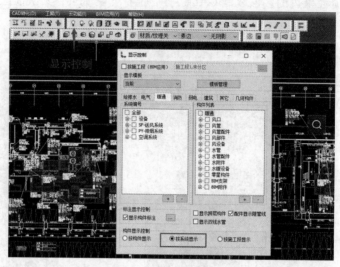

图 2-172　显示控制

2.2　新建定义设备

双击任意构件属性进入属性定义栏，找到所需设备，进行新建设备（见图 2-173）。

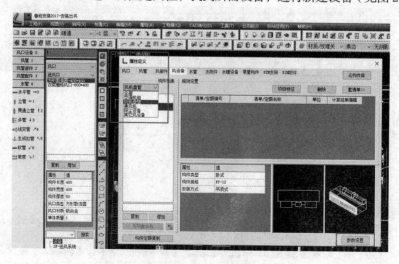

图 2-173　新建设备

新建设备及按照图纸规格型号进行参数修改（见图 2-174）。

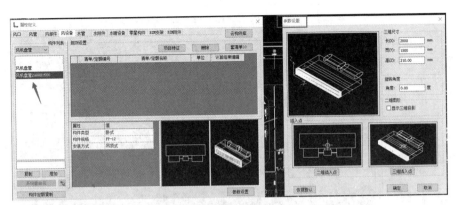

图 2-174　参数修改

2.2.1　布置设备

（1）在构件栏里选中所需布置设备，然后按照图纸及规范设置标高（见图 2-175）。

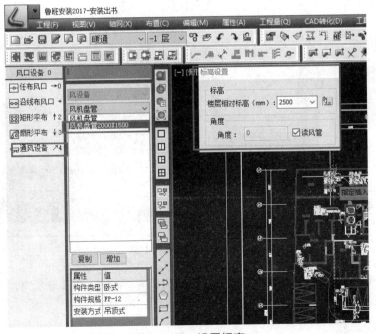

图 2-175　设置标高

（2）参照 CAD 图纸进行布置，如图 2-176 所示。

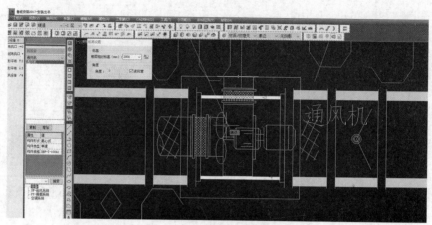

图 2-176　布置设备

2.2.2　风管布置

（1）测量风管尺寸，然后在风管构件栏里新建风管，修改尺寸、材质、壁厚等参数信息，如图 2-177 所示。

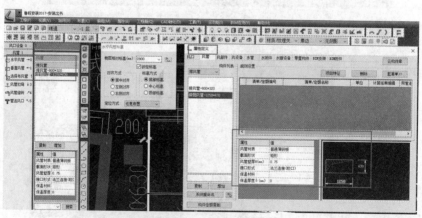

图 2-177　新建风管

（2）修改风管系统和标高后，选中所需管道参照 CAD 图纸进行风管绘制，如图 2-178 所示。

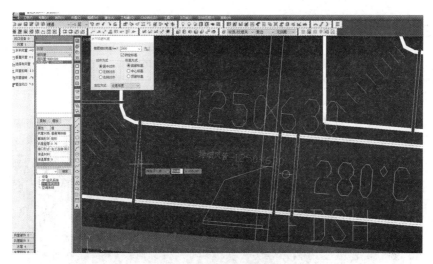

图 2-178　风管绘制

（3）选中绘制的构件，点击"局部三维"进行三维显示，如图 2-179 所示。

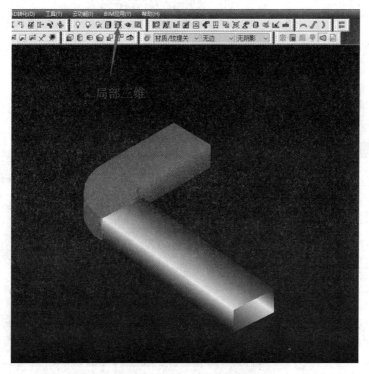

图 2-179　各专业机电模型建立

2.2.3 风管附件及风口布置

点击风管部件中风阀（风口），选中所需阀门（风口），参照 CAD 图纸进行布置，如图 2-180 所示。

图 2-180 风管附件及风口布置

2.2.4 风法兰、风支架布置

1. 风法兰属性定义绘制

根据风管尺寸对风法兰进行属性定义，在属性定义风部件中选中风法兰，进行新建编辑，如图 2-181 所示。

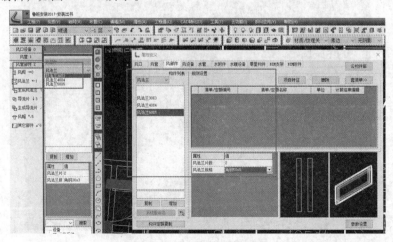

图 2-181 风法兰属性定义

　　在风管部件中点击生成的风法兰，修改成所需要的规格型号，修改成规范法兰间距，设置生成范围（见图 2-182）。

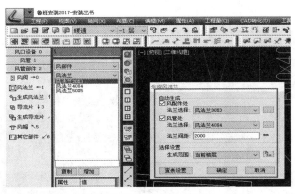

图 2-182　修改法兰参数

　　点击查表设置编辑生成规则（严格按照图纸设置），生成风法兰时会按照定义的规则进行生成，如图 2-183 所示。

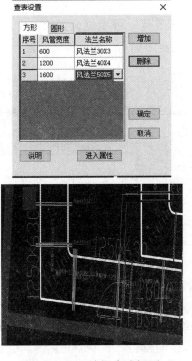

图 2-183　编辑生成规则

2.风管支架属性定义绘制

在属性定义中点击零星构件，选择风管支架，增加图纸中的支架规格型号，如图 2-184 所示。

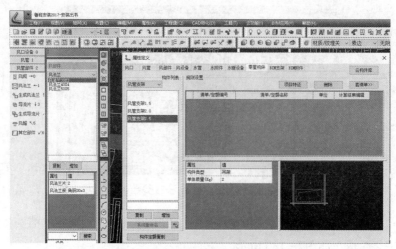

图 2-184　风管支架属性定义

在零星构件中点击生成支架，弹出生成支架窗口，根据风管型号修改支架间距、支架类型等规则，然后点击确定，则软件按照设置的规则进行支架生成（见图2-185）。

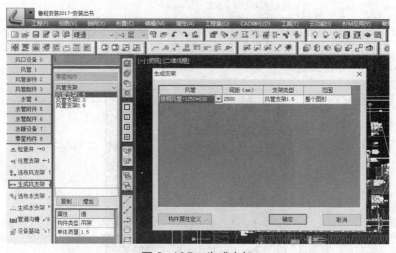

图 2-185　生成支架

2.3　碰撞检查与管线综合

医院建筑的管线布置十分复杂。采暖、空调、机电、给排水等近 40 多种管线系统，犹如人体的神经系统或血液系统，一旦出现问题将导致整个建筑的瘫痪。科学合理地排布这些管道是医院建造中的重中之重。一般来说，为了节省时间，大部分建筑的结构和机电等部分是由不同的设计单位分别设计的。因为设计工作的同时进行，管线的排布上难免会有冲突。传统的 2D 设计图就是将所有机电系统的平面都套在一张图样里面，然后在图面上逐一分析上下管道之间是否存在冲突。这一过程将花费设计单位、施工单位大量的人力以及时间，本项目利用 Revit 软件进行 BIM 模型的建立以及后期的运营维护，在一定程度上改善了在 2D 图样上遇到的问题。根据土建模型，建筑管线、电力、水暖电等主要承包商根据业主的要求分别利用 BIM 建模，对于较复杂的管线系统不仅要提交 BIM 模型还要做管线施工安装排布图，设计单位根据设计图样及变更材料，将各个部分的 BIM 模型整合，BIM 技术通过软件的协作命令对管线进行碰撞检测，快速查找模型中的所有撞点及视觉的盲点，以高亮提示设计单位修改管线高度，并出具冲突报告。

在本项目中，初步的碰撞检测涉及多个专业，总碰撞次数达到 1 000 多次。其中，建筑结构与电力系统碰撞次数最多，其次是消防与给排水管线。根据碰撞检测的结果，设计单位综合业主和施工单位的意见对管线进行调整，以实现设计施工规范、符合业主要求、体现设计意图的目标。建模完成后，根据空间以及安全监管机构的要求等，将每种管线设置不同的颜色予以区分。略微调整后，汇总出图软件所出具的立体图，更加有利于项目各参与方的阅读。

冲突检测及三维管线综合的主要目的是基于各专业模型，应用 BIM 软件检查施工图设计阶段的碰撞，完成建筑项目设计图纸范围内各种管线布设与建筑、结构平面布置和竖向标高相协调的三维协同设计工作，以避免空间冲突，尽可能减少碰撞，避免设计错误传递到施工阶段，如图 2-186 所示。

图 2-186　检查碰撞

在医院的工程建设过程中，管线的排布错综复杂，在保证项目功能和系统要求的基础上，结合装修设计的吊顶高度的情况，对各专业模型进行整合和深化设计，同时在管线综合过程中，遵循有压管让无压管、小线管让大线管、施工简单的避让施工难度大的原则，进行管线的初步综合调整。初调完成后，利用软件进行机电管线的碰撞点检测，生成碰撞报告。对于一些简单的碰撞，在项目内部进行沟通调整，但是有些涉及净高尤其是公共区域净高不足的情况，应及时通知业主、总包、各专业顾问等进行协调，协商解决方案，然后再调整模型，直至综合模型在布局合理的情况下实现零碰撞。

2.3.1 碰撞检查

"碰撞检查"通过 BIM 模型检测工具发现项目中图元之间的冲突。在某县人民医院的模型建立过程中，利用 BIM 最直观的特点三维可视化，降低识图误差，直观解决空间关系冲突，优化工程设计，优化净空，优化管线排布方案。最后施工人员可以利用碰撞优化后的方案，进行施工交底、施工模拟，提高施工质量，同时也提高了与业主沟通的能力，如图 2-187 所示。

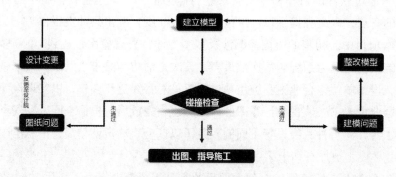

图 2-187　碰撞检查流程

碰撞检查流程包括利用 BIM 模型进行的碰撞检查服务，是指利用 BIM 软件建立建筑、结构、安装专业的 BIM 模型，通过 BIM 平台软件中碰撞检查系统整合各专业模型并自动查找出模型的碰撞位置点，可获得需要的碰撞检查报告。主要工作分为以下 5 个阶段：第一阶段为提交各个专业模型；第二阶段为模型审核并修改；第三阶段为系统后台自动碰撞检查并输出结果；第四阶段为人工核对并查找相关图纸；第五阶段为撰写并提供碰撞检查报告。

通过 BIM 多专业集成平台，将本工程的土建模型与机电安装各专业模型进行整合。某县人民医院管线排布错综复杂，在设备房与走道附近，风管、桥架、给水管之间相互碰撞。在集成平台中查看碰撞点，根据碰撞报告定位相应构件，并进行一一核准，导出已核准的碰撞检查报告，发现重大碰撞点 136 处。

1. 碰撞结果

将建筑模型与结构进行分析后发现碰撞的主要类型有以下四种：

（1）构造柱和给水系统之间的碰撞。

构件 1：构造柱 \GZ200*200（H=0~4 200）\土建

构件 2：给水管 \给水用薄壁不锈钢管 –DN50（H=3 400）\给水 & 冷给水 &J–1

轴网：1–6（–408mm）/ 1–N（+2 400mm）

碰撞类型：已核准

（2）次梁和排水系统之间的碰撞。

构件 1：次梁 \L127（1）（H=3 700~4 200）\土建

构件 2：污水管 \聚丙烯（PP）排水管 –De50（H=–450）\排水 &W

轴网：1–2（–3 549mm）/ 1–D（–4 100mm）

碰撞类型：已核准

（3）次梁和机电系统之间的碰撞。

构件 1：次梁 \L21（4）（H=3 600~4 200）\土建

构件 2：消防管 \内外涂环氧复合钢 –DN65（H=0）\XF–dxs

轴网：1–10（+2 465mm）/ 1–M（–3 949mm）

碰撞类型：已核准

（4）次梁和通风系统之间的碰撞。

构件 1：次梁 \L23（3）（H=3 580~4 200）\土建

构件 2：新风管 \新风管 –160*120（H 底 =3 680）\空调系统 & 新风系统

轴网：1–11（+3 550mm）/ 1–L（+2 600mm）

碰撞类型：已核准

2.分析结论

BIM 小组结合设计单位意见，与各分包方充分沟通，最终制定了某县人民医院管线排布方案和管线综合标准实施方案。依据方案，对综合模型进行调整，出具剖面施工图，指导施工。依据优化后的模型，生成孔洞预留报告，与原先施工图中预留洞口进行比较，在 −1 层成功优化定位 56 个预留洞。

经过小组的问题汇总和讨论得出管线碰撞产生的原因有以下几点：

（1）管综剖面仅能表示一段空间距离内的管道秩序，如果空间变化，管综剖面则失效。管综剖面是一个静态的截面。

（2）二维向三维转化过程中，信息不全造成的偏差。在二维设计中，有些细节问题是设计师有意无意忽略的，比如风管、水管交叉的翻高、喷淋支管和其他管道的避让配合等，将这步骤后置给了施工单位，由他们根据现场情况灵活调整翻高、避让的位置及高度。但是实际中因为没有考虑翻高避让的空间，还是业主经常要求设计人员现场解决问题。

（3）二维设计与管综剖面缺乏信息交流。在各专业开始设计初期，会预先计划出一个管综方案，确定各专业管线的标高和位置。随着设计的深入，设计条件不断地明确，新的管线陆续添加，但是设计人员做出的变化没有及时反映在管综上，没有及时进行调整，等设计结束后，预设管综和实际的管综貌合神离，碰撞数量大大增加，缺少施工空间。最致命的问题是漏项，即使是一个桥架，由于其需有开盖空间，也会占用一定的空间。

（4）符号示意的二维图纸，与三维真实模型之间的偏差。机电专业设计绘制二维图纸时，经常采用夸张手法和示意的符号来表达设计意图，不含实际管件的尺寸信息，导致安装困难，例如制冷站内的管道，弯头的尺寸导致高差较小的翻高无法实现；固定支架在图中表示为一根细线，实际却是一个固定架或是一根钢梁，形体差异很大。

因此，二维绘图和三维建模之间不仅仅是一个工具的转变，更是一个对传统的思维方式、设计习惯的变革。一方面，由于空间的直观性，降低了设计人员对空间的感知要求，另一方面，由于提前介入施工工艺，又提高了设计人员对复杂空间的处理能力。二维出图时可做可不做的事情，在三维建模阶段成了不可不做的事情；二维出图时抓主要设备管线，适当忽略细节的做法，在三维建模阶段成为细节决定管综空间的反向做法，对设计人员的思维与能力都提出了巨大的挑战。

根据碰撞产生的原因和重要性，可将问题分成三类：原则性问题、技术性问题、细节性问题。

① 原则性问题。问题原因：标高、位置错误；缺、漏项；问题表象：区域内成片碰撞、局部标高不足；解决方法：优化原设计，调整部分管路走向甚至对系统进行局部调整。

② 技术性问题。问题原因：安装空间不够，局部交叉；问题表象：局部碰撞；解决方法：调整原设计、预留管线交叉空间。

③ 细节性问题。问题原因：图纸表达受限、示意性画法；问题表象：多点碰撞；解决方法：增加大样，在说明中补充、明确避让原则。

分类对于管综分析人员而言，可以理清思路，对设计人员的特点有所了解，可以对其提出针对性的整改意见；对于设计人员而言，问题更加清晰，具有条理性，能对症下药，提高优化效率。管综分析人员实际起到了校审的作用，这就对管综分析人员的专业素养提出了比较高的要求。

2.3.2　门急诊医技楼工程管线综合

管线综合是应用于建筑机电安装工程的施工管理技术，涉及建筑机电工程中通风空调、给排水、电气、智能化控制等专业的管线安装。管线综合是根据工程实际将各专业管线设备在图纸上通过计算机进行图纸上的预装配，将问题解决在施工之前，将返工率降低到零点的技术，被建设部列为＂建筑业10项新技术＂小项技术之一，如图2-188所示。

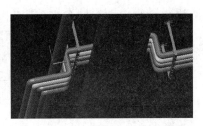

修改前　　　　　　　　　　　　修改后

图2-188　管线综合调整效果

采用管线综合施工，能更好地落实和调整工程建设方、监理方及设计方的各项要求，尽可能全面发现施工图纸存在的技术问题，并在施工准备阶段全部解决。管线布置综合平衡技术的推行与应用，可以缩短施工工期，避免各专业管路（线）交叉重叠、衔接不当而造成的返工浪费，提高工程质量并创造一定的经济效益。技术特点如下：

（1）能较快完善节点设计和施工详图设计。

（2）在保证功能的情况下，解决管线设备的标高和位置问题，避免交叉时产生冲突，同时还要配合并满足结构及装修的各个位置要求。

（3）在排列各种管道（线）时要考虑施工顺序对不同管线的要求及运行管理维修的需要，要考虑先施工的管道（线）不要影响后续施工的管（线），还要考虑对于需要维修和二次施工管道（线）的安排。

（4）能主动进行成本控制。如采用综合支吊架可减少施工后的拆改工作量；排布好管线可减少窝工损失、降低人工费用等。

管线布置综合平衡技术适用于建筑机电安装工程，近几年应用较为广泛。此项技术，不仅降低施工成本，减少施工中因各种原因带来的返工损失，同时还大大减少了事故隐患，提高施工质量和生产效率，保证施工安全，督促施工工期，使社会综合效益和企业经济效益得到双赢。

随着设计的进展，反复进行 BIM 的碰撞检查，直到所有的冲突被解决，当最后一次检查结果为零时，则标志着设计已达到完全协调。

1.汇集各系统图纸合成综合管线布置图

施工前，投入各专业技术的技术人员，绘制各楼层的机电管线综合布置图及相关的控制工作，包括以下内容：给排水管道、消防喷淋管、空调冷热水管、冷却水管、电缆桥架线槽、通风与排烟管、通信、网络、视频监控等管线的平面布置及竖向布置。运用广联达 GQI 软件和 MagiCAD 软件三维建模，将各专业的管线设计图纸集中表示在一张图中。整体综合布线图的绘制，可直观地反映建筑内部所有机电设备管道的走向布置，便于各专业统一组织安排各部位的施工作业，对潜在的问题，提前反映协调解决，具有较强的可操作性和预见性。

2.截取关键点，绘制初步机电管线剖面布置图

在机电管线综合布置图的基础上能够一目了然地呈现管线及设备密集的部位，在以往的经验中这些位置包括：设备机房、机电管线竖井等关键位置。截取此类关键点部位绘制初步机电管线剖面布置图、局部综合布线图。局部综合布线图及初步机电管线剖面布置图的绘制，能针对性地反映建筑内部机电设备管线的平面布置和空间布置，适用于个别专业对空间有特殊占用要求的情况，从而有目的、针对性地识别图纸。在提出综合图要求后，结合各专业管线的布置、走向，在平面综合布置的基础上进行空间管线的布置，其中必须考虑到设备安装和管道连接等各方面要求，在尽可能保证吊顶天花高度和便于维修保养的前提下，完成接下来的管线的综合布置调整。

3.确定剖面设计，进行机电管线调整定位

在初步机电管线剖面布置图的基础上，进行综合布置的调整定位，各机电系统管线布置总体统筹：

（1）各系统管线避让布置原则

① 小管让大管，越大越优先；② 有压管道让无压管道；③ 一般性管道让动力性管道；④ 电气避让热水及蒸汽管道；⑤ 电气、水管分井布置；⑥ 强电、弱电分槽、井布置；⑦ 同等条件下造价低让造价高。

（2）提高观感布置

要创造较高的建筑空间，还应尽量把管线提高，以留下尽可能高的净高，提高建筑的观感。按下列要求进行管线综合布置。

① 雨水排水管、生活污水排水管、粪便污水排水管、冷凝水排水管等有排水坡度要求的管道，严格按设计图纸的要求的安装尺寸、标高和排水坡度进行布置；通风及防排烟管道紧贴消防喷淋管道安装，当风管与消防喷淋头位置重叠时，按消防规范要求设置喷淋头与风管的间距或将消防喷淋头引至风管底部安装，并避开风口位置。

② 考虑到电气系统功能变化较频繁（如电缆的增减等）和系统检修维护的方便及安全性，将电气桥架、线槽设置于水管上方或主干风管上方以便进行电缆的敷设和线路维护。

③ 水管（包括给水、排水、热水管、冷却水、冷凝水管道等）与电气桥架、线槽平行安装，则安装间距应大于 100mm，在水管与电气桥架、线槽安装位置的交叉处，电气桥架、线槽爬升至管道上方安装。喷淋主管安装在风管的上方，与上下喷淋头支管连接根据现场实际情况进行处理。

（3）电缆桥架、管线支架整合

共用电缆桥架断面设计形式应灵活、方便，易于实施，在不同区段过渡时，应充分考虑土建空间特点和电缆弯曲半径要求。对于共用电缆支架的形状、尺寸及支架内部空间划分，须有严格规定，细节清楚。

（4）管线综合实施流程

① 任务分配

首先拿到设计院所提供最终版施工图（.dwg），BIM 小组内部根据图纸进行模型搭建任务分工，指定项目负责人，确定参与人员的建模专业（土建、机电）与建模范围（按需进行区域划分）。

② 熟悉 CAD 图纸

建模前各参与人员需熟悉 CAD 图纸，可以在识图、读图的过程中掌握工程的概况，对整个项目有详细的了解。

③ 确定标准文件

项目负责人（或指定专人）进行标高、轴网等标准文件的创建工作，确保其他建模人员在同一套标高轴网中进行模型搭建工作，以便后期可以采取链接或工作集的方式将所有模型拼装起来，或导入其他软件中进行审阅展示。

④ 初步建模

各专业人员结合工程进行建筑结构和设备建模，机电专业人员根据各专业图纸（暖通、给排水、电气）找到项目中复杂节点，确定初步管线排布方案，并进行三维建模。

⑤ 统计问题（机电专业）

设备管线的综合排布将所有管线全部合成在一张图上，结合土建模型找出复杂的交叉位置，发现各项专业在设计上存在的矛盾，对单项工程原来布置的走向、位置有不合理或与其他专业发生冲突的现象，提出调整位置和相互协调的意见（根据布管原则），会同各部门或设计单位商讨解决。

⑥ 问题复合（机电专业）

根据第5项中商讨出来的修改方案进行模型调整，使各项管线在建筑空间上占有合理的位置（考虑施工空间与支吊架安装空间），然后可将模型导入BIM审图中进行碰撞检测。在碰撞检测报告中找到Revit内难以直接发现的碰撞、干涉等问题。

⑦ 机电模型深化

机电各专业模型调整过程中可以给风管、管道添加保温层，给风管、管道、桥架、机械设备处添加支吊架，来进行机电模型的深化工作。

⑧ 二次统计问题及复合

深化后的机电模型若出现新的问题（如：支吊架放置空间不足），则需要再次会同各部门或设计单位进行商讨解决，而后再次根据解决方案对模型进行调整，调整过后进行碰撞检测并进一步完善模型。

⑨ 辅助施工图

在完成了综合管线的碰撞检测与修正，确保整体模型的合理性与可行性后，各专业设计人员按照本专业修正后的模型完成深化施工平面图，详细标注专业管线的标高与位置。除此之外还可完成机电各专业施工大样图、综合管线剖面图（关键节点与复杂节点）、净高分析图、局部三维视图等用于指导具体施工。

（5）管线综合重点及难点部位

① 机房内的管线布置：本工程所涉及的机房主要有给排水机房、换热机房、消防泵房和空调机房等。机房内管道规格较大，且需要与机电设备进行连接。针对各种管线，把能够成排布置的成排布置，并合理安排管道走向，尽量减少管道

在机房内的交叉、返弯等现象。在一些管线较多的部位，通过计算制作联合的管道支架，既节省空间，又可以节省材料，把整个机房布置得合理整齐。

② 出入机房的大型排管：出入机房的管道多为成排布置，应根据管道的材质和管道内的流体特征，计算管道重量，编制具体的管道支吊架制作安装方案。

③ 管道竖井处：管道竖井是管道较为集中的部位，应提前进行管道综合，否则会使管道布置凌乱。对该部位的管道进行分析，根据管道到各个楼层的出口来具体确定管道在竖井内的位置，并在竖井入口处做大样图，标明不同类型的管线的走向、管径、标高、坐标位置。

④ 走廊内等管线分布较为集中的部位：通常走廊内的管道种类繁多：包括通风管道及冷冻水、冷凝水管道、电气桥架及分支管、消防喷洒干管及分支管道、冷热水管道及分支管等，容易产生管道纠集在一起的状况。必须充分考虑各种管道的走向及不同的布置要求，利用有限的空间，集合各个专业技术人员，合理地排布管道并制订这些部位的安装大样图，使各种管道合理布置。

⑤ 管廊等管线集中且管道走向基本一致的地方：这些部位管道比较大且管道走向基本一致，应与设计人员及时沟通，制订管道的联合支架方案，这样与各种不同管道单独制作管道支吊架相比既节省了机电辅助材料用量，又使管道布置整齐美观。

（6）管线综合的出图标准

① 交叉的地方将上下管线标高确定出来，管线返弯的地方标明前后标高，确保协调后的管线不再冲突，可以正常顺利地进行施工。

② 对走廊等管线重叠密集的地方进行竖向排布的协调，确保管线安装占用空间最小，满足建筑装修高度要求。

③ 设备层、技术间等工艺管线多的地方确保协调后各设备之间连接的管线尽量走近路，管道找最有利位置就近出技术间并方便与使用端相连接。

（7）二维制图表达

① 目的和意义

建筑项目设计图纸是表达设计意图和设计结果的重要途径，并作为生产制作、施工安装的重要依据。相比于传统二维设计的分散性，三维设计强调的是数据的统一性、协同性和完整性，整个设计过程是基于同一个模型进行的。这里的二维制图表达应用突出的是基于 BIM 的二维制图表达，同时要符合国家现有的二维设计制图标准或 BIM 出图的相关导则或标准。基于 BIM 的二维制图表达是以三维设计模型为基础，通过剖切的方式形成平面、立面、剖面、节点等二维断面图，可采用结合相关制图标准，补充相关二维标识的方式出图，或在满足审批审查、施工和竣工归档要求的情况下，直接使用二维断面图方式出图。对于复杂局部空间，宜借助三维透视图和轴测图进行表达。

基于BIM的二维制图表达主要目的是保证单专业内平面图、立面图、剖面图、系统图、详图等表达的一致性和及时性，消除专业间设计冲突与信息不对称的情况，为后续设计交底、深化设计、施工等提供依据。

② 操作流程图（如图2-189所示）

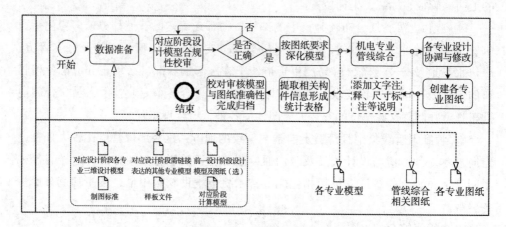

图2-189 操作流程图

③ 数据准备

a. 对应设计阶段各专业设计模型。

b. 对应设计阶段需要链接表达的其他专业模型。

c. 前一设计阶段设计模型及图纸（选）。

d. 国家二维制图标准或BIM出图的相关导则或标准，包括由企业或项目根据自身质量控制体系制定的标准，包含但不限于设计图纸文件命名规则、图框、线宽、线型、标注样式、文字样式（字体、字高、字宽）、图例、打印样式等。

e. 符合制图标准的出图样板文件。

f. 确定项目中基于BIM生成的图纸和采用传统制图方式生成的图纸。

g. 对应阶段计算模型。

④ 操作流程

a. 收集数据，并确保数据的准确性。

　　b. 校审对应阶段模型的合规性，并确认已把其他专业提出的设计条件反映到模型上。

　　c. 确认模型深度和构件属性信息深度达到相关图纸需求。

　　d. 对机电专业模型进行管线综合工作，对管线综合带来的问题进行全专业设计协调和修改。

　　e. 通过剖切、调整视图深度、隐藏无须表达的构件等步骤，创建各专业相关图纸，如平面图、立面图、剖面图、系统图、大样图、管线综合图等。

　　f. 添加文字注释、尺寸标注、平法标注、图例、设计施工说明等信息。对复杂空间宜增加三维透视图和轴测图进行表达。

　　g. 根据部分图纸需要，提取相关构件信息形成统计表格，如门窗表、设备材料表等。

　　h. 校对计算模型、图纸的准确性，保证模型表达与图纸表达信息一致，并完成归档。

　　⑤ 成果

　　a. 各专业施工图设计模型。应确保模型间相互链接路径准确，确保模型图纸视图与最终出图内容的一致性，模型深度和构件要求详见附录对应阶段各专业模型内容及其基本信息要求。

　　b. 各专业图纸。图纸深度应当满足对应阶段《建筑工程设计文件编制深度规定》中的要求。

　　⑥ 成果案例

　　图 2-190 所示为某项目地下室设计模型管综剖面图，图 2-191 所示为某项目地下室暖通专业设计模型平面图。

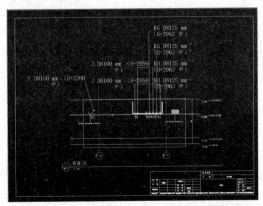

图 2-190　某项目地下室设计模型管综剖面图

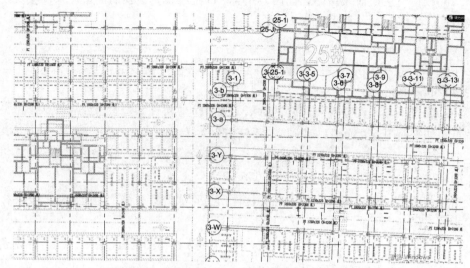

图 2-191　某项目地下室暖通专业设计模型平面图

2.4　图纸问题反馈

传统医院运维在工程资料使用和检索方面依赖于二维图纸和各种机电设备操作手册，使用时由专业人员查找与理解图纸信息然后基于专业人员的决策对建筑物或机电设备采取相应动作。使用 BIM 模型可降低建筑维护对专业的要求，进而将 BIM 与建筑运维要求集成：包括 BIM 运维模型与机电设备生产厂商、联系方式、维护维修手册等外部资料关联；在 BIM 构件上记录运维的要求，例如房屋的大修时间、设备的维护保养日期、设备的电器容量、各类房间居住性能要求数据等，实现基于 BIM 的建筑运维要求集成。根据制定的 BIM 建模标准，建模过程中进行图纸问题的记录，并汇总成图纸问题报告，上报设计院进行设计变更。

图 2-192 所示为某县人民医院迁建项目设计更改通知单；图 2-193 所示为该项目施工图纸会审记录。

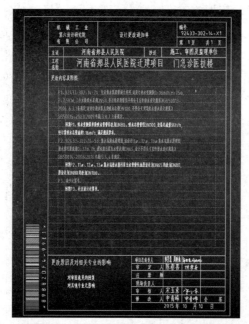

图 2-192　某县人民医院迁建项目设计更改通知单

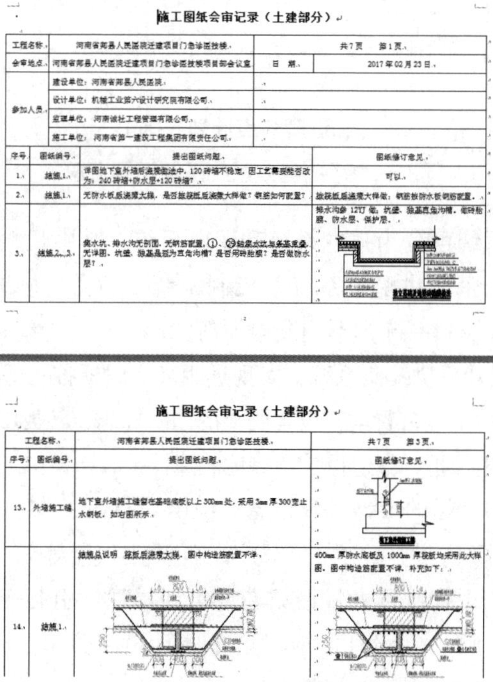

图 2-193　施工图纸会审记录

根据施工总部署，依据施工区域划分，分层、分区、分专业对BIM模型进行有计划有目的的集成和应用，各专业通过各中心文件创建本地文件，并各自在本地进行模型深化，再与网络平台同步。各专业对BIM设计单位提供的模型进行深化达到施工过程细度，通过网络平台统一集成管理。各分包单位通过模型深化设计完成碰撞检测并形成检查报告，总包团队将各专业优化完后的模型进行全专业碰撞检查，出具全专业综合布置模型。最终形成：三维模型，碰撞检查报告，碰撞调整方案，三维转二维视图图纸，如图2-194所示。

序 号	工作内容	开始时间	完成时间（审批）
1	深化设计准备工作	2017.05.06	2017.05.10
2	专业图纸系统性复核完善	2017.05.10	2017.05.20
3	地下一层机电综合作业图出图	2013.07.21	2013.07.27
4	地下一层土建预留预埋综合图	2013.07.28	2017.05.30
5	地下一层各专业平面图、剖面图、大样图出图	2017.05.28	2017.05.30
6	门诊楼机电综合作业图	2017.05.31	2017.06.10
7	门诊楼土建预留预埋综合图	2017.06.11	2017.06.13
8	门诊楼各专业平面图、剖面图、大样图出图	2017.06.11	2017.06.13

（总进度节点计划安排）

图2-194 电力系统图纸问题汇总

医院建筑电气系统可分为强电系统和弱电系统。其中强电系统包括变电系统、照明、动力、空调、消防供配电系统及控制系统，防雷、接地系统，电气火灾报警系统，自备发电机控制系统，不间断电源等。

变配电所应设置计算机检测系统，实现远距离实时遥控、遥测、遥信等现代化与智能化管理。消防设备配电装置均应设置明显的消防标志，各类用电设备均应以安全保护为出发点，考虑继电保护、漏电保护、接地故障保护、防留保护、火灾报警等措施。

由于医院内存在大量的大型医疗设备（MIR、DSA、DR、PET、CT）及内设有大量的变频空调系统，为避免大型医疗设备及变频器等运行时产生对医院内重要检测、监测仪器的干扰，且大量谐波造成电能损耗，引起变压器声较大等因素，需对谐波进行治理。强电在设计时应考虑单体计量与分层、分功能区域计量，这有利于日常节电管理措施的落实与执行。

在经过大量的检查和模型的调整之后，图纸原设计电力系统出现问题碰撞，在经过协商和模型的建立先形成以下强电问题报告如下。

图 2-195 至 2-197 所示为强电图纸问题及解决方案。

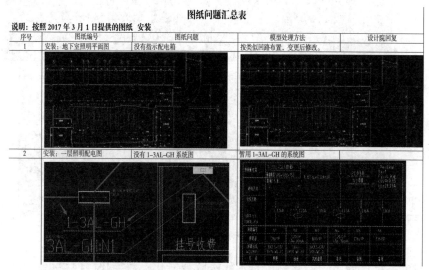

图 2-195　强电图纸问题及解决方案一

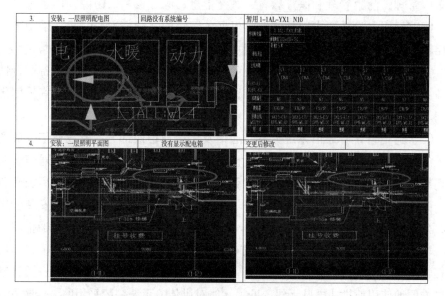

图 2-196　强电图纸问题及解决方案二

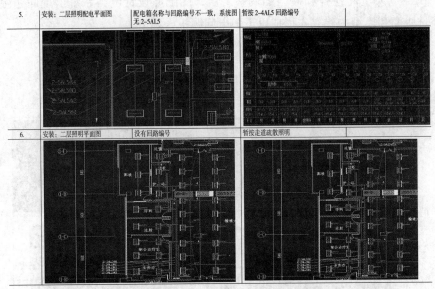

图 2-197　强电图纸问题及解决方案三

弱电系统：弱电智能化系统是现代医院智能化、数字化、网络化、信息化的体现，集建筑设备管理、办公自动化、通信、计算机网络、服务管理、安全防范、停车库管理、门禁管理和医疗教育、医疗信息、医疗诊断、医院专用系统等为一体，医院的弱电设计要求因地制宜，根据各医院的实际情况与需求，采用多方案的比较来确定最优实施方案，从而提供一个安全、高效、便利的建筑环境。

（1）建筑设备管理系统。建筑设备管理系统可提高对楼内机电设备运行情况的监察、控制及管理水平，达到节能，舒适，控制方便的目的，系统宜采用集散控制。

（2）通信系统。通信系统分有线通信及无线通信两部分：有线通信一般通过引入通信电、光缆至楼层弱电间，由楼层弱电间引至各终端点，电话通信线路常采用综合方式，在医院的各办公室、会议室、护士站、单人病房、药房、门急诊室、手术室、医技用房、辅助用房等场所设置电话终端，在公共部位安装公用电话，公用电话采用投币电话机和 IC 卡电话机。无线通信包括室内移动通信覆盖系统、楼内无线局域网系统、安保无线对讲系统。室内移动通信信号应覆盖区域包括楼内各房间、走道及电梯轿厢等处，楼内无线局域网应保证特定客户及管理人员能方便地使用便携式电脑无线上网，无线对讲传输系统一般采用网络传输方式。

（3）计算机网络系统。计算机网络系统是支持数字化医院医疗信息管理系统的依托，计算机网络系统最好能支持多种通信协议，可进行各种网络的互联，网络设备可以方便地与外界连接，以实现对外的数据和语音互联，在医院的各办公室、会议室、手术室、医技用房、护士站、病房、药房、门急诊室和出入院登记、收费挂号等场所设置计算机网络终端，以满足医院业务、管理需要及实现办公自动化系统的功能。

（4）服务管理系统。服务管理包括公共广播系统、护理呼叫系统、排队叫号系统等。公共广播系统主要用于公共部位的背景音乐、广播通知、叫号及紧急消防广播，在各建筑物的大厅、走廊、电梯厅、楼梯间、地下室车库和设备用房等公共场所设置扬声器，公共广播系统平日播放有关工作、生活信息及背景音乐，部分区域（如候诊区）可兼用叫号广播。当有火警或紧急情况时，由消防报警主机输出控制信号，强行转入播放消防应急广播信息。

在病房区的每个护理单元设置独立的护理呼叫系统。在各护理单元的护士站设置护理呼叫主机，在各病床床头设置对讲型呼叫分机，在病房内的卫生间设置紧急呼叫按钮，走廊内设置呼叫显示屏。

在门诊、输液室、急诊等科室设置排队叫号系统。基于医院的科室及楼层的分布，采用分布式的子系统结构方式，每个科或一个楼层，为一个子系统，每个子系统配置一台分诊工作站处理系统内的排队任务及策略，数据管理可视情况采用集中或分布式的方式，各子系统通过医院现有局域网互联，由系统中央服务器（主 / 备）统一管理整个医院的排队系统，并存储全医院排队系统的数据，构成全院的排队叫号系统。

（5）医疗信息系统。医疗信息系统包括公共信息发布系统和医用综合信息集成系统（HAS）。公共信息发布系统由多媒体查询系统和 LED 公告显示系统组成，在医院大楼内设置多媒体查询系统，来访者可以通过触摸屏获取大楼的楼层信息、医疗服务信息、医疗资费信息、医院介绍及演示等。在医院内设置 LED 公告显示系统，该系统的大屏幕电子显示屏设在急诊大厅、门厅内，用于发布公共信息和专家介绍。在所有的挂号、收费、住院记窗口和取药窗口上方均设置条状 LED 显示屏，在一次候诊区域和二次候诊的各诊室门框上方均设置 LED 显示屏，用于显示病人的排队候诊信息。多媒体查询系统和 LED 公告显示系统与计算机相联，它能提供文字、图片、动态影像的综合查询和显示，使公众能轻松、自由地查到所需信息。

医用综合信息集成系统功能包括以下系统的信息集成：医用信息管理系统（HIS）、医学影像存储与传输管理系统（PACS）、检验放射科管理系统（RIS）、实验室管理系统（LS）、临床管理系统（CS）、办公自动化系统（OAS）。此系统具有前瞻性好、实用性强等特点，同时，根据医院信息系统的实际需求，应用方式上实现以业务流为主线的医院管理信息系统，以医嘱和病人信息为主线展开，既符合操作人员的业务习惯，又满足现代医院信息管理的要求。

医用综合信息集成系统以病人为中心，以信息共享为宗旨，同时，影像及检验数据要入网，由于医院工作的特殊性，系统要保证数据处理过程的严格规范，要遵循数据的安全、保密、统一、可监测、可靠备份等基本原则。系统的最终目的应该是：方便群众就医，提高医疗服务水平，达到院内医疗质量控制、决策分析，提高医疗研究和学术水平，可进行人群、社区疾病统计、趋势分析等工作，降低医院运行成本。

（6）综合布线系统。综合布线系统是智能化系统的基础。利用其标准化的高带宽的传输通道，方便的构架楼内的语音通信网络、计算机通信网络及弱电智能化控制系统网络。应根据先进性、开放性、可靠性、可扩充性等原则，设计标准、灵活、开放的综合布线系统。

在经过大量的检查和模型的调整之后，图纸原设计电力系统出现问题碰撞，经过协商和模型的建立后先形成以下问题报告：

如图2-198至2-201所示为弱电图纸问题及解决方案。

弱电图纸问题

序号	图纸编号	图纸问题	模型处理方法	备注
1	火灾自动报警平面图地下一层至五层	吊顶高度未定，感烟探测器吸顶安装高度未定	吊顶暂设上层层高以下500mm处设置感烟探测器	
2	火灾自动报警平面图地下一层至五层	接线端子箱安装为梁下300mm，梁高不统一。	暂设上层层高下800mm处安装	

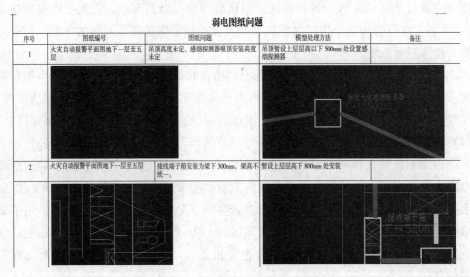

图2-198　弱电图纸问题及解决方案一

| 3 | 火灾自动报警平面图地下一层至五层 | 室内模块箱安装为吊顶下 0.3m，量下 0.3m | 暂定上层层高下 800mm 处安装 |

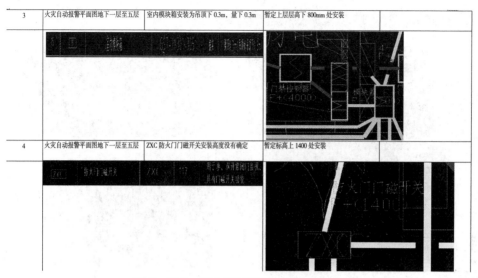

图 2-199　弱电图纸问题及解决方案二

| 4 | 火灾自动报警平面图地下一层至五层 | ZXC 防火门门磁开关安装高度没有确定 | 暂定标高上 1400 处安装 |

| 5 | 地下室火灾自动报警平面图_92433-302-22-70 | 消防桥架安装高度为梁下 300mm | 暂定上层层高下 800mm 处安装进行建模，重合处暂将多线控制线桥架上移 200mm 处理 |
| 6 | 地下室火灾自动报警平面图_92433-302-22-70 | 地下室 300*100 桥架，图形尺寸为 400 宽，尺寸与图形不符 | 按尺寸标注 300*100，将桥架居中绘制，同样情况做相同处理方式 |

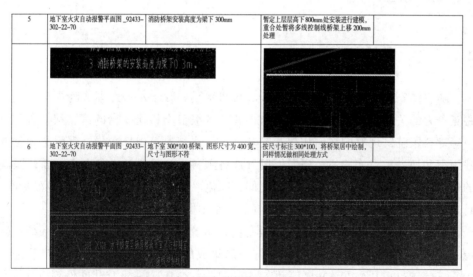

图 2-200　弱电图纸问题及解决方案三

| 7 | 地下室火灾自动报警平面图_92433-302-22-70 | 轴1-2上1-F到1-B及1-4轴上1-N到1-F间桥架150*70，图形尺寸为200宽，尺寸与图形不符 | 按尺寸标注150*70居中绘制 |

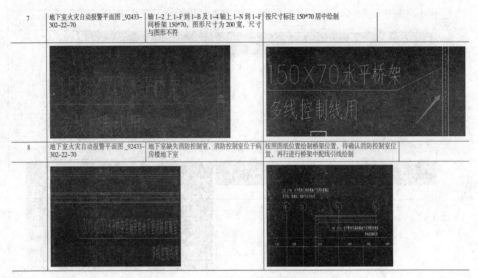

| 8 | 地下室火灾自动报警平面图_92433-302-22-70 | 地下室缺失消防控制室，消防控制室位于病房楼地下室 | 按照图纸位置绘制桥架位置，待确认消防控制室位置，再行进行桥架中配线引线绘制 |

图 2-201　弱电图纸问题及解决方案四

2.5　明细表的统计

随着国家整体医疗水平快速进步，科研水平和教学水平逐渐成为提升医院核心竞争力的关键因素。作为一家拥有十几个各级各类科研平台的医、教、研三级甲等专科医院，现有的科研用房无论从规模，还是建筑内部布局，都无法满足创建国家和地方重点实验室，以及医院开展各项科研和教学活动的要求。新建医院的建筑覆盖率应控制在 25% ~ 30% 之间，绿化率不应低于 35%。这样的建设标准，首先从面积指标上给现代医院的设计提供了基本保证。

现有医院后勤智能化系统包括设备监控系统、报修系统、视频监控系统、巡更系统和医院资产管理系统，跨系统信息集成的数据共享和系统联动接口包括 Bacnet、RESTFULAPI、OPC 等动态接口，以及 XML、Excel 格式文件等静态数据接口，支撑现在及未来建设的运维系统按照统一的标准和规范接入 BIM 运维平台。

按照技术实现可行性，通过数据集成、应用集成、用户集成和界面集成进行系统整合，医院资产管理系统可提供医院资产清单数据。一方面，将现有后勤智能化系统接入 BIM 运维平台，实现后勤管理数据的三维可视化显示与统一平台管理。例如，通过设备监控系统采集实时运行数据并在 BIM 运维模型中显示，可实现对机电设备的参数监测和能源计量管理。另一方面,既有后勤管理系统可从 BIM 运维系统获取建筑基础数据,实现对现有系统功能的提升与强化。

由于重大科研项目受到条件限制,目前在医院范围内无法进行。全部基础研究性内容只能借外单位场地设备完成,不但影响课题完成质量,更使得申请项目连续资助或争取更高级别项目更为困难。

现有的科研用房非常分散,缺乏整体的规划布局,使得现有的实验设备也相对比较分散,没有形成统一的科研平台。科研用房中 1 号楼是按照门诊医技楼设计制造,迄今已有 10 余年,科研实验室和研究室蜷缩一角、无处扩展。由于历史遗留等原因,各实验室往往是因陋就简,面积狭小,都是在原有基础上进行改建,并非专门的实验室布局,用房面积小从根本上限制了实验室所应具备的基本仪器和器械的配置,更谈不上达到高水平科学研究的标准,无法满足医院当前科研发展的需要,很多研究生导师不得已将实验项目转移到其他单位去做,致使科研项目流失,造成不必要的浪费。随着对转化医学研究的日益重视和对研究成果巨大临床潜力的关注,对科研用房,包括科研公共平台用房和科研专项用房等新的需求不断增大。例如:作为胸部肿瘤和心血管疾病为特色的专科医院,医院临床生物样本、临床资源极为丰富,成为转化医学研究的宝贵源泉,已经得到市科委申康医院发展中心和交大医学院的高度重视,但苦于无场地,医院生物样本库建设只能挤占病理科、检验科医技用房的办公室和走廊等面积,使得对库内生物样本资源管理难度和成本大大提高,直接导致建设工作严重滞后。

综上所述,现有科研用房目前已无法满足进一步科研增长的需求,并且将严重阻碍医院的医教研全面发展的步伐,本项目的实施将从根本上改善科研设施。

医院挖掘院内潜力,规划在医院现有东北角建设独立的科教综合楼,科研用房面积达 8 000m²,不仅能解决科教用房面积严重不足的问题,而且满足医院今后科研与教学发展的需求,这将成为胸科医院又一个历史性的发展契机。医院建筑建筑用房涉及的专业众多,医疗工艺、设备复杂,因此对于房间面积必须精准定位。传统建筑面积计算方法存在工作量大、有一定的误差等缺点,通过 BIM 模型不但能够统计建筑面积,而且还能根据需要统计各个房间的使用面积。这就为业主根据建筑实际,优化配置各房间的使用功能,给房间做分配带来准确的参考依据。

第 3 章 BIM 技术在施工准备阶段的应用

3.1 场地布置

场地分析是利用场地分析软件或设备，建立场地模型，在场地规划设计和建筑设计的过程中，提供可视化的模拟分析成果或数据，作为评估设计方案的依据。在进行场地分析时，宜详细分析建筑场地的主要影响因素。场地的分析主要包括地形分析与周边环境分析两个方面，分析过程中除需考虑施工场地内的自然条件、建设条件以及公共元素外，还需要考虑周边环境对场地内的影响，并在此基础上考虑如何利用以及改造环境，从而合理地处理建筑与场地的关系。

（1）应用目的：采用 BIM 技术进行场地分析，真实展示项目场地与周边建筑的关系，反映建筑物与自然环境的相互影响。要以合理的土地利用、和谐的院区空间、清晰的交通流线和绿色的康复环境为最终目标和原则，重点解决建筑布局、地上与地下空间利用方式、环境质量（日照、风速等）及无障碍设计等方面的问题。

（2）总平面布置是工程前期准备的关键工作，某县人民医院迁建项目单体建筑较多，场地狭小，使用广联达三维场地布置软件模拟现场施工环境，根据不同时期、不同工况对总平面布置进行实时动态调整，在节约资源的同时保证了现场施工的有序性。

（3）近年来建筑行业大力推广 BIM 技术，各种相关的 BIM 软件逐步成熟，给施工过程带来极大的便利。现场总平面布置是工程前期准备的关键工作，合理的布置能够从源头减少安全隐患，方便施工管理，提高施工效率，降低施工成本。而传统总平面布置通过二维图纸难以将复杂的现场状况考虑周全，容易导致平面布置不合理，造成施工不便。用传统 CAD 绘图的方法进行总平面布置难度较大，很难分辨方案的优劣，更难以在前期发现布置方案中存在的一些问题。而利用 BIM 技术的三维可视化、施工模拟等功能，能很大程度上改变这种局面。

此外，医院的总体布局还要考虑医院的文化、历史传承，做到既保持医院的文化、历史、建筑特色，又减少二次搬运，节省成本，提高管理效率。利用场布软件对施工现场进行合理规划，施工现场平面布置完全符合安全文明施工要求，绿色施工策划点符合绿色施工要求，后期无返工。

1. 单位工程施工现场布置图的设计内容

根据单位工程所包含的施工阶段（如基础施工阶段、主体结构施工阶段、装饰装修施阶段）需要分别绘制，并应符合国家有关制图标准，通常按照 1：200，1：500 的比例绘制，图幅不宜小于 A3 尺寸，一般单位工程施工平面图包括以下内容：

（1）单位工程施工区域范围内的已建和拟建的地上、地下的建筑物及构筑物，周边路、河流等，平面图的指北针、风向玫瑰图、图例等。

（2）拟建工程施工所需起重与运输机械（塔式起重机、井架、施工电梯等）、混凝土浇设备（地泵、汽车泵等）、其他大型机械等的位置及其主要尺寸，起重机械的开行路线和方向等。

（3）测量轴线及定位线标志，测量放线桩及永久水准点位置、地形等高线和土方取用场地。

（4）材料及构件堆场。大宗施工材料的堆场（钢筋堆场、钢构件堆场）、预制构件堆周转材料堆场。

（5）生产及生活临时设施。包括钢筋加工棚、木工棚、机修棚、混凝土拌和楼（站）、工具房、办公用房、宿舍、食堂、浴室、门卫、围墙、文化服务房。

（6）临时供电、供水、供热等管线的布置；水源、电源、变压器等位置的确定；现场排水渠及排水方向等。

（7）施工运输道路的布置、宽度和尺寸：临时便桥、现场出入口、引入的铁路、公路航道的位置。

（8）劳动保护、安全、防火及防洪设施布置以及其他需要布置的内容。

2. 单位工程施工现场布置图的设计依据

在设计单位工程施工现场布置图之前，首先要认真研究施工部署和施工方案，并深入现场进行细致的调查研究，然后对施工现场布置图设计所需要的原始资料认真进行收集、分析，使设计与施工现场的实际情况相符，从而起到指导施工现场进行空间布置的作用。单位工程施工现场布置图设计依据下列内容。

（1）设计与施工的原始资料。① 自然条件资料如气象、地形、水文及工程地质资料。主要用于确定临时设施的位置，布置施工排水系统，确定易燃、易爆及妨碍人体健康设施的位置。② 技术经济条件资料如交通运输、水源、电源、物资资源、生活和生产基地情况主要用于确定材料仓库、构件和半成品堆场、道路及可以利用的生产和生活用的临时设施。

（2）建筑结构设计资料。① 建筑总平面图图上包括一切地上、地下拟建和已建的房屋和构筑物，据此可以正确确定临时房屋和其他设施位置，以及布置工地交通运输道路和排水等临时设施。② 地上和地下管线位置一切已有或拟建的管线，应考虑是利用，还是提前拆除或迁移，并需注意不得在拟建的管道位置上修建临时建筑物或者构筑物。③ 建筑区城的竖向设计和土方调配图是布置水、电管线，安排土方的挖填，取土或者弃土地点的依据，它影响到施工现场的平面关系。

（3）施工组织设计资料。① 单位工程施工方案，据此确定起重机械的行走路线，其他施工机具的位置，吊装方与构件预制、堆场的布置等，以便进行施工现场的整体规划。② 施工进度计划，从中详细了解各个施工阶段的划分情况，以便分阶段布置施工现场。③ 劳动力和各种材料、构件、半成品等需要量计划，进行宿舍、食堂的面积、位置，库和堆场的面积、形式、位置，运输道的确定。

3. 单位工程施工现场布置图的设计原则

（1）在保证施工顺利进行的前提下。现场应布置紧凑、节约用地、便于管理。并减少施工用的管线，减低成本。

（2）短运输、少搬运。各种材料尽可能按计划分期分批进场。充分利用场地，合理规划各项施工设施，科学规划施工道路，尽量使运距最短，从而减少二次搬运费用。

（3）施工区域的划分和场地的临时占用应符合总体施工部署和施工流程的要求，减少相互干扰。

（4）控制临时设施规模，降低临时设施费用。尽量利用施工现场附近的原有建筑物、构筑物为施工服务，尽量采用装配式设施提高安装速度。

（5）各项临时设施布置时，要有利于生产、方便生活，施工区与居住区要分开。

（6）符合劳动保护、安全、消防、环保、文明施工等要求。遵守当地主管部门和建设单位关于施工现场安全文明施工的相关规定。

4. 单位工程施工现场布置图的设计步骤

（1）机械设备布置。先确定垂直运输机械位置，接着确定搅拌站、仓库、材料和构件堆场以及加工棚位置，确定布置运输道路，确定临时建筑的布置、确定临时供水管网布置、确定临时供电管网布置，施工现场布置图的以上各个步骤在设计时，往往相互关联、相互影响，并不是一成不变的。掌握一个合理的设计步骤有利于设计者节约时间，减少矛盾。垂直运输机械的位置直接影响仓库、搅拌站材料堆场、预制构件堆放位置，以及场内道路、水电管网的布置，因此应首先考虑起重机械包括塔式起重机、龙门架、井架、外用施工电梯。选择起重机械时主要依据机械性能、建筑物平面形状和大小、施工段划分情况、起重高度、材料和构件的重量、材料供应和运输道路情况来确定。以项目前期建立的主体结构模型为依据，根据主体结构外部轮廓，并综合考虑材料运输、施工作业区段划分等来进行塔吊与施工电梯的选型及定位。大型机械设备的布置，不仅考验对现场空间的把握还考验了现场工序的安排。利用大型机械设备族，对现场的施工设备进行 1∶1 复制，充分考虑其占地面积及高度。传统的平面布置中，往往由于对机械高度的忽视，导致塔吊、履带吊等起重设备回转受到影响

（2）加工棚与材料堆场布置。布置搅拌站、仓库、材料和构件堆场以及加工棚的位置时，总的要求是既要使它们尽量靠近使用地点或将它们布置在起重机服务范围内，又要便于装卸、运输。确定仓库和材料、构件堆放位置和仓库、材料及构件堆场的面积时应先进行计算，然后根据各施工阶段的需要及材料使用的先后进行布置。

① 材料的堆场和仓库应尽量靠近使用地点、应在起重机械的服务范围内，减少或避免二次搬运，并考虑到运输及卸料方便，砂、石等大宗材料尽量布置在搅拌站附近。

② 多种材料同时布置时，对大宗的、重量大的和先期使用的材料，应尽可能靠近使用地点或起重机附近布置；而少量的，轻的和后期使用的材料，则可布置的稍远一些。

③ 当采用自行式无轨起重机械时，材料和构件堆场位置，应沿着起重机的开行路线布置，且其所在的位置应在起重臂的最大起重半径范围内。

本项目施工现场单体建筑面积大，场地狭窄，建筑总长为 155.5m，宽为 104.5m，建筑高度为 22.35m，总建筑面积为 76 182.7m²，本工程一层地下室，单层面积达 19 774.11m²，后浇带多，纵横达 6 条之多，地下室砼用量约为 24 600m³，钢筋约为 2 400t，模板需近 55 000m²，拟投入 4 台塔吊、2 台砼输送泵和 2 台砼布料机，周边部位还配备汽车泵输送砼，除去临时施工道路占地面积外，可供材料堆放的场地面积很小。根据不同施工阶段的施工特征来看，合理布置材料堆存在较大困难。应根据每个工区材料需求，在塔吊覆盖范围内布置钢筋加工棚、钢筋原材半成品堆场、模板堆场、钢管扣件堆场等，减少材料的二次搬运，提高施工场地的利用率。

（3）临时道路布置。现场运输道路及出入口的布置和施工运输道路的布置主

要解决运输和消防两方面问题，布置原则如下：① 尽可能利用永久性道路的路面或基础。② 应尽可能围绕建筑物布置环形道路，并设置两个以上的出入口。③ 当道路无法设置环形道路时，应在道路的末端设置回车场。④ 道路主线路位置的应方便材料及构件的运输及卸料，当不能到达时，应尽可能设置支路线。⑤ 道路的宽度应根据现场条件及运输对象、运输流量确定，并满足消防要求；其主干道应设计为双车道，宽度不小于 6m，次要车道为单车道，宽度不小于 4m。

（4）临建建造。临时建筑的布置既要考虑施工的需要，又要靠近交通线路，方便运输和职工的生活，还应考虑到节能环保的要求，做到文明施工、绿色施工。

① 临时建筑的分类。a. 办公用房，如办公室、会议室、门卫等。b. 生活用房，如宿舍、食堂、厕所、盥洗室、浴室、文体活动室、医务室等。

② 临时建筑的设计规定。a. 临时建筑不应超过二层，会议室、餐厅、仓库等人员较密集、荷载较大的用房设在临时建筑的底层。b. 临时建筑的办公用房、宿舍宜采用活动房，临时围挡用材宜选用彩钢板。c. 办公用房室内净高不应低于 2.5m；普通办公室每人使用面积不应小于 4m；会议室使用面积不宜小于 30m²。d. 宿舍内应保证必要的生活空间，室内净高不应低于 2.5m，通道宽度不应小于 9m。

③ 临时房屋的布置原则。a. 施工区域与生活区域应分开设置，避免相互干扰。《安全生产管理条例》第二十九条：施工单位应当将施工现场的办公、生活区与作业区分开设置，并保持安全距离；办公、生活的选址应当符合安全性要求。施工单位不得在尚未竣工的建筑物内设置员工集体宿舍。b. 各种临时房屋均不能布置在拟建工程（或后续开工工程）、拟建地下管沟、取土、弃土等地点。c. 各种临时房屋应尽可能采用活动式、装拆式结构或就地取材。d. 施工场地富余时，各种临时设施及材料堆场的设置应遵循紧凑、节约的原则。施工场地狭小时，应先布置主导工程的临时设施及材料堆场。

（5）供水管网布置。① 布置方式：a. 环形管网。管网为环形封闭形状，优点是能够保证可靠地供水，当管网某一处发生故障时，水仍能沿管网其他支管供水。缺点是管线长，造价高，管材耗量大。b. 枝形管网。管网由干线及支线两部分组成。管线长度短，造价低，但此种管网若在其中某一点发生局部故障时，有断水的威胁。c. 混合式管网。主要用水区及干管采用环形管网，其他用水区采用枝形支线供水，这种混合式管网，兼备两种管网的优点，在工地中采用较多。② 布置要求：a. 在保证连续供水的情况下，管道铺设越短越好。分期分区施工时。应按施工区域布置，同时还应考虑到工程进展中各段管网应便于移置。b. 管网的铺设。临时水管的铺设，可用明管或暗管，以暗管最为合适，它既不妨碍施工，又不影响运输工作。c. 管道埋置根据气温和使用期限而定，在温暖地区及使用期限短的工地，宜铺设在地面上，其中穿过场内运输道路时，管道应埋入地下 300mm 深；在寒冷地区或使用期限长的工地，管道应埋置于地下，其中冰冻地区管道埋在冰冻深度以下。d. 消火栓设置。消火栓设置数量应满足消防要求。消火栓距离建筑物的距离不小于 5m，也不应大于 25m，距离路边不大于 2m。e. 根据实际需要，可在建筑物附近设置简易蓄水池、高压水泵以保证生产和消防用水。

（6）临时供电管网布置。施工现场用电，包括动力用电和照明用电。① 动力用电：土木工程施工用电通常包括土建用电、设备安装工程和部分设备试运转用电。② 照明用电：照明用电是指施工现场和生活区的室外照明用电。

临时供电的布置原则：①变压器的布置：a. 变压器应布置在现场边缘高压线接入处，离地应大于 3m，四周设置铁丝网围挡，并有明显标志。b. 变压器不宜布置在交通通道口处。c. 配电室应靠近变压器，便于管理。② 供电线路的布置：a. 供电线路布置有环状、枝状、混合式三种方式。b. 各供电线路宜布置在道路边，架空线必须设在专用的电杆上，间距为 25~40m；距建筑物应大于 1.5m，垂直距离应在 2m 以上；也要避开堆场、临时设施、开挖的沟槽和后期拟建工程的部位。c. 线路应布置在起重机械的回转半径之外。如有困难时，必须搭设防护栏，其防护高度应超过线路 2m，机械在运转时还需采取必要措施，确保安全。也可采用埋地电缆布置，减少机械间相互干扰。d. 跨过材料、构件堆场时，应有足够的安全架空距离。

3.1.1　基于 BIM 技术的现场布置软件应用

施工场地布置，是施工组织设计的重要内容，基于 BIM 技术的施工场地布置是基于 BIM 技术提供的内置构件库进行管理，用户可以用这些构件进行快速建模，并且可以进行分析及用料统计。基于 BIM 技术的施工场地布置软件具有以下特征：

（1）基于三维建模技术。

（2）提供内置的、可扩展的构件库。基于 BIM 技术的施工场地布置软件提供了施工现场的场地、道路、料场、施工机械等内置的构件库，用户可以和工程实体设计软件一样，使用这些构件库在场地上布置并设置参数，快速建立模型。

（3）支持三维数据交换标准。场地布置可以通过三维数据交换导入拟建工程实体，也可以将场地布置模型导出到后续的 BIM 工具软件中。

目前国内已经发布的三维场地布置软件包括广联达三维场地布置软件、PKPM 场地布置软件等。如表 3-1 所示。

表 3-1　三维场地布置软件

序号	软件名称	说明
1	广联达三维场地布置软件	支持二维图纸识别建模，内置施工现场的常用构件，如板房、料场、塔吊、道路、大门等，建模效率高
2	斯维尔平面图制作系统	基于 CAD 平台开发，属于二维平面图绘制工具，不是严格意义上的 BIM 工具软件
3	PKPM 三维现场平面图软件	PKPM 三维现场平面图软件支持二维图纸识别建模，内置施工现场的常用构件和图库，可以通过拉伸、翻样支持较复杂的现场形状。包括贴图、视频制作功能

BIM 软件基于施工现场的应用主要可以归为以下几点。

（1）施工现场模拟，以协助场地布置，设备车辆进出通道规划。

（2）大型机械运行空间分析，以判断各台大型机械的安全运行空间。在平时运行期间避免机械相互干扰；在特殊天气情况下，选择安全的待机姿态。

（3）施工虚拟预演和进度分析，以验证施工进度计划的可行性，发现其中可能存在的矛盾，尽量减少实际施工过程中会发生的问题。

（4）碰撞检查，以复核深化设计结果，尽可能避免因深化设计失误而造成的返工。

（5）BIM 技术的使用可以快速优化现场机械的布置，例如：在塔吊的使用过程中必须注意相互避让，以前，通常采用两种方法：其一，在 AutoCAD 图纸上进行测量和计算，分析塔吊的极限状态；其二，在现场用塔吊边运行边察看。这两种方法各有其不足之处，利用图纸测算，往往不够直观，每次都不得不在平面或者立面图上片面地分析，利用抽象思维弥补视觉观察上的不足。这样做不仅费时费力，而且容易出错。使用塔吊实际运作来分析的方法虽然可以直观准确地判断临界状态，但是往往需要花费很长的时间，塔吊不能直接为工程服务或多或少都会影响施工进度。现在利用 BIM 软件进行塔吊的建模，并引入现场的模型进行分析，既可以 3D 的视角来观察塔吊的状态，又能方便地调整塔吊的姿态以接近临界状态，同时也不影响现场施工，节约工期和能源。

现场平面布置应充分考虑确保交通顺畅、安全生产、文明施工，减少二次搬运以及环保等管理目标的要求，根据本工程施工用地的实际情况及业主对用地的具体要求，顺利实现对现场进行科学、合理的布置，同时要优先考虑现场的硬化、绿化、亮化、环保（防尘、降噪、净化排水）及现场管理。

　　合理的场地布置可以提高施工现场各方面的工作效率。下面简单地介绍一下利用广联达软件进行现场布置模拟。

　　广联达 BIM 技术的现场布置软件，是施工技术人员解决现场规划设计的必备神器，是一款用于建设项目全过程临时规划设计的三维软件。

　　软件内嵌三维模型构件，可导入 CAD、3Dmax、GCL。可按照规范进行方案优化，创建直观美观的三维模型。

　　1.任务说明

　　根据一张示例场地平面图，在软件中完成施工场地布置。

　　2.任务分析

　　软件中新建工程的各项设置都有哪些？

　　如何进行场地内各种构件的绘制？

　　部分构件的属性设置有哪些？

　　3.任务实施

　　首先打开广联达 BIM 施工现场布置软件，进入账号登录界面。如图 3-1 所示。

图 3-1　账号登录

　　在弹出的对话框中，单击新建工程，并导入一张 CAD 图纸。如图 3-2 所示。

图 3-2　新建工程

在软件空白区域单击指定一个插入点，并选择将要要插入的 CAD 图纸文件。即可导入文件。如图 3-3 所示。

图 3-3　导入 CAD 文件

打开菜单栏中的文件，可以选择编辑工程信息。如图 3-4、3-5 所示。

图 3-4　编辑工程信息

图 3-5　编辑项目信息

在项目信息中，可以对工程名称、应用阶段、项目地址等信息进行完善。输入完成后，点击保存即可。

4.场地绘制

（1）围墙、大门

首先进行围墙及依附构件的绘制。围墙是施工现场常见的围护构件。

点击左侧构件库中建筑及构筑物库，选择围墙。

左键点击围墙起始点，并将光标移动至终点处左键单击，右键单击完成围墙的绘制。软件还有多种布置模式可以选择，如弧线、矩形等。

我们可以通过动态观察来查看绘制完成的围墙。有关联，动态观察选择点就是图中的小地球，如图 3-6 所示。

图 3-6　动态观察

此外还可以使用 CAD 识别，选择 CAD 文件中的围墙图层，然后点击识别围墙线命令即可。在左下角的属性栏中我们可以更改围墙的材质，在材质栏选择更多，选择我们准备好的素材即可。

工地大门的绘制，在软件窗口左侧构件库中建筑及构筑物库选择工地大门，将其放置在需要插入的点即可。亦或按住 shift 键，鼠标左键点击一个插入点，在弹出的对话框中输入 X 或 Y 方向的偏移量，即可精准定位。在右下角的属性栏中可对其宽、高、材质、文字等属性进行修改。如图 3-7 所示。

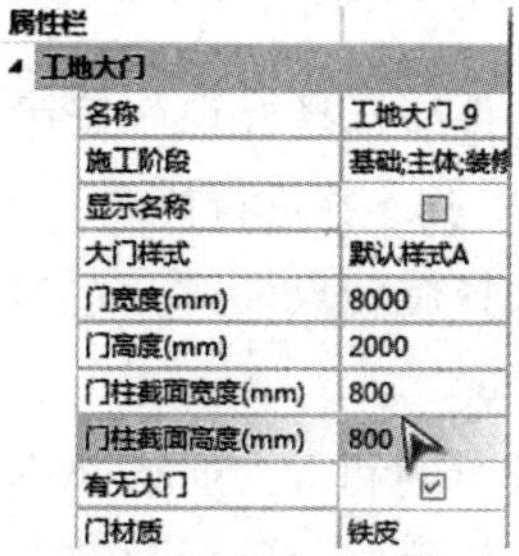

属性栏	
◢ 工地大门	
名称	工地大门_9
施工阶段	基础;主体;装修
显示名称	☐
大门样式	默认样式A
门宽度(mm)	8000
门高度(mm)	2000
门柱截面宽度(mm)	800
门柱截面高度(mm)	800
有无大门	☑
门材质	铁皮

图 3-7　属性栏

一般，在工地大门处，会有岗亭或警卫门房，绘制过程类似。如图 3-8 所示。

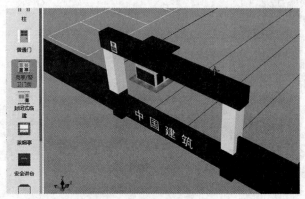

图 3-8　工地大门及岗亭

（2）办公生活区及道路

活动板房的绘制，在左侧的构件库中建筑及构筑物库选择活动板房，选择起点终点，点击鼠标右键完成绘制。在右下角属性栏中，可以更改活动板房的属性，例如，高度，层数，间数，楼梯位置，颜色方案等。还可以对其进行标语设置，点击绿色文明施工配套设施，选择标语牌，在需要标语的地方拖拽鼠标框选，输入对应的文字，确定即可。如图 3-9 所示。

图 3-9　标语牌

标识牌的绘制，在左侧构件库选择标识牌按钮，在需要创建的地方单击选择起点终点即可，可以在属性栏对其参数进行修改。

旗杆的绘制类似，可以选择旋转点模式，左键单击选择插入点，拖动鼠标至合适的角度，或者自行输入即可。

道路的绘制，道路是施工车辆和行人通行必不可少的设施。点击左侧交通运输中的施工道路，默认使用直线绘制，鼠标左键点击道路的起点，然后指定下一个端点，右键结束。对于道路的转弯、交叉路口和 T 字路口，无须设置，软件会自动生成。如图 3-10 所示。

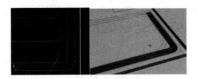

图 3-10　道路绘制

　　洗车池的绘制，为了保持干净的生活环境，在施工现场出口处可能会设置外出车辆洗车池，以防止工地车辆将工地的泥土带出，造成环境污染。点击左侧构件库的绿色文明施工配套设施中的洗车池，左键点击放置在距离大门较近的路面上。也可以使用软件布置模式中的矩形进行绘制。

　　（3）临时水电

　　临时水电系统的绘制，在左侧构件库中打开临时水电系统，有消火栓、消防箱、配电箱、配电室、施工水源、施工电源等。我们可以根据不同需求，选择构件进行绘制。首先我们选择消火栓和消防箱，布置模式有点布置和旋转点布置。我们在图纸合适位置左键单击绘制即可。

　　配电箱的绘制类似，在图纸的适当位置点选即可，同样可以根据需要在属性栏更改其类别、级别、进深、开间等属性。如图 3-11 所示。

属性栏	
▲ 配电箱	
名称	配电箱
显示名称	☐
级别	二级
类别	动力配电箱
进深(mm)	1500
开间(mm)	2500
层高(mm)	2800
屋顶类型	平屋顶
角度	0
标高(m)	0

图 3-11　配电箱属性栏

　　施工水源，施工电源绘制同样是用点和旋转点，在场地外相应位置点选即可。

　　（4）施工区

　　在施工区，我们主要介绍一下拟建建筑、施工电梯、脚手架、安全通道、脚手架的依附构件、卸料平台、塔吊等。

　　① 拟建建筑的绘制。软件根据建筑的外轮廓线进行绘制。点击左侧构件库中的拟建建筑，默认选择直线绘制模式，根据 CAD 底图依次点击勾选建筑轮廓即可，也可通过选择 CAD 图层中的拟建建筑轮廓线，利用工程项目中的识别拟建物轮廓

功能直接生成。在属性栏中我们可以对其外墙材质等进行修改，点击外墙材质可以选择主体阶段和装修阶段两个阶段，还可以对每层的材质进行设置，在此我们将其设置为统一材质，点击"所有楼层统一使用材质"，选择事先准备好的外墙素材即可。如图3-12所示。

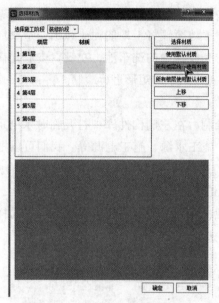

图3-12　所有楼层统一使用材质

② 施工电梯的绘制。施工电梯是我们施工过程中常用的载人载货设备。选择左侧构件库中大型施工机械的施工电梯，直接将其依附在拟建建筑上即可。如图3-13所示。

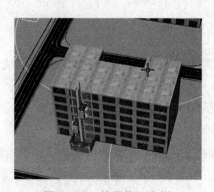

图3-13　放置施工电梯

③ 脚手架的绘制。脚手架是为了施工人员的操作方便和安全维护。左键单击右侧构件库中的外墙脚手架，在三维视图中选择拟建建筑即可完成绘制。如图 3-14 所示。我们可以在属性栏里修改脚手架的起始和结束楼层。如图 3-15 所示。

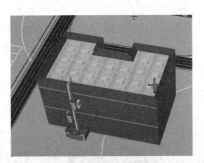

图 3-14　绘制外脚手架

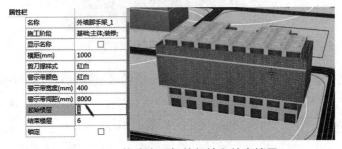

图 3-15　修改脚手架的起始和结束楼层

④ 安全通道的绘制。安全通道依附于拟建建筑或脚手架。在左侧构件库选中安全通道命令，将光标移动到靠近拟建建筑的位置，安全通道会自动依附到拟建建筑上，点击即可。如图 3-16 所示。

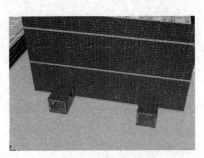

图 3-16　安全通道绘制

⑤ 卸料平台的绘制。卸料平台是施工中临时搭建的操作台，绘制操作与安全通道类似。

⑥ 塔吊的绘制。塔吊是施工现场常用的运输工具，布置模式有布置模式有点布置和旋转点布置两种方式。左键点击绘制，右键退出。左键选中塔吊，在属性栏中，我们可以修改它的高度，长度，颜色，公司名称和吊臂角度等。

⑦ 材料及构件堆场的绘制。软件提供了多种材料和软件堆场的绘制，例如脚手架堆场、钢筋堆场等。选中左侧构件库中脚手架堆场，选择放置布置模式，在平面上即可完成放置。其他堆场类似，也可直接放置。如图 3-17 所示。

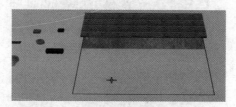

图 3-17　放置材料及构件堆场

⑧ 敞篷式临时建筑的绘制。选中构件库中的敞篷式临建，采用第一个矩形布置方式，在三维视图中选取三个点，分别确定位置、长度和宽度，即可完成绘制。或者采用矩形 1，直接选取对角点即可。如图 3-18 所示。

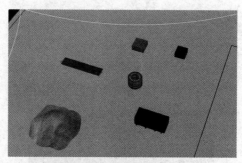

图 3-18　敞篷式临时建筑

⑨ 施工车辆的绘制。选中左侧构件库中的某个施工车辆，直接在动态观察中点击放置即可。

⑩ 贴图。为了使我们的布置效果更加美观，同时更加贴近施工现场的要求，软件提供了贴图功能。在左侧构件库，选择其他图库中的图片，软件默认附着面

贴图，在三维模式下选择一面围墙，在围墙上框选出需要贴图的部位，选择需要张贴的图片即可。如图 3-19 所示。

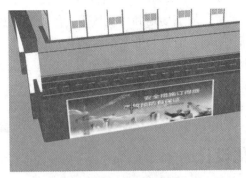

图 3-19　贴图

在布置模式中还有一个竖直贴图，利用此功能可以在任意地方绘制贴图。选择竖直贴图，并在三维视图中选择起点终点，同时在弹出的窗口中选择要绘制的图片。完成绘制后，选中图片，在属性栏中可以更改它的离地高度、效果。如图 3-20 所示。

图 3-20　更改贴图的离地高度

如果想在场地中绘制一个足球场，而软件中没有足球场地构件，此时可以使用水平贴图进行绘制。左键点选布置模式中的水平贴图，框选要绘制的范围，在弹出的窗口中选择对应贴图即可。

使用 BIM 现场布置可以使现场使用合理，施工平面布置有条理，减少占用施工用地，使平面布置紧凑合理，同时做到场容整齐清洁、道路畅通，符合防火安全及文明施工的要求。施工过程中应避免多个工种在同一场地、同一区域进行施工而相互牵制、相互干扰。施工现场应设专人负责管理，使各项材料、机具等按已审定的现场施工平面布置图的位置堆放。

基于建立的 BIM 三维模型及搭建的各种临时设施，可以对施工场地进行布置，合理布置塔吊、库房、加工场地和生活区等，解决现场施工场地平面布置问题，解决现场场地划分问题；通过与业主的可视化沟通协调，对施工场地进行优化，选择最优施工路线。利用 BIM 进行三维动态展现施工现场布置，划分功能区域，便于场地分析。

3.2　施工的深化设计

3.2.1　概述

深化设计是指施工总承包单位在建设单位提供的施工图或合同图的基础上，对其进行细化、优化和完善，形成各专业的详细施工图纸，同时对各专业设计图纸进行集成、协调、修订与校核，以满足现场施工及管理需要的过程。

3.2.2　深化设计要求

深化设计是基于对施工图和施工现场状况的综合分析而进行的，从信息来源上要求深化设计必须在施工图设计的基础上进行，这就涉及设计阶段和施工阶段信息资源的一致性和协调问题。BIM 技术由于其信息集成性，能很好地解决信息不一致和协调问题。BIM 对深化设计的要求：

（1）建设单位应将 BIM 各阶段输出的模型、动画和信息等成果提供给施工总承包单位，作为施工总承包单位进行工程深化设计、施工模拟、方案优化、工程进度及场地管理的参考。

（2）施工总承包单位、机电施工总承包单位及各分包单位应在 BIM 基础上密切配合，完成和实现 BIM 模型的各项功能，确保深化设计内容真实反映到 BIM 模型内，并积极利用 BIM 技术手段指导施工管理。

（3）施工总承包单位应统筹全专业包括建筑结构机电综合图纸，并按要求提供 BIM 所需的各类信息和原始数据，建立本工程所有专业的 BIM 模型。

（4）施工总承包单位需指定一名专职 BIM 负责人、相关专业（建筑、结构、水、暖、电、预算、进度计划、现场施工等）工程师组成 BIM 联络小组，作为

BIM 服务过程中的具体执行者，负责将 BIM 成果应用到具体的施工工作中。在采用 BIM 技术进行深化设计时应着重指出，BIM 的使用不能免除施工总承包单位及其他承包单位的管理和技术协调责任。

3.2.3 深化设计组织协调

深化设计涉及建设单位、设计单位、顾问单位及施工总承包单位等诸多项目参与方，应结合 BIM 技术对深化设计的组织与协调进行研究。

1. 深化设计组织协调原则

深化设计的分工一般按"谁施工，谁深化"原则进行。施工总承包单位就本项目全部深化设计工作对建设单位负责；施工总承包单位、机电施工总承包单位和各分包单位各自负责其所承包（直营施工）范围内的所有专业深化设计工作，并承担其全部技术责任，其专业技术责任不因审批与否而免除；施工总承包单位负责根据建筑、结构、装修等专业深化设计编制建筑综合平面图、模板图等综合性图纸；机电施工总承包单位根据机电类专业深化设计编制综合管线图和综合预留预埋图等机电类综合性图纸；合同有特殊约定的，按合同执行。

2. 深化设计的组织协调

施工总承包单位负责对深化设计的组织、计划、技术、组织界面等方面进行总体管理和统筹协调。

深化设计在整个项目中处于衔接初步设计和现场施工的中间环节，通常可以分为两种情况：其一，深化设计由施工总承包单位组织和负责，每一个项目部都有各自的深化设计团队；其二，施工总承包单位将深化设计业务分包给专门的深化设计单位，由该单位进行专业的、综合性的深化设计及特色服务。这两种方式是目前国内较为普遍的运用方式，在各类项目的运用过程中各有特色。所以，施工总承包单位的深化设计需根据项目特点和企业自身情况选择合理的组织方案。

3.2.4 深化设计组织架构

1. 深化设计组织架构

深化设计的最终成果是经过设计、施工与制作加工三者充分协调后形成的，需要得到建设方、原设计方和总承包方的共同认可。因此，对深化设计的管理要根据我国建设项目管理体系的设置，具体界定建设单位、总承包单位、分包单位、设计单位等参与主体的责任，使深化设计的管理有序进行。其组织架构如图 3-21 所示。

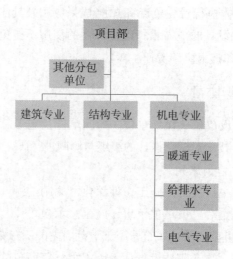

图 3-21 BIM 项目深化设计组织构架图

2.深化设计管理流程

基于 BIM 的深化设计流程不能够完全脱离现有的管理流程，必须符合 BIM 技术的特征，特别是对流程中的每一个环节涉及 BIM 的数据都要尽可能地详尽标准。

（1）制订深化设计实施方案和细则。① 施工总承包单位应组织所有相关的参与单位共同编制深化设计实施方案和细则，并签字上报，经 BIM 顾问单位、设计单位、建设单位批准后执行，用于指导和规范深化设计管理工作。② 深化设计实施方案和细则的内容包括：

a.深化设计的组织机构、管理职责及管理流程。

b.深化设计进度计划。

c.深化设计质量保证文件，BIM 表达形式和比例、送审 BIM 模型说明及清单、BIM 模型版本及必要的标识，以及深化设计成果的内容、格式、技术标准等的统一规定。

d.协调、会签、审批的程序和制度等。

（2）深化设计交底。① 深化设计开始前，由建设单位、监理单位组织原设计单位对施工图、合同图进行交底，明确设计意图和关键事项，并回答施工总承包单位和分包单位就原施工图、合同图提出的问题。② 深化设计开始前，施工总承包单位应就"深化设计实施方案、细则"的有关事项向分包单位进行交底。③ BIM 顾问单位提供支持 BIM 建模、校验与复核，同时建设单位、设计单位参与沟通并提供支持。④ 各专业深化设计完成并经审批同意、发布后，施工总承包单位负责组织分包单位召开深化设计交底会，进行深化设计交底，并做好交底记录：各深化设计单位根据各自负责的内容分别向相关单位和人员交底。

（3）深化设计样板。深化设计过程应与样板、样品批准协同进行，各深化设计单位应计划好深化设计与样板、样品的施工和送审时间，不得因样板、样品的修改，影响深化设计进度，在进行施工之前，深化设计单位应提供相应的 BIM 模型一同进行送审。

（4）深化设计会签。① 施工总承包单位负责对深化设计会签进行统一管理，明确会签期限、会签传递程序。各分包单位应服从施工总承包单位的深化设计会签规定。② 深化设计图纸完成后，应在深化设计单位内部组织会签。③ 机电深化设计图纸在提交施工总承包单位审核前，应由机电施工总承包单位组织相关专业单位进行会签。④ 深化设计图在提交建设单位审核前，应由施工总承包单位组织相关单位进行会签。⑤ 深化设计会签时应确认相应 BIM 模型的版本号是否一致。

（5）脚手架的布置流程。模板脚手架的设计是施工项目重要的周转性施工措施。由于模板脚手架设计的细节繁多，施工单位难以进行精细设计。基于 BIM 技术的模板脚手架软件在三维图形技术基础上，进行模板脚手架高效设计及验算，提供准确用量统计，与传统方式相比，大幅度提高了工作效率。

基于 BIM 技术的模板脚手架软件具有以下特征：

① 基于三维建模技术。

② 支持三维数据交换标准。工程实体模型需通过三维数据交换标准从其他设计软件导入。

③ 支持模板、脚手架自动排布。

④ 支持模板、脚手架的自动验算及自动材料统计。

目前常见的模板脚手架软件包括广联达模板脚手架软件、PKPM 模板脚手架软件、筑业脚手架、模板施工安全设施计算软件、恒智天成安全设施软件等，如表 3-2 所示。

表 3-2　基于 BIM 技术的主要模板脚手架软件表

序号	软件名称	说明
1	广联达模板脚手架设计软件	支持二维图纸识别建模，也可以导入广联达算量产生的实体模型辅助建模。具有自动生成模架设计验算及生成计算书功能

序号	软件名称	说明
2	PKPM模板脚手架设计软件	脚手架设计软件可建立多种形状及组合形式的脚手架三维模型，生成脚手架立面图、脚手架施工图和节点详图，可生成用量统计表，可进行多种脚手架形式的规范计算，提供多种脚手架施工方案模板。模板设计软件适用于大模板、组合模板、胶合板和木模板的墙、梁、柱、楼板的设计、布置及计算。能够完成各种模板的配板设计、支撑系统计算、配板详图、统计用表及提供丰富的节点构造详图
3	筑业脚手架、模板施工安全设施计算软件	汇集了常用的施工现场安全设施的类型，能进行常用的计算，并提供常用数据参考。脚手架工程包含落地式、悬挑式、满堂式等多种搭设形式和钢管扣件式、碗扣承插盘式等多种材料脚手架，并提供相应模板支架计算。模板工程包含梁、板、柱模板及多种支撑架计算，包含大型桥梁模板支架计算
4	恒智天成安全设施软件	能计算设计多种常用形式的脚手架，如落地式、悬挑式、附着式等，能计算设计常用类型的模板，如大模板、梁墙柱模板等能编制安全设施计算书，编制安全专项方案书，同步生成安全方案报审表、安全技术交底编制施工安全应急预案，进行建筑施工技术领成的计算

3.2.5　利用广联达软件新建工程

1.任务说明

根据广联达办公大厦建筑工程施工图，在软件中完成新建工程的各项设置

2.任务分析

（1）软件中新建工程的各项设置都有哪些？

（2）模板脚手架怎么布置？

3.任务实施

（1）新建工程

①启动软件进入如下"广联达BIM模板脚手架设计"界面，如图3-22所示：

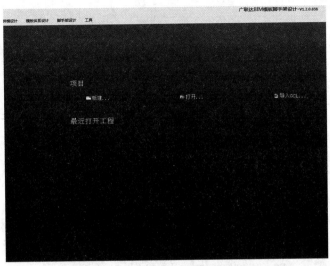

图 3-22　广联达 BIM 模板脚手架设计界面

软件介绍了三种模板脚手架的设计方法，下面介绍的为手动建模的过程。

② 鼠标左键点击"新建向导"，进入新建工程界面，如图 3-23 所示：

图 3-23　新建工程

③ 分析图纸。

层高的确定按照《广联达办公大厦》结施 -4 中的"结构层高"建立。

④ 建立楼层。

a. 软件默认给出首层和基础层。在本工程中，基础层的筏板厚度为 500mm，在基础层的层高位置输入 0.5m，板厚按照本层的筏板厚度输入 500mm。

b. 首层的结构底标高输入 -0.1m，层高输入 3.9m。鼠标左键选择首层所在的行，单击"插入楼层"，添加第 2 层，2 层高度输入 3.6m（本工程板厚都为 120mm）。

c. 按照建立 2 层同样的方法，建立 3 至 5 层，5 层层高为 3.4m，按照图纸把 5 层的名称改为"屋顶层"。各层建立后，如图 3-24 所示。

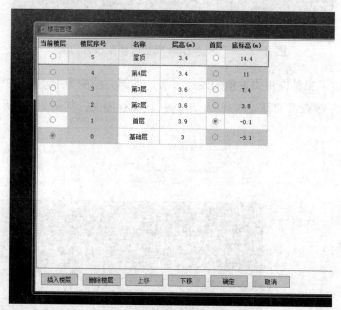

图 3-24　楼层管理

⑤ 绘制轴网。

a. 切换到绘图界面之后，选择模块导航栏构件中的"轴线"→"轴网"，单击右键，选择"定义"按钮，切换到轴网定义界面。

b. 单击"新建"按钮，选择"新建正交轴网"，新建"轴网 -1"。

c. 输入"下开间"：在"常用值"下面的列表选择要输入的轴距，双击左键即添加到轴距（或者在输入框中输入相应的轴网间距，单击"添加"按钮或者按回车键）；按照图纸从左到右顺序，"下开间"依次输入 3 300，6 000，6 000，7 200，6 000，6 000，3 300。

d.切换到"左进深"的输入界面，按照图纸从下到上的顺序，依次输左进深的轴距为 2 400，4 700，2 100，6 900。左右进深相同，复制左进深"定义数据"里的数据到右进深，点击生成轴网。

e.最后，单击轴网显示界面上方的"轴号自动生成"命令，软件自动调整轴号与图纸一致。

绘制轴网如图 3-25 所示。

图 3-25　绘制轴网

⑥ 柱的绘制。

在结构建模下打开柱命令如图 3-26 所示。

图 3-26　绘制柱

点击矩形柱，绘制柱子时候可以通过"点布"和"区域布置"方法。绘制完成后可通过鼠标左键对构件进行"动态观察"，如图 3-27 所示。

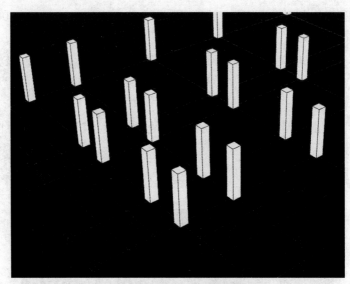

图 3-27　查看区域布置柱子

墙梁板绘制大体相同不再叙述，最后绘制情况如图 3-28 所示。

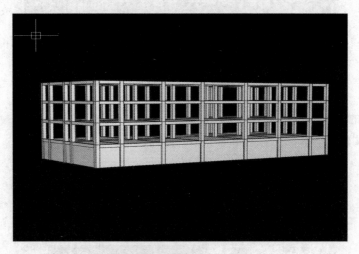

图 3-28　墙梁板绘制成果

⑦ 脚手架绘制。

在拼模设计页签里，通过材料属性和拼模参数可以设计面板的规格尺寸，点击材料属性可以设计木模板的长度、宽度以及厚度，如果规格里没有可以使用的规格，可以进行增加或修改，如图 3-29 所示。

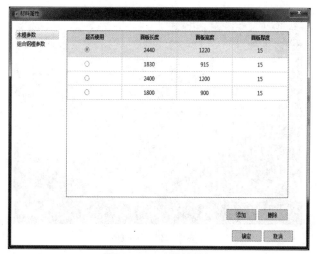

图 3-29　材料属性

同时软件也支持组合钢模板的拼设，定义好模板后点击确定，在拼模参数界面还可以设置墙梁板柱的上探值和下跨值以及最大缝隙和最小模板宽度等，如图 3-30 所示。

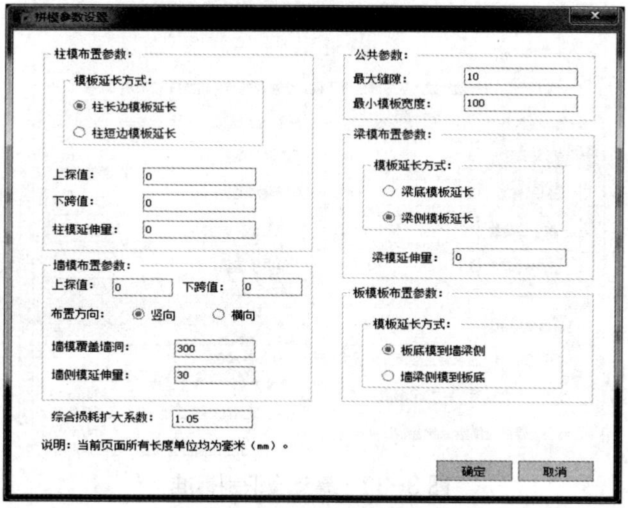

图 3-30　拼模参数界面

接下来就可以进行拼模了，拼模分为整层拼模和区域拼模，点击整层拼模然后确定，最后通过三维立体查看一下，如图 3-31 所示。

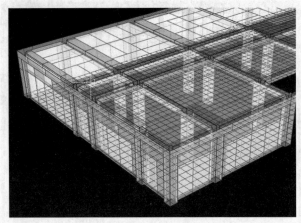

图 3-31　拼模

　　然后我们布置架体，在脚手架设计页签里，布置模板架体与模板设计类似，首先设计参数，设置好参数后进行布置就可以了。参数设置包括架体设置、布置参数、高支模标准，同时因为各地的高支模规范不同，我们还可以在里面设置高支模范围，如图 3-32 所示。

高支模识别标准				×

危大工程识别标准

参考规范　《危险性较大的分部分项工程安全管理规定》建办质 [2018] 31号　▾

危大工程		超危大工程	
搭设高度	5　　　m	搭设高度	8　　　m
搭设跨度	10　　　m	搭设跨度	18　　　m
施工总荷载	10　KN/m^2	施工总荷载	15　KN/m^2
集中线荷载	15　KN/m	集中线荷载	20　KN/m

荷载取值标准

参考规范　《建筑施工模板安全技术规范》JGJ162-2008　　　　　　　　▾

模板（不含支架）自重标准值G1k	0.2	kN/m^2
新浇筑混凝土自重标准值G2k	24	kN/m^3

图 3-32　高支模识别标准

　　参数设计好后，点击整层布置，再点击确定后即可，如图 3-33 所示。

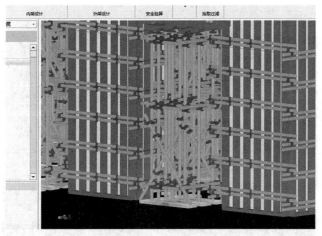

图 3-33　布置架体

　　布置好的参数也可以修改，布置好的架体有问题还可以清除架体，框选需要清除的构件。

　　（2）布置脚手架

　　分为轮廓布置和自动布置，自动布置要求有封闭的墙体，如果没有就需要按轮廓布置，自己手动绘制轮廓，布置脚手架和架体是相似的，首先设置参数，如图 3-34 所示。

图 3-34　设置参数

设计好参数后点击自动布置即可，然后点击全部楼层在三维视图看看效果，如图 3-35 所示。

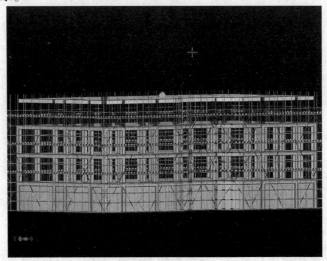

图 3-35　布置外脚手架

在架体设计里有安全通道，安全通道与构件一样需要先建立一个，如图 3-36 所示。

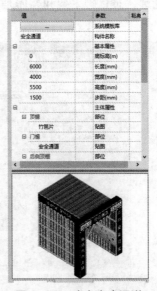

图 3-36　建立安全通道

然后在轮廓线上点击插入的位置，捕捉后点击确定即可，通过动态观察如图 3-37 所示。

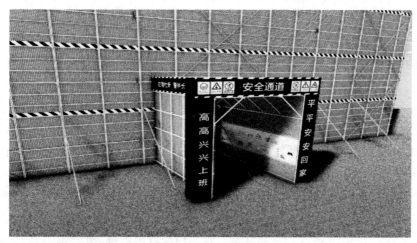

图 3-37　安全通道

3.3　工程造价管理

工程造价的管理和控制工作就是预决算，即预决算人员根据已经确定的施工图计算工程量、编制施工图预算，或在施工结束后根据图纸和施工组织设计以及现场施工签证记录等资料编制竣工决算。

3.3.1　BIM 与工程造价管理的关系

BIM 是个五维关联数据模型（几何模型 3D+ 时间进度模型 4D+ 成本造价模型 5D）。建立建筑信息模型后，可以实现协同设计、碰撞检查、虚拟施工和智能化管理等从设计到施工再到运维工程生命的全过程的可视化，可以精确测算实物量从而进行成本控制，可以把目标值精确地分解到每个时间节点和空间部位，可以进行可视化、精细化、智能化、节约化管理，这必将取代低效的传统模式。

工程基础数据是一切造价活动乃至管理和决策的前提和出发点，没有真实、准确、透明的工程基础数据，将导致决策的失误和管理的混乱，但基础数据又是个容易被忽视的环节。

基于 BIM 的工程量计算是指在设计或施工完成的模型基础上，深化和补充相关几何属性数据信息，建立符合工程量计算要求的模型，利用配套软件进行工程量计算的过程，关键是实现模型和工程量计算无缝对接，实现"一键智能化工程量计算"，极大提高多阶段、多次性、多样性工程量计算的效率与准确性。

基于 BIM 的工程量计算在不同阶段，存在不同应用内容。招投标阶段主要由建设单位主导，侧重于完整的工程量计算模型的创建与工程量清单的形成；施工实施阶段除体现建设单位的施工过程造价动态成本与招采管理外，更侧重于施工单位内部施工过程造价动态工程量的监控、维护与统计分析，强调施工单位自身合理有效的动态资源配置与管理；竣工结算阶段，由建设单位和施工单位依据竣工资料进行洽商，最终由结算模型来确定项目最后的工程量数据。采用不同的计量、计价依据，并体现不同的造价管理与成本控制目标。

投资估算编制是在项目决策阶段，对拟建工程进行项目投资估算。投资估算阶段一般（有达到工程量计算要求模型除外）模型的深度不满足 BIM 工程量计算的要求，不建议采用 BIM 工程量计算，宜采用估算指标或类似工程建安造价等估算。基于 BIM 的工程量计算一般宜从设计概算开始应用。

3.3.2 基于 BIM 的设计概算工程量计算

1. 目的和意义

设计概算工程量计算是在初步设计阶段由设计单位主导，构架整个项目的经济控制上限。具体做法是在初步设计模型的基础上，按照设计概算工程量计算规则进行模型的深化，从而形成可用于设计概算的模型，利用此模型完成设计概算工程量计算，辅以相应定额和材料价格自动计算建筑安装造价，以此提高工程量计算的效率和准确性。

2. 数据准备

（1）初步设计模型。

（2）与初步设计概算工程量计算相关的构件属性参数信息文件。

（3）概算工程量计算范围、计量要求及依据等文件。

3. 操作流程

（1）收集数据。收集工程量计算需要的模型和资料数据，并确保数据的准确性。

（2）确定规则要求。根据设计概算工程量计算范围、计量要求及依据，确定概算工程量计算所需的构件编码体系、构件重构规则与计量要求。

（3）编码映射。在初步设计模型的基础上，确定符合工程量计算要求的构件与分部分项工程的对应关系，并进行编码映射，将构件与对应的编码进行匹配，完成模型中构件与工程量计算分类的对应关系。

（4）完善构件属性参数。完善概算模型中构件属性参数信息，如"尺寸""材质""规格""部位""概算规范约定""特殊说明""经验要素"等影响概算的相关参数要求。

（5）形成设计概算模型。根据概算工程量计算的要求设定计算规则，利用软件工具在不改变原设计意图的条件下进行构件深化计算参数设置，以确保构件扣减关系的准确，最终生成满足概算工程量计算要求的设计概算模型。

（6）编制概算工程量表。按概算工程量计算要求进行"概算工程量报表"的编制，完成工程量的计算、分析、汇总，导出符合概算要求的工程量报表，并详述"编制说明"。

4. 成果

（1）设计概算模型。模型应准确体现计量要求，可根据空间（楼层）、时间（进度）、区域（标段）、构件属性参数及时、准确地统计工程量数据；模型应准确表达概算工程量计算的结果与相关信息，可配合设计概算相关工作。

注：形成设计概算模型即工程量计算模型是目前 BIM 工程量计算的一种做法，随着应用的成熟和规则的优化，可直接利用初步设计模型进行工程量计算。

（2）编制说明。说明应表述本次计量的范围、模型深化规则、要求、依据及其他内容。

（3）概算工程量报表。工程量报表应准确反映构件净的工程量（不含相应损耗），并符合行业规范与本次计量工作要求，作为设计概算的重要依据。

3.3.3　基于 BIM 的施工图预算与招投标清单工程量计算

1. 目的和意义

施工图预算与招投标工程量清单计算是在工程施工图和招标阶段，在施工图设计模型基础上，依据招投标相关要求，附加招投标信息，按照招投标确定的工程量计算原则，深化施工图模型，形成施工图预算模型，利用模型编制施工图预算和招标工程量清单；同时再辅以相应预算定额、材料价格自动计算最高投标限价，实现"一键工程量计算"，以提高施工图预算工程量计算和工程量清单编制的效率和准确性。

2. 数据准备

（1）设计概算成果文件（用来进行与施工图预算成果进行比对）。

（2）供招投标使用的施工图设计文件。

（3）与招投标工程量计算相关的构件属性参数信息文件。

（4）招投标工程量计算范围、计量要求及依据等文件。

3. 操作流程

（1）收集数据。收集工程量计算和计价需要的模型和资料数据，并确保数据的准确性。

（2）确定规则要求。根据招投标阶段工程量计算范围、招投标工程量清单要求及依据，确定工程量清单所需的构件编码体系、构件重构规则与计量要求。

（3）编码映射。在用于招标的施工图设计模型基础上，确定符合工程量计算要求的构件与分部分项工程的对应关系，并进行工程量清单编码映射，将构件与对应的工程量清单编码进行匹配，完成模型中构件与工程量计算分类的对应关系。

（4）完善构件属性参数。完善预算模型中构件属性参数信息，如"尺寸""材质""规格""部位""工程量清单规范约定""特殊说明""经验要素""项目特征""工艺做法"等影响工程量清单计算的相关参数要求。

（5）形成施工图预算模型。根据工程量清单统计的要求设定工程量清单计算规则，在不改变原设计意图的条件下进行构件重构与计算参数设置，以确保构件扣减关系的准确性，最终生成满足招投标阶段工程量清单编制要求的"施工图预算模型"。

（6）编制工程量清单。按招标工程量清单编制要求，进行工程量清单的编制，完成工程量的计算、分析、汇总，导出符合招投标要求的工程量清单表及编制说明。

（7）施工图预算工程量计算和编制。施工单位在施工准备阶段，可深化施工图模型和预算模型，利用审核确认的模型编制细化工程量清单和精确工程量，配合进行目标成本的编制、招采与资源计划的制定。

4. 成果

（1）施工图预算模型。模型应准确体现计量要求，可根据空间（楼层）、时间（进度）、区域（标段）、构件属性参数及时、准确地统计工程量数据；模型应准确表达预算工程量计算的结果与相关信息，可配合招投标相关工作。

注：形成施工图预算模型即工程量计算模型是目前 BIM 工程量计算的一种做法，随着应用的成熟和规则的优化，可直接利用施工图模型进行工程量计算。

（2）编制说明。说明应表述本次计量的范围、要求、依据以及其他内容。

（3）预算工程量报表。工程量报表应准确反映构件净的工程量（不含相应损耗），并符合行业规范与本次计量工作要求，作为招投标和目标成本编制的重要依据。

3.3.4　基于 BIM 的施工过程造价管理工程量计算

1. 目的和意义

施工过程造价管理工程量计算是在施工图设计模型和施工图预算模型的基础上，按照合同规定深化设计和工程量计算要求深化模型，同时依据设计变更、签证单、技术核定单、工程联系函等相关资料，及时调整模型，进行变更工程量快速计算和计价，同时附加进度与造价管理相关信息，通过结合时间和成本信息实现施工过程造价动态成本的管理与应用、资源计划制订中相关量的精准确定、招采管理的材料与设备数量计算与统计应用、用料数量统计与管理应用，提高施工实施阶段工程量计算的效率和准确性。

2. 数据准备

（1）施工图设计模型和施工图预算模型。

（2）与施工过程造价管理动态工程量计算相关的构件属性参数信息文件。

（3）施工过程造价管理动态管理的工程量计算范围、计量要求及依据等文件。

（4）进度计划。

（5）设计变更、签证、技术核定单、工作联系函、洽商等过程资料。

3. 操作流程

（1）收集数据。收集施工工程量计算需要的模型和资料数据，并确保数据的准确性。

（2）形成施工过程造价管理模型。在施工图设计模型和施工图预算模型的基础上，根据施工实施过程中的计划与实际情况，在构件上附加"进度"和"成本"等相关属性信息，生成施工过程造价管理模型。

（3）维护调整模型。根据经确认的设计变更、签证、技术核定单、工作联系函、洽商纪要等过程资料，对施工过程造价管理应用的模型进行定期的调整与维护，确保施工过程造价管理模型符合应用要求。对于在施工过程中产生的新类型的分部分项工程按前述步骤完成工程量清单编码映射、完善构件属性参数信息、构件深化等相关工作，生成符合工程量计算要求的构件。

（4）施工过程造价动态管理。利用施工造价管控模型，按"时间进度""形象进度""空间区域"实时获取工程量信息数据，并进行"工程量报表"的编制，完成工程量的计算、分析、汇总，导出符合施工过程管理要求的工程量报表和编制说明，实现施工实施过程中施工过程造价管理动态管理。

（5）施工过程造价管理工程量计算。利用施工造价管理模型，进行资源计划的制订与执行，动态合理地配置项目所需资源；同时，在招采管理中高效获取精准的材料、设备等的数量，与供应商洽谈并安排采购；最终，在施工过程中对用料领料进行精益管理，实现所需材料的精准调配与管理。

4.成果

（1）施工过程造价管理模型。模型应准确体现计量要求，可根据空间（楼层）、时间（进度）、区域（标段）、构件属性参数及时、准确地统计工程量数据；模型应准确表达施工过程中工程量计算的结果与相关信息，可配合施工工程造价管理相关工作。

注：形成施工过程造价管理模型即工程量计算模型是目前 BIM 工程量计算的一种做法，随着应用的成熟和规则的优化，可直接利用施工图深化模型进行工程量计算。

（2）编制说明。说明应表述过程中每次计量的范围、要求、依据以及其他内容。

（3）施工过程造价管理工程量报表。获取的工程量报表应准确反映构件净的工程量（不含相应损耗），并符合行业规范与本次计量工作要求，作为施工过程动态管理重要依据。

3.3.5 基于 BIM 的竣工结算工程量计算

1.目的和意义

竣工结算工程量计算是在施工过程造价管理应用模型的基础上，依据变更和结算材料，附加结算相关信息，按照结算需要的工程量计算规则进行模型的深化，形成竣工结算模型并利用此模型完成竣工结算的工程量计算，以此提高竣工结算阶段工程量计算的效率和准确性。

2.数据准备

（1）施工过程造价管理模型。

（2）与竣工结算工程量计算相关的构件属性参数信息文件。

（3）结算工程量计算范围、计量要求及依据等文件。

（4）与结算相关的技术与经济资料等。

3. 操作流程

（1）收集数据。收集竣工结算需要的模型和资料数据，并确保数据的准确性。

（2）形成竣工结算模型。在最终版施工过程造价管理模型的基础上，根据经确认的竣工资料与结算工作相关的各类合同、规范、双方约定等相关文件资料进行模型的调整，生成竣工结算模型。

（3）审核模型信息。将最终版施工过程造价管理模型与竣工结算模型进行比对，确保模型中反映的工程技术信息与商务经济信息相统一。

（4）编码映射和模型完善。对于在竣工结算阶段中产生的新类型的分部分项工程按前述步骤完成工程量清单编码映射、完善构件属性参数信息、构件深化等相关工作，生成符合工程量计算要求的构件。

（5）形成结算工程量报表。利用经校验并多方确认的竣工结算模型，进行"结算工程量报表"的编制，完成工程量的计算、分析、汇总，导出完整、全面的结算工程量报表，并编制说明，以满足结算工作的要求

4. 成果

（1）竣工结算模型。模型应准确体现计量要求，可根据空间（楼层）、时间（进度）、区域（标段）、构件属性参数及时、准确地统计工程量数据；模型应准确表达结算工程量计算的结果与相关信息，可配合施工工程造价管理相关工作。

注：形成竣工结算模型即工程量计算模型是目前 BIM 工程量计算的一种做法，随着应用的成熟和规则的优化，可直接利用竣工模型进行工程量计算。

（2）编制说明。说明应表述本次计量的范围、要求、依据以及其他内容。

（3）结算工程量报表。工程量报表应准确反映构件净的工程量（不含相应损耗），并符合行业规范与本次计量工作要求，并作为工程结算的重要依据。

3.3.6　工程变更、索赔管理

1. BIM 在工程变更中的作用

设计变更直接影响工程造价，施工过程中反复变更设计图会导致工期和成本的增加，而变更管理不善会导致进一步的变更，将使得成本和工期目标处于失控状态，BIM 的应用有望改变这一局面。

2. 工程进度款支付

BIM 技术的进款结算功能十分全面，值得推广与应用，比如框图出量、框图计价等功能，使工程量的拆分汇总变得更加形象与方便，这样可以形成造价进度文件，为工程结算工作提供有效的支持。

3.3.7 BIM 在工程造价管理上的优点

1. 直观可视

采用 BIM 技术之后，只要建立可视化的 BIM 模型，将项目的预期要求传递给设计单位，就大大减少了实际施工中发生的施工返工及设计变更等问题，从而降低建设单位的成本。

2. 快速精确

通过建立 BIM 模型可以对建筑工程任意一个构件进行信息的添加与描述，尤其是定额信息和市场价格信息的储存，极大地方便了造价工作人员。此外，BIM 模型可保存工程项目从决策阶段到项目竣工验收的全部工程信息，以及全过程各项构件在各个阶段的价格，更使得施工阶段的价格调整变得清晰透明，有利于业主方监督控制施工过程情况，从而解决信息处理速度迟缓的问题。

3. 信息共享

建立共享的 BIM 协同平台，可以集成项目参与各方的数据信息进行协调作业，避免冲突，缩短信道。同时，基于 BIM 的协同平台，可以降低项目参与各方反复修改方案的成本，更可减少设计文件出现错误造成后期工程设计变更的风险。

4. 完整传递

BIM 模型可以把项目各阶段的信息整合在一起，进行整合传递等工作，将建设单位的意图、建设单位的设计方案、施工单位的实际施工情况有效地向信息下游传递。因此，BIM 模型相对于传统工程项目各个阶段之间的信息传递脱节情况，能够大大减少信息流失。

3.4 砌体排布

医院门急诊医技楼项目层高高、部分房间跨度大、房间类型多样，砌体工程施工复杂，通过 BIM 技术模拟现场砌体排布，可以解决以下问题：精确计算每一道墙的工程量，减少二次搬运；模拟墙体排布，降低人工排布的错误率，提高施工的质量及进度；降低砌体的损耗率，最大限度地节约成本。

砌体排布能解决以下问题：解决二次结构的排布，避免通缝、小砖，正确预留门窗洞口、过梁位置；统计不同规格的砌块用量，半砖要合理搭配，减少浪费；为物资供料提供数量，减少二次搬运；为项目成本部提供核算数量，为物资部提供供料的数量；为一线工人提供砌筑排布图纸，指导砌筑施工。最终实现限额供料，限额领料，减少不必要的损耗，减少二次搬运的目标。

物资部：按规格、数量定额供料。 砌筑班组：实施砌筑。 砌筑班组：按规格加工砌块。

1. 过程把控和检视

由质量人员，对 BIM 排砖交底资料和现场制作、砌筑质量进行巡视，发现问题，及时提出，监督整改，保证整个过程按上述作业流程进行。

2. 考核标准

损耗率控制在 1%。砌筑检验批一次施工质量合格率达 100%。现场无二次搬运现象。

3. 采用的目标评估方式

砌体排布具体流程如图 3-38 所示。

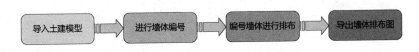

图 3-38 砌体排布流程

（1）软件操作思路（见表 3-3）。

表 3-3 软件操作思路表

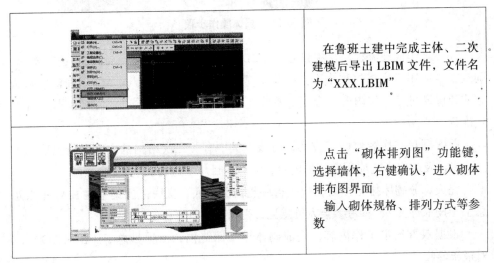

	在鲁班土建中完成主体、二次建模后导出 LBIM 文件，文件名为"XXX.LBIM"
	点击"砌体排列图"功能键，选择墙体，右键确认，进入砌体排布图界面 输入砌体规格、排列方式等参数

续　表

| 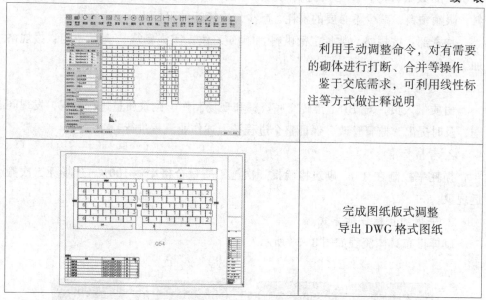 | 　利用手动调整命令，对有需要的砌体进行打断、合并等操作
　鉴于交底需求，可利用线性标注等方式做注释说明 |
| 　 | 完成图纸版式调整
导出 DWG 格式图纸 |

（2）具体操作步骤（见图 3-39）。

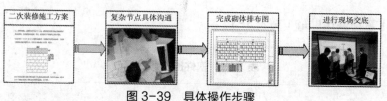

图 3-39　具体操作步骤

（3）工作推进流程。与项目总工（BIM 负责人）商议，对工作内容进行划分，确定在本应用点实施过程中双方人员的工作内容，并由双方人员签字确认，确认方式建议通过《工作内容界定表》签收，或通过 BIM 周例会会议纪要、邮件等方式确认。

获取项目二次装修施工方案，对该方案中有关二次结构的内容进行提取，方案中未涉及的但影响应用实施的内容，应与项目总工进行明确。

完成部分砌体排布图后，应进行一轮内部交底，交底范围集中在 BIM 小组及总工（技术科长），参考参会人员意见，视情况进行完善。

根据双方约定工作内容，完成砌体排布图终稿，由项目总工（BIM 负责人）对成果签收。

（4）注意事项。前置应用：构造柱平面定位图、预留洞扣定位图（二次）。

适用对象：鲁班施工砌体排布功能目前支持十字墙、丁字墙的自动排布，对弧形墙、斜墙等暂不支持。

常见规范：尽量使用主规格砌块；砌块应错缝搭砌，搭砌长度不得小于块高的 1 / 3，也不应小于 150 mm。排布规则以该项目"二次装修方案"具体说明为准。

4. 医院门急诊医技楼项目砌体排布

（1）模拟现场排布 BIM 模型（见图 3-40）

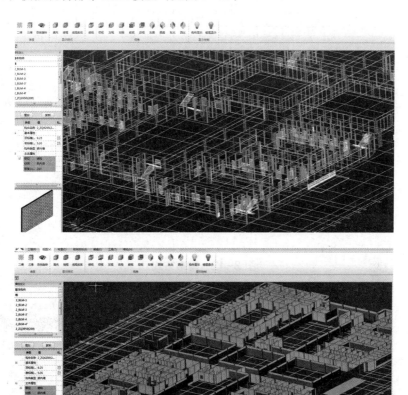

图 3-40　BIM 模型

（2）模拟现场排布说明

生成墙体排布详图（见图 3-41），查看排布方式（见图 3-42）。

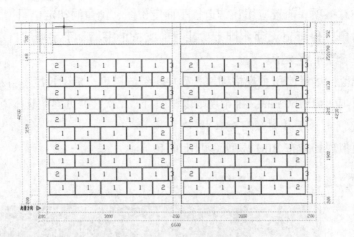

图 3-41　墙体排布详图

砌块排布

序号	材质	规格	单位	工程量
1	砼加气块	600*200*300	块	77
2	砼加气块	550*200*300	块	1
3	砼加气块	540*200*300	块	6
4	砼加气块	360*200*300	块	6
5	砼加气块	300*200*300	块	11
6	砼加气块	250*200*300	块	1
7	砼加气块	240*200*300	块	6
8	细石砼C25 顶		m3	0.16
9	灰缝	—	m3	0.21

图 3-42　排布方式

第4章 BIM技术在施工段的应用

BIM技术是现代信息技术在建筑行业应用的新成果，该技术以建筑工程的相关数据为基础，建立工程项目的信息化模型，实现设计施工可视可控。BIM技术的运用提高了决策的科学性和准确性，有利于提高工程质量，减低工程成本。运用BIM新兴技术将大量的工程相关信息整合，促进管理者管理施工进度、节省投资费用、提高工程质量、保证施工安全、减少决策风险，为项目各参与方提供实时数据，弥补传统项目管理方式数据获取的不精确性以及不及时性。

4.1 进度管理

4.1.1 进度管理的重要性

工程项目进度管理是项目管理的核心内容，通过合理地安排施工进度、劳动力分配、机器设备的采用、物资材料的利用和分配及资金的使用情况，按照规定的时间规定的任务量完成满足质量要求的工程项目。工程进度与质量是一对辩证统一的关系，进度快可能影响质量，而质量控制严格就可能影响进度，但如果质量控制严格而避免了返工，又会加快进度，还可减少不必要的成本支出。因此，进行工程进度控制的根本目的，是对工程质量起到促进和保证作用。

影响施工进度的因素有很多种，如人为因素、资源因素、技术因素、自然因素等。在不同的因素影响下就要制订一套合理严密的施工进度管理计划。良好的施工进度管理计划可以敦促一个工程的进度日程，保证工程进度。若发生偏差，要及时地采取相应的措施，确保总体进度目标尽可能地接近计划工期。

4.1.2 BIM在施工进度管理中的应用价值

通常将基于BIM的进度管理称为"4D管理"，在3D的基础上增加一维进度信息。第一步建立WBS工作分解结构，可以通过相关BIM应用软件完成。将WBS作业的进度、资源等信息与BIM模型图元信息链接，即可实现4D进度计划。

基于 4D-BIM 模型的应用，将 BIM 与进度管理集成，可为项目管理人员提供进度管理新的功能和数据支持。应用 BIM 技术改进传统的施工进度管理流程，利用 BIM 可视化优势对施工组织设计中的关键工程穿插、专项施工方案、资源调配等进行模拟，通过虚拟评估进度计划的可行性，识别关键控制点，基于 4D-BIM 模型对施工组织设计和项目实施的各级计划进行优化模拟。

基于集成 BIM 后的施工进度管理，可以将参与方从复杂的计划图、图纸中解放出来，以直观形象的 3D 模型作为沟通的载体，方便建筑项目各阶段、各专业之间的沟通与交流，减少信息过载或信息流失带来的损失，提高参与方的工作效率。

根据 Autodesk 公司的统计，利用 BIM 技术可改善项目产出和团队合作 79%，三维可视化更便于沟通，缩短 5% ～ 10% 的施工周期，减少 20% ～ 25% 的各专业协调时间。15% 的业主利用 BIM 压缩工期 10%。可见 BIM 技术的价值是巨大的。突破二维的限制，是 BIM 技术在进度管理过程中突出的优势，主要体现在以下几个方面。

1.进度可视化，提升全过程协同效率

目前工程进度控制的核心技术为网络计划技术，但由于网络图相对复杂，不够直观，在我国应用效果不够理想。在这一方面，基于 3D 的 BIM 沟通语言，简单易懂、可视化好，大大加快了沟通效率，减少了理解不一致的情况；而且基于互联网的 BIM 技术能够建立起强大高效的协同平台，可以按照月、周、日直观地显示工程进度计划，所有参建单位在授权的情况下，可随时、随地获得项目最新、最准确、最完整的工程数据，从而减少传递时间的损失和版本不一致导致的施工失误。一方面便于不同专业的施工人员了解目前工程的进度，选择合理的施工方案，通过 BIM 软件系统的计算，减少了沟通协调的问题，同时也减少了协同的时间投入；另一方面，现场结合 BIM、移动智能终端拍照，大大提升了现场问题沟通效率，便于管理人员发现计划进度的差异，及时进行调整。

2.提高设计质量，减少变更和返工进度损失

BIM 技术强大的碰撞检查功能，十分有利于减少进度浪费。大量的专业冲突拖延了工程进度，大量废弃工程、返工的同时也造成了巨大的材料、人工浪费。当前的产业机制造成设计和施工的分家，设计院为了效益，尽量降低设计工作深度，交付成果很多是方案阶段成果，而不是最终施工图、里面充满了很多深入下去才能发现的问题，需要施工单位的深化设计，由于施工单位技术水平有限和理解问题，特别是当前三边工程较多的情况下，专业冲突十分普遍、返工现象十分常见。在中国当前的产业机制下，利用 BIM 系统实时跟进设计，能够第一时间发

现问题解决问题，尤其是在施工以前解决问题，推送给施工阶段的问题大大减少带来的进益和其他效益都是十分惊人的。

3. 精确计算工程量，加快招投标组织工作

设计基本完成，要组织一次高质量的招投标工作，编制高质量的工程量清单要耗时数月。一个质量低下的工程量清单将导致业主方巨额的损失，利用不平衡报价很容易造成更高的结算价。利用基于 BIM 技术的算量软件系统，大大加快了计算速度和计算准确性，加快招标阶段的准备工作，同时提升了招标工程量清单的质量。

4. 支持"先试后建"模拟，优化施工进度计划

完整的项目是由多个工序按照逻辑顺序进行搭接的，由于项目逐渐大型化、复杂化、由传统技术人员人工确定工序逻辑面临着很大的困难，难免出现不可避免的错误。由于工程项目有显著的一次性和个性化等特点，在传统的工程施工进度管理中，缺乏"先试后建"的技术支持，导致在工程施工阶段发现很多的问题，给工程带来了巨大的风险和不可预见的成本。而 BIM 技术可以在计算机平台上模拟工序之间的顺序，提前发现当前的工程设计方案以及拟定的工程施工组织设计方案在时间和空间上存在的错漏、冲突，管理人员由过去管理的被动地位转变为主动地位，不花费成本地及时进行动态调整，降低管理成本，降低项目风险。

5. 加快生产与采购计划编制，优化资源配置

目前项目建设过程越来越复杂，参与方越来越多，工程经常因生产计划、采购计划编制缓慢损失了进度。急需的材料、设备不能按时进场，造成窝工影响了工期。BIM 技术的应用，改变了这一切，通过计算机的数据计算功能、资源优化功能，能够提高供应效率和保证工程进度的目标，随时随地获取准确数据变得非常容易，制订生产计划、采购计划大大缩短了用时，加快了进度，同时提高了计划的准确性。

6. 加快支付审核，提高施工效率

当前很多工程中，由于过程付款争议挫伤了承包商的积极性，影响到承包商的积极性。业主方利用 BIM 技术的数据能力，快速校核反馈承包商的付款申请单，则可以大大加快期中付款反馈机制，提升双方战略合作成果。

7. 提升项目决策效率，减少施工等待时间

传统的工程实施中，由于大量决策依据、数据不能及时完整地提交出来，决策被迫延迟，或因决策失误造成工期损失的现象非常多见。实际情况中，只要工程信息数据充分，决策并不困难，难的往往是决策依据不足，数据不充分，有时导致领导难以决策，有时导致多方谈判长时间僵持，延误工程进展，BIM 形成工程项目的多维度结构化数据库，整理分析数据几乎可以实时实现，完全没有了这方面的难题。

8.加快工程交付资料准备，提高工程进度

基于 BIM 的工程实施方法，过程中所有资料可随时挂接到工程 BIM 数字模型中，竣工资料在竣工时即已形成。竣工 BIM 模型在运维阶段还将为业主方发挥巨大的作用。

4.1.3 BIM5D 在施工中的应用

在工程中利用 BIM 技术进行进度管理模拟较多的是利用基于 BIM5D 的施工进度管理，其是指在 3D 模型的基础上关联时间维度信息，利用计算机进行动态的施工过程模拟，以此为依据，编排最优施工进度计划，安排最优的施工顺序。通过模型构建与生产时间节点相关联，自动生成项目生长模型。帮助生产管理人员及时了解项目执行进度状况，合理安排生产计划，提前规避工作面冲突，直观监控工程进度，有针对性地实行扬尘治理措施；并对计划工期进行相应调整，保证在之后的施工过程中继续对进度进行管控。

施工阶段是一个项目最为重要的阶段，如果能有一套成型或者较为优良的系统可以使施工变得简单快捷，从而大幅降低施工成本、简化施工程序、提高施工质量、缩短工期，势必造福建筑行业。BIM 技术的出现，似乎让这一切变得可行，而 BIM5D 平台产品更是将 BIM 可视化，集成性、关联性等优势发挥到极致。基于 BIM5D 平台可以在整合的三维模型基础上，从任意维度看到进度、资源、资金、成本的情况，方便进行技术方案推演，提前规避问题，合理协调劳动力和工作面资源，实现项目精细化管理。

基于 BIM5D 的施工进度管理主要内容，体现在：

（1）通过对施工的模拟，动态展现进度计划。

（2）因人为或者不可控因素而造成的进度计划改变，可通过修改 BIM5D 模型，重新对施工进度进行安排，根据模拟情况，重新编制最优的进度计划。

（3）通过对施工过程中实际进度的监控，第一时间发现进度偏差，分析原因，及时采取措施纠正偏差。

BIM 在工程中的价值是毋庸置疑的，其价值在于以下几点：

（1）通过直观真实、动态可视的施工全程模拟和关键环节的施工模拟，可以展示多种施工计划和工艺方案的实操性，择优选择最合适的方案。

（2）利用模型对建筑信息的真实描述特征，进行构件和管件的碰撞检测并优化，对施工机械的布置进行合理规划，在施工前尽早发现设计中存在的矛盾以及施工现场布置的不合理，避免"错、缺、漏、碰"和方案变更，提高施工效率和质量。

（3）施工模拟技术是按照施工计划对项目施工全过程进行计算机模拟，在模拟的过程中会暴露很多问题，如结构设计、安全措施、场地布局等各种不合理问题，这些问题都会影响实际工程进度，早发现早解决，并在模型中做相应的修改，可以达到缩短工期的目的。

当施工结束后，自动形成的完整的信息数据库，为工程在施工阶段建立基于BIM 的管理系统，该系统可以集成对文档的搜索、查阅、定位功能，充分提高数据检索的直观性，提高相关数据的利用率。施工结束后，自动形成的完整数据信息库，可以为后期运维及工作人员提供快速查询及定位。同时，项目竣工后 BIM模型中的所有构件都包含了全部的数据信息及属性，这样可为运维方提供强有力的数据支持，方便运维方指定维护计划、指定运营规划，大大提高了运维效率，降低了成本。

传统的施工组织设计及方案优化流程是由项目人员熟悉设计施工图纸、进度要求、现场资源情况，进而编制工程概况、施工部署以及施工平面布置，并根据工程需要编制工程投入的主要施工机械设备和劳动力投入等内容，在完成相关工作之后提交监理单位审核，审核通过后，相关工作按照施工组织设计执行。

在某县人民医院的工程前期设计中，BIM 技术运用到极致，利用 BIM5D 技术设计模拟工程施工进度，将普通的 3D 模型导入广联达 BIM5D 软件，利用软件进行模型的建立和施工进度的演示。项目利用 BIM5D 软件对现场砌体进行排布，依据现场情况进行一键智能排砖，从而代替手工排砖，生成技术交底文件，指导现场施工，从整体上提高施工效率。

通过广联达算量软件，提前提取模型中相应位置的工程量信息，项目中根据提供的工程量来控制材料的采购与相关施工班组进场，将工程量导入到广联达计价软件，完成计价，解决工程造价人员任务量大、效率低的问题。通过 BIM5D，对项目中标价、预算成本、实际成本进行三算对比，得到项目的盈亏分析报表，保障项目及时发现成本问题。具体流程如下。

1. 软件操作思路

（1）在广联达算量软件中绘制钢筋、土建、机电模型，最后以 IGMS 文件格式导出文件，文件名为"某县医院 .IGMS"（见图 4-1）。

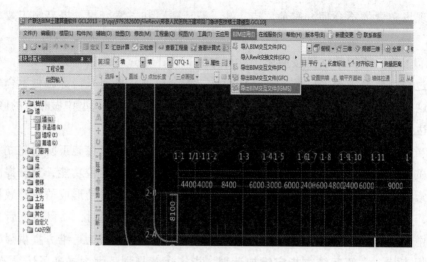

图 4-1　导出 IGMS 文件

（2）在 BIM5D 中新建工程，然后导入 IGMS 文件格式的算量文件，同时导入预算文件。

（3）进行清单关联和匹配（见图 4-2）。

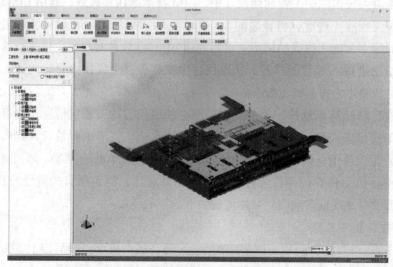

图 4-2　清单关联与匹配

（4）导入进度计划。

（5）划分流水段并关联对应构件（见图 4-3）。

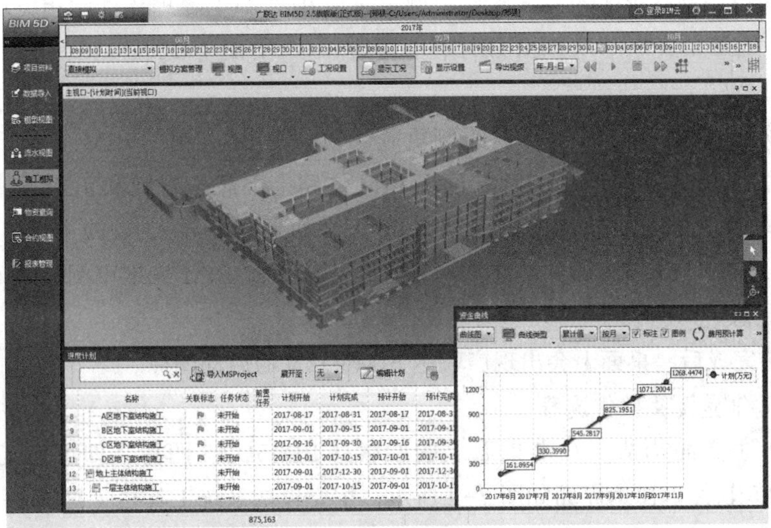

图 4-3　划分流水段并关联对应构件

（6）选中进度计划中的每一条任务与对应模型作关联，进行施工进度模拟。

2.工作推进流程

（1）与项目总工（BIM 负责人）商议，对工作内容进行划分，确定在本应用点实施过程中双方人员的工作内容，并由双方人员签字确认，确认方式建议通过过 BIM 周例会会议纪要、邮件等方式确认。

（2）施工方获取项目二次装修施工方案，对该方案中有关二次结构的内容进行提取，方案中未涉及的，但影响应用实施的内容，应与项目总工进行明确。

（3）完成进度控制目标后，应进行一轮内部交底，交底范围集中在 BIM 小组及总工（技术科长），参考参会人员意见，视情况进行完善。

（4）根据双方约定工作内容，完成进度控制计划终稿，由项目总工（BIM 负责人）对成果进行签收。

4.2　BIM5D 的软件操作

BIM 是一个信息中心，其信息量巨大，且不同组织对 BIM 的信息需求不同，希望达成的目标也不同。因此，在应用 BIM 前，应先明确目标。本节中以建筑施工企业的 BIM 应用为目标进行介绍。

下面以广联达 BIM5D2.5 软件为例，介绍 BIM 施工管理软件的相关功能及操作流程，希望对大家学习 BIM 软件有所帮助。

1. BIM5D 软件的安装

BIM5D 软件为广联达研发的侧重施工阶段 BIM 应用的 BIM 平台。用户可以在广联达 BIM 系列产品的官方论坛 BIM 之路上下载学习版和正式版的广联达 BIM5D 软件。学习版软件的试用期为 30 天。如果需要导入 Revit 模型，还需要同时下载 Revit for 5D 插件。在该网站上还可以下载 BIM 三维审图软件 GMC 和 BIM 浏览器。

安装完成后，桌面上会出现广联达 BIM5D2.5 的启动图标。

2. 工作界面及操作流程

（1）主界面构成。双击桌面上的广联达 BIM5D2.5 图标，即可启动广联达 BIM5D2.5 软件。初始界面如图 4-4 所示，主要包括系统工具栏（见图 4-5）、屏幕菜单栏、快速访问栏和快速指南区（见图 4-6）等。

（2）单击启动界面左上角的 BIM5D 图标，弹出系统工具栏界面，进行新建工程、打开工程、导入 5D 工程包等操作。

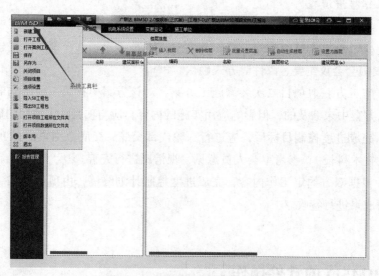

图 4-4　BIM5D 软件启动界面

图 4-5　系统工具栏下拉菜单　　　图 4-6　快速指南区图示

（3）屏幕菜单栏主要包括新建工程、打开工程、保存工程、设置和关闭当前工程等五个快捷功能操作按钮。

（4）BIM4D 启动界面的中间区域是快速访问栏，可以进行新建工程、打开工程和打开最近工程文件的操作。

（5）在启动界面的右侧区域是软件的快速指南区，在这里可以进行联网视频学习。

下面通过一个简单的案例工程向大家演示广联达 BIM5D2.5 软件的具体操作步骤。

注意：使用 BIM5D 软件时，请提前使用广联达相关软件将所建工程项目的土建建模型、GMT、钢筋模型、GGJ、三维施工场地模型导出 IGMS 格式文件，并使用 Office Project 软件编写工程项目进度计划表以备在 BIM5D 软件导入使用。

3. 软件操作流程图

BIM4D2.4 软件的操作流程如图 4-7 所示。

4. 案例展示及软件操作

（1）新建工程。第一步：双击桌面上的快捷方式广联达 BIM5D2.5 图标，

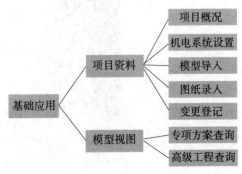

图 4-7　软件操作流程图

启动 BIM5D2.5 软件。第二步：单击"新建工程"按钮，在弹出的对话框中输入所建工程的项目信息，即项目的"工程名称"和"工程存放路径"。系统默认的存放路径是存放在软件安装盘所在的 WorkSpace 文件夹中，也可以通过单击"浏览"按钮自行设置项目文件的存放路径，如图 4-8 所示。第三步：单击"下一步"按钮，进行所建项目的属性编辑，包括工程名称、工程地点、工程造价、建筑规模、开工日期、竣工日期、建设单位、设计单位、施工单位等属性，通过单击属性栏中所对应的条目将所建项目的信息录入到对应的选项卡中，最后单击"完成"按钮，完成新建工程的设置向导，如图 4-9 所示。

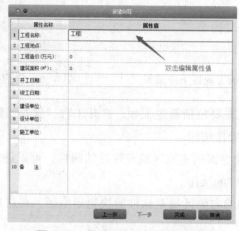

图 4-8　新建工程项目信息设置

图 4-9　新建工程属性编辑

（2）项目资料设置。完成新建项目的设置向导后，系统会自动弹出"项目资料"设置界面，用户可以在此界面完成项目概况、单体楼层设置、机电系统设置、模型导入、图纸录入、变更登记、施工单位等操作。

第一步：在项目概况栏下添加项目效果图。单击项目概况栏下的"添加效果图"按钮。可以上传添加多张本地格式为 PNG、JPG、JPNG 格式的图片文件作为所建项目的效果图，如图 4-10 所示。上传多张效果图时，可以左右切换查看。

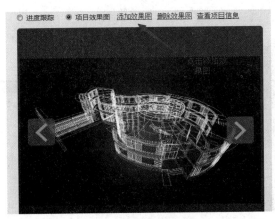

图 4-10　添加效果图

第二步：可以对上传的效果图进行删除操作，通过单击"删除效果图"按钮，即可删除已上传的图片。

第三步：可以通过单击"查看项目信息"按钮，对先前保存的所建项目的设置向导资料进行查看或更改。

第四步：单击"模型导入"按钮，在弹出的对话框中有实体模型、措施模型、场地模型和施工机械四种模型导入窗口；首先，我们选择"实体模型"导入窗口；然后，单击　新建分组　按钮。将新建分组命名为"土建"，单击"添加模型"按钮，将准备好的本地存放的土建建模模型（导出 IGMS 格式文件）文件添加到实体模型中；可以根据此步骤完成"钢筋"等专业的实体模型导入工作。措施模型、场地模型和施工机械模型导入的步骤与实体模型导入的方法相同（场地模型的导入应分成基础施工阶段、主体施工阶段和装修阶段分别导入）。

第五步：由于实体模型与场地模型导入完成后，系统不会自动匹配两种模型的位置，这时就需要进行手动整合：返回"实体模型"窗口界面中，单击　按钮，然后单击　按钮，在模型预览视图下选择实体模型的一个特征点，使用鼠标拖动实体模型，将土建模型与场地模型中的实体模型 CAD 底图进行整合，如图 4-11 所示。

（3）模型视图设置。第一步：在界面左侧可以进行勾选"楼层"或"专业构件类型"的过滤操作，如图 4-12 所示，在楼层选项中勾选"第 2 层"并在专业构件类型中勾选"梁"和"柱"，则在模型视图中只显示出项目模型的第 2 层的梁和柱，即勾选的楼层和构件将会在模型显示界面中显示出来，而未被选中的楼层或构件将被隐藏（见图 4-13）。

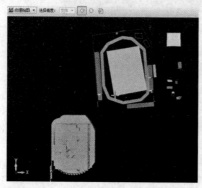

图 4-11　整合实体模型与场地模型

图 4-12　过滤操作

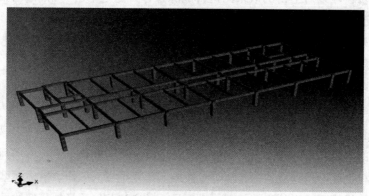

图 4-13　模型过滤图显示

第二步：显示图元树。单击模型界面右边栏的"图元树"按钮。选中所要编辑的柱、梁、板、墙等建筑构件，可以对其颜色和材质进行修改。在广联达 BIM4D 中，软件提供了常见的构件材质，用户可以结合所建项目的特点对所建实体模型进行材质渲染,使模型更加美观,同时也可通过新增材质载入自己想要的建筑材质。

第三步:下面我们示范将六层的墙的材质设置成"砖001"。在右侧选中第2层→土建—墙。单击鼠标右键,选择"编辑材质"选项,在弹出的"材质管理"对话框中选择19号"砖001"。如图4-14所示。

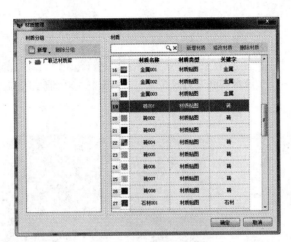

图4-14 编辑材质

(4)流水视图设置。注意:流水视图阶段流水段的划分要与编写的Project进度计划文件相一致,以保证其能在时间视图中进行相关的进度关联工作。

第一步:单击"流水视图"按钮,弹出如图4-15所示的流水视图设置界面。单击流水段维护按钮,对所建项目进行施工流水段维护。

第二步:在弹出的"流水段维护"对话框中,单击左上角的按钮,弹出"新建分组"界面,用户可以根据所建项目的模型特点,对实体模型的基础层、标准层、屋面及土建专业、钢筋专业、粗装修专业等进行流水段的自定义分类,如图4-16所示。进行"土建专业基础层"的新建分组作业,并将其命名为"基础层",最后单击"确定"按钮完成新建分组。

第三步:基础层新建分组完成后单击"新建流水段"按钮新建流水段,在弹出的"流水段创建"界面中,首先在左侧勾选基础层流水段所建的建筑构件独立基础、垫层和基坑土方(图示锁被锁住即表示勾选成功),在此我们将所有基础作为一个流水段,单击▇按钮进行流水段划分,将图示的所有构件用闭合曲线框选中,单击界面右下角的"确定"按钮,完成基础层流水段的划分,如图4-17所示。

图 4-15　流水视图设置界面　　　　图 4-16　流水段的自定义分类

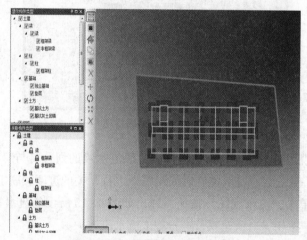

图 4-17　基础层流水段的划分

第四步：进行首层的流水段划分。由于此项目的地上土建工程比较复杂，因此我们人工地将其分为 2 个流水段。首先，编辑分组名称"首层 -1"，勾选土建专业的所有构件类型，将其锁住；然后单击　　　按钮，重复上述步骤，完成"首层 -2"段流水段的划分，如图 4-18 所示。

第五步：由于地上自然层构件布局基本相同，所以我们可以将首层划分的流水段复制到其他自然层。单击　　　按钮，弹出"复制流水段"界面，选中"复制到楼层"，勾选"第 2 层"至"屋面层"，然后单击"确定"按钮。这样，整个项目的土建专业流水段划分工作便完成了。

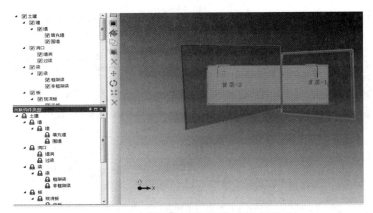

图 4-18　"首层-2"段流水段的划分

依照上述步骤依次完成粗装修、玻璃幕墙的流水段划分。

（5）施工模拟设置。施工模拟的设置主要包括进度关联、工况设置、进度模拟、资源查看、进度跟踪等。

注意：施工模拟的设置需要在计算机上安装 Microsoft Office Project 2010/2013 软件。

第一步：单击"施工模拟"按钮，打开"时间视图"界面。单击  按钮，导入事先准备好的本地 Microsoft Project 施工进度计划文件。在弹出的"导入进度计划"对话框中选中"计划时间"和"覆盖导入"，如图 4-19 所示。然后单击"确定"按钮，完成导入。

图 4-19　导入进度计划

第二步：首先需要选中进度计划的首条任务，即在本案例中点击基础层—垫层、土方，然后点击"进度关联模型"按钮，弹出"进度关联模型"界面，如图 4-20 所示。

第三步：将导入的 Project 文件进度计划与导入的实体模型构件逐一进行"属性关联"。按照顺序选择"基础层—土建专业—流水段基础层土建—土方、垫层构件"选项，单击关联按钮弹出"关联成功"提示框，同时在进度计划界面中，关联成功的任务会出现绿色关联标志，如图 4-21 所示。此时，表示此项任务关联成功。

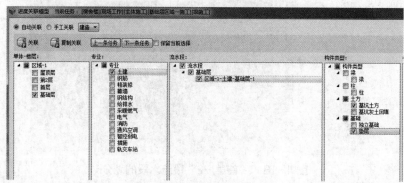

图 4-20　进度关联模型

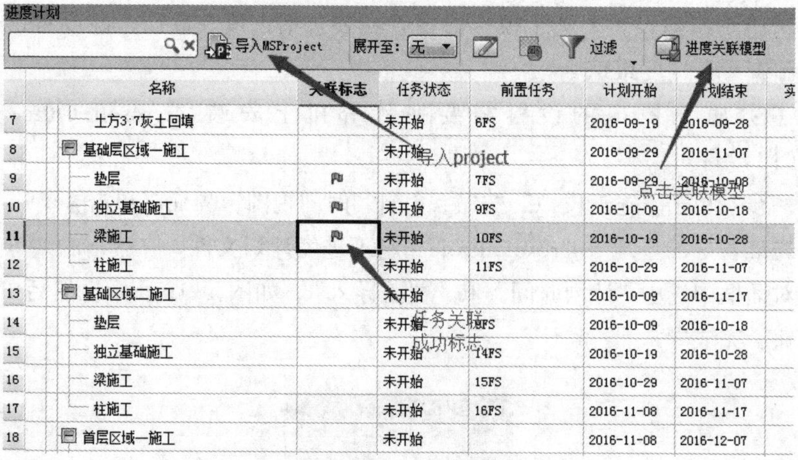

	名称	关联标志	任务状态	前置任务	计划开始	计划结束
7	土方3:7灰土回填		未开始	6FS	2016-09-19	2016-09-28
8	基础层区域一施工		未开始		2016-09-29	2016-11-07
9	垫层		未开始	7FS	2016-09-29	2016-10-08
10	独立基础施工		未开始	9FS	2016-10-09	2016-10-18
11	梁施工		未开始	10FS	2016-10-19	2016-10-28
12	柱施工		未开始	11FS	2016-10-29	2016-11-07
13	基础区域二施工		未开始		2016-10-09	2016-11-17
14	垫层		未开始	FS	2016-10-09	2016-10-18
15	独立基础施工		未开始	14FS	2016-10-19	2016-10-28
16	梁施工		未开始	15FS	2016-10-29	2016-11-07
17	柱施工		未开始	16FS	2016-11-08	2016-11-17
18	首层区域一施工		未开始		2016-11-08	2016-12-07

图 4-21　关联成功

第四步：单击“下一条任务”按钮，根据界面上方提示的项目进度计划文件任务勾选对应的楼层、专业、流水段、构建类型，然后单击“关联”按钮，关联成功后单击“下一条任务”按钮，直至所有构件关联成功为止。

注意：除了对所建项目构件进行属性关联外，还可以对其进行手工关联，关联的方式方法与属性关联相同，这里不再详述。

第五步：工况设置。单击工况设置按钮，在弹出的“工况设置”界面上部的时间表中连续选中“2016 年 8 月 30 日至 2017 年 3 月 14 日”。然后单击“载入模型”按钮，选择“载入实体模型”选项，将实体模型的基础构件（土方、垫层、独立基础等）全部选中，然后再选择"载入场地模型"选项，将基础阶段场地模型 IGMS 文件导入到工况设置中，单击"保存"按钮，将其命名为基础阶段施工。

第六步：按上述步骤选中"2016 年 8 月 30 日至 2017 年 3 月 14 日"。载入实体模型的土建类一层到屋面层的所有建筑构件；然后，载入主体阶段场地模型 IGMS 格式文件，并将其保存命名为"主体阶段施工"；接着，按上述步骤将"2016 年 8 月 30 日至 2017 年 3 月 14 日"的工况设置为"装修阶段施工"。

第七步：进行完"施工进度计划关联"与"工况设置"后，单击"时间视图"中的开始按钮，系统即可根据用户自行设计的施工进度自动模拟项目施工进程。

注意：在"显示设置"中可以对实体模型的显示方式、实体颜色和透明度等进行手动设置，如图 4-22 所示。

	施工进度	模型显示	显示系统配色	实体颜色	透明度
1	未开始	隐藏模型			
2	进行中	显示实体模型	☐		不透明
3	已结束	显示实体模型	☑		
4	提前	显示实体模型	☐		不透明
5	延后	显示实体模型	☐		不透明

图 4-22　显示设置

如施工前发现图纸问题，可通过模拟施工流程，对施工中的难点进行分析，避免了施工中的问题整改，从而提高施工效率和准确率，有效减少返工约 60%，节省工期 48 天，比传统工期节约 5%。

成果参照如图 4-23 所示。

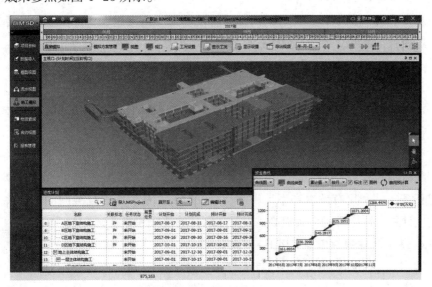

图 4-23　成果参照图

4.2.1　BIM 在项目进度管理中的管理方案

施工进度管理属于工程项目进度管理的一部分,是指根据施工合同规定的概述工期等要求编制工程项目施工进度计划,并以此作为管理的依据,对施工的全过程持续检查、对比、分析,及时发现工程施工过程中出现的偏差,有针对性地采取有效应对措施,调整工程建设施工作业安排,排除干扰,保证工期目标实现的全部活动。

BIM 作为一项新技术,已经在建筑领域中崭露头角。在工程项目进度管理中引用 BIM 技术,可以加强管理者的进度控制能力、减少工程延误的风险,并能够节约施工时间,在为项目进度管理带来方便的同时也创造了巨大的效益。

BIM 在施工进度管理中的运用:

1. 引入 BIM 的优势

基于 BIM 技术的工程项目进度管理又称为"BIM 的 4D 应用",BIM 相关软件有方便的数据接口,各个建设阶段信息传递流畅。

2. 管理流程框架

基于 BIM 的工程项目施工进度管理应以业主对进度的要求为目标,基于设计单位提供的模型,将业主及相关利益主体的需求信息集成于 BIM 模型成果中,施工总包单位以此为基础进行工程分解、进度计划编制、实际进度跟踪记录、进度分析及纠偏等工作。BIM 为工程项目施工进度管理提供了一个直观的信息共享和业务协作平台,在进度计划编制过程中打破各个参建方之间的界限,使参建各方各司其职,支持相关主体协同制订进度计划,提前发现并解决施工过程中能出现的问题,从而使工程施工进度管理达到最优状态,更好地指导具体实施,确保工程高质、准时完工。

3. BIM 技术与传统进度管理结合的实现方法

BIM 技术与传统进度管理结合的实现方法是 BIM 技术与传统进度管理技术结合,包括设计进度计划自动生产系统、进度模拟系统和进度控制分析系统。

基于 BIM 技术的进度自动生成系统,通过运用 BIM 中空间、几何逻辑关系和工程量等数据建立了一个自动生成工程项目进度计划的系统。这个系统可以自动创建任务,并利用有效生产率计算活动持续时间,最后结合任务间的逻辑关系输出进度计划,这样可以大大提高进度计划制订的效率和速度。

4. 基于 BIM 的施工项目 4D 模型构建

国内用于 4D 模型构建的软件有许多、以 Navisworks 软件应用为例。首先将工程三维实体模型导入 Navisworks 中,然后进行 WBS(工作分解结构)分解,并确定工作单元进度排程信息。这一过程可在 Microsoft Project 软件中完成，也可在 Navisworks Management 4 软件中完成。工作单元进度排程信息包括任务的名称、编码、计划开始时间、计划完成时间、工期及相应资源安排等。

为了实现三维模型与进度计划任务项的关联，同时简化工作量，需先将 Navisworks Management 中零散的构件进行归集，形成一个统一的构建集合，构件集合中的各构件拥有各自的三维信息。在基于 BIM 的进度计划中，构件集作为最小的工作包，其名称与进度计划的任务项名称应为一一对应关系。

在 Microsoft Project 中实现进度计划与三维模型的关联。在 Navisworks Management 软件中预留有与各类 WBS 文件的接口。借助 Time Liner 模块将 WBS 进度计划导入 Navisworks 中，并通过规则进行关联，即在三维模型中加上时间信息，从而实现项目的 4D 模型构建。

导入 Microsoft Project 文件，通过字段的选择来实现两个软件的结合。两者进行关联的基本操作为：将 Microsoft Project 项目通过 Time Liner 模块中的数据源导入至 Navisworks Management 中，在导入过程中需要选择同步的 ID，然后根据关联规则自动将三维模型中的构件集合与进度计划中的信息进行关联。也可以直接在 Navisworks Management 中实现进度计划与三维模型的关联，Navisworks Management 自带多种实现进度计划与三维模型关联的方式，根据建模的习惯和项目特点可选择不同方式实现，以下介绍两种较常规的方式：① 使用规则自动附着。要实现工程进度与三维模型的关联，从而形成完整的 4D 模型，关键在于进度任务项与三维模型构件的链接。在导入三维模型、构建构件集合库的基础上，利用 Navisworks Management 的 Time Liner 模块可实现构建集与进度任务项的自动附着。② 逐一添加任务项。根据工程进展和变更，可随时进行进度任务项的调整，对任务项进行逐一添加。上述两种方法均可成功实现 4D 模型的构建，主要区别在于施工任务项与构件集合库进行关联的过程。使用者可根据项目的规模、复杂程度、模型特点和使用习惯选择合适的 4D 模型构建方法。

4.3　质量与安全管理

在 BIM 技术不断发展的今天，其应用一直是一个热门话题。除了目前开展较多地用 BIM 进行优化设计和碰撞检测等应用外，如何在施工阶段通过 BIM 的引入起到工程管理的推动作用，将是 BIM 应用的又一个发展领域。本节将介绍如何将工程质量、安全管理与 BIM 相结合，提升信息传递效率，提出该技术应用于工程质量、安全管理的一些探索和思考。

4.3.1　基于 BIM 的工程质量管理

项目质量控制是项目质量管理的核心部分，而进行项目质量控制需应用不同的项目质量控制方法。项目质量控制方法虽然只是进行项目质量控制的工具，但是随着生产力的发展，在大大提高了生产工具和劳动力水平的同时，项目质量控制方法的数量也与日俱增。应用新科技 BIM 技术进行项目质量控制，不仅能够提高工作效率，有效地提高项目质量控制水平，而且节约成本，避免返工，有利于项目进度控制，更好地达到项目整体目标。BIM 技术顺应建筑工程信息化、集成化发展趋势的要求。

1. 基于 BIM 的质量管理应用概况

BIM 技术利用建模软件面对对象构建建筑实体模型，便于现场作业人员理解，方便图纸会审、技术交底。4D 虚拟施工使现场作业人员不用结合多张二维图纸进行构想三维实体，而是直接通过图片或模型虚拟施工就可直观地理解质量控制关键点。施工过程中，BIM 应用人员及时地把质量信息发生的部位、时间及质量问题的处理情况导入 BIM 技术构建的施工建筑信息模型，进行实时跟踪，实现质量动态控制和过程控制。总之、BIM 技术从影响质量的"4M1E"，即人（man）、机械（machine）、材料（material）、方法（method）、环境（environment）等因素进行全方位、全过程、集成化的质量控制。

验收阶段的质量控制主要从基槽（基坑）验收、隐蔽工程验收等方面进行控制。应用 BIM 技术将基槽（基坑）、隐蔽工程质量信息通过文字、数据、图片、视频等方式录入建筑信息模型。这种工程信息的存储方式使质量信息更加完整，查询方便且不易丢失。

2. 管理实施与优势

众多的建筑项目质量控制方法只是项目质量控制的工具而已，生产工具代表生产力，而科学技术是第一生产力。随着信息技术和建筑复杂化的发展，项目质量控制方法与日俱增。在政府、房地产、设计院、软件开发商的极力推广下，BIM 技术应用到越来越多的建筑项目管理当中。实践证明，BIM 技术取得了良好的社会和经济效益。

BIM 通过数字信息仿真模拟建筑物所具有的真实信息，具有可视化、协调性、模拟性、优化性和可出图性五大特点。BIM 技术拥有的特点是其他建筑项目质量

控制无法比拟的，顺应了建筑质量控制的信息化、集成化要求，以下几点为基于
BIM 的工程质量管理的具体优势。

（1）BIM 技术改变了信息获取和传递途径，避免了"质量信息孤岛"。BIM
技术改变了传统项目管理中信息获取和传递的路径，传统的沟通方式通过图纸传
递建筑信息，图纸一般比较繁多，要求人们具有空间想象能力，专业性很强，业
主理解困难而且容易出现异议，然而 BIM 技术通过构建的数字化信息模型简便地
表达信息，三维可视化，简单易懂，可以使业主直观地了解和掌握项目整体质量
情况。传统项目信息表达方式使各参与方信息存储和沟通相对不便，易出现"信
息孤岛"，很可能影响建筑项目质量计划目标的实现。而 BIM 技术可以协同设计、
协同管理，加强项目各参与方的质量信息沟通。BIM 模型作为整体和局部质量信
息的载体，使项目质量进行动态控制和过程控制变得更加简易。

（2）BIM 技术改变了项目管理模式，有利于项目质量集成管理。BIM 技术的
应用还改变了项目管理模式，适合 BIM 技术应用的项目管理模式是项目集成交付
模式（IPD），通过项目管理模式的改变，变相地提高了项目质量控制效果，使项
目协同设计、协同管理，使项目各参与方利用不同侧重点的质量信息，更好地把
握不同阶段的质量控制关键点。

3. 基于 BIM 的工程质量管理实施要点

基于 BIM 的质量管理，其重点是信息。依靠信息流转的增强，提升了质量管
理的效率、力度、全面性。依托 BIM 传递工程质量信息则能成为各个环节之间优
秀的纽带，不仅保证了质量信息的完整性，更能让信息更为准确、及时地传递。

（1）质量管理信息的收集与录入。利用 BIM 技术进行建筑项目质量控制，主
要的实施要点为发现质量问题、记录质量问题、分析质量问题、处理质量问题。
实施要点充分体现了 PDCA 循环理论，PDCA 循环即 Plan，Do，Check，Action。
施工阶段具体表现如下所述：在施工现场监理工程师用手机、相机、iPad 等工具拍
摄图片和视频来记录质量信息，导入施工建筑信息模型，面向对象进行质量计划
与实际对比分析，发现质量问题；然后进行原因分析并衡量质量问题严重性，再
针对质量问题采取有效的措施进行处理，并且将质量问题处理结果导入建筑信息
模型。对整改不到位的，禁止进行下道工序。

质量记录的重点是，必须准确及时地确定质量问题出现的时间、部位及质量
信息，这样监理、施工、业主等各参建方才能准确了解和沟通。通过文字、图片、
模型进行施工现场质量信息记录，BIM 技术使施工方忠实记录质量工作情况和具
体信息，监理方准确指出和分析具体质量情况，业主直观了解和掌握总体质量情

况，整体沟通和协调效率得到提升。

（2）BIM 辅助质量管理的主要内容。第一，材料设备质量管理。材料质量是工程质量的源头，根据法规的材料管理要求，需要由施工单位对材料的质量资料进行整理，报监理单位进行审核，并按规定进行材料送样检测。在基于 BIM 的质量管理中，可以由施工单位将材料管理的全过程信息进行记录，包括各项材料的合格证、质保书、原厂检测报告等信息，并与构件部位进行关联。监理单位同样可以通过 BIM 开展材料信息的审核工作，并将所抽样送检的材料部位在模型中进行标注，使材料管理信息更准确、有追溯性。第二，施工过程质量管理。将 BIM 模型与现场实际施工情况相对比，将相关检查信息关联到构件，有助于明确记录内容，便于统计与日后复查。隐蔽工程、分部分项工程和单位工程质量报验、审核与签认过程中的相关数据均为可结构化的 BIM 数据。引入 BIM 技术，报验申请方将相关数据输入系统后可自动生成报验申请表，应用平台上可设置相应责任者审核、签认实时短信提醒，审核后及时签认。该模式下，信息录入与流转标准化、流程化，能提高报验审核信息流转效率。第三，质量验收管理。基于 BIM 的质量验收遵循当前施工现场质量验收的流程。在分项工程和检验批的验收过程中，当一道工序结束后，先由施工方根据规范自检，若自检合格通过系统录入结果，系统则通知监理方，监理工程师收到系统通知后组织施工单位项目质量（技术）负责人等进行复验，通过系统录入结果，若验收合格则系统通知施工方进入下一道施工工序。对于较为重要的施工工序（如混凝土浇筑），监理人员需在施工时进行旁站并使用系统进行记录。

与传统的施工验收过程相比，基于 BIM 的质量验收不仅避免了纸质验收资料的繁乱，简化了管理流程，同时防止了验收工作中可能存在的疏漏。

4.3.2　基于 BIM 的工程安全管理

建筑工程施工安全计划的一个关键因素是在安全事故发生之前能够识别所有可能发生的危害及发生后的后果，这样才能有充足的时间制订对应的风险控制计划和应急措施。BIM 技术不仅可以通过施工模拟提前识别施工过程中的安全风险，还可以利用 3D、4D 模型让管理人员直观地了解项目动态的施工过程，进行危险源识别和安全风险评估。并且基于 BIM 技术的施工管理可以保证项目不同阶段、不同参与方之间信息的集成和共享，保证了施工阶段所需信息的准确性和完整性，有利于项目施工安全管理。以下为 BIM 在项目施工安全管理中的部分应用。

1.主体建模与重大危险源辨识

开工前，根据工程图纸信息，进行主体模型建立，主要包括建筑模型、结构模型、机电模型三个部分，既可综合关联审视，也可单独体系查看。

在建模期间，对符合标准的四口、五临边、高支模、大跨度、深基坑等重大安全危险因素进行分类甄别，水平洞口可以自动识别，按照一般和重大两种情况分别以警示图标标示，并提醒在周围增设临时维护，建模后进行信息提成，再制订有针对性的措施方案。同时，在工程变更时第一时间进行信息更新，并对更新后的模型进行对比，可辨识新增加的危险源，并进行相应的应对处理。

2.安全防护安装模拟与 3D 漫游

安全防护工作随着施工工作的进展和工序的插入而变化，应以动态的思路进行全过程监管，方有成效。分公司推行安全防护标准化已经取得了一定的经验，将标准化防护图册要求；结合分公司所采用的防护形式和材料等要求，将有针对性的防护方案信息输入建立构件族，即可形成安全防护专业模型。

同时，该安全防护模型除了可以提取可视图片外，还可形成更为直观形象的 3D 漫游动画，可用于安全方案编制、技术交底和培训教育等，更有利于防护监管和查缺补漏。

3.现场平面管理

由于当前开发商对审批用地采取零浪费、最大化使用等方式，尤其是群体工程，基坑上口边线重合红线的情况极为普遍，现场平面可利用空间极其狭小，加工场地无法搭建，材料无法运输，所以在传统项目管理方法下，现场施工难度大、生产效率极低，且工序穿插施工所带来的各项安全隐患危险源等级高。

经对现场平面布置的现场条件分析，包括平面尺寸、地形、周边管道、周边建筑物（距离和高度）、四周道路、高压线分布等，对平面使用功能进行了参数设置和初步规划，包括道路、材料加工场地、材料原材和半成品分类堆放、料具堆放、机械布置（尤其是塔吊、电梯和地泵）、临水临电、出入口等；再通过 BIM 技术进行 4D 施工模拟和碰撞，尤其是对各种机械活动范围与周边建筑物和构筑物的碰撞、各种场地的规模和动态规划、道路通行可行性和消防要求、临建房屋布置等方面可能发生的安全隐患进行辨识；然后根据各种碰撞和冲突可能造成的事故发生概率、事故严重程度，结合项目使用需求和动态调整规划，按照各专业工序的作业对场地空间、设施、机械和人员的需求及碰撞，调整平面布置和组织部署，进一步优化平面布置方案和加强过程动态管理协调，达到最佳空间立体可视化规划，最大限度地提高场地利用率、减少安全隐患。

进行虚拟施工模拟之前首先要编制详细的施工组织设计和精确的施工进度计划。施工组织设计对整个项目起着规划和组织作用，是项目实施的重要技术依据和经济指标，直接指导施工的全过程。施工进度计划是根据项目的工期要求和现有的人力、机械、材料等各种资源对施工过程进行合理的顺序和时间安排。然后再利用 BIM 建模技术建立虚拟施工模型和几何模型，对施工方案进行实时交互的仿真模拟，优化施工方案。

4. 安全专项方案编制和优化

（1）专项方案中的关键节点和关键工序，尤其是难以用文字叙述或 CAD 图展示的，可以通过 BIM 模型三维展示，更直观、更形象。

（2）可通过虚拟施工模拟检验安全专项方案编制的实用性，对其方案实施过程中的不可见安全隐患进行尽可能的提前暴露、提前处理。

（3）塔吊安装、起重吊装、机械开挖等涉及机械安装、拆除和使用，专项方案中不仅可以对其运行过程中某一时点对空间占有（工作运转覆盖半径、危险区域等）及现场相关人员、机械、物体的相对和绝对关系进行关联展示，更可以将其整个运行作业的全部空间边界占有和碰撞相关等方面进行展示并形成报告，有利于对过程中的不安全因素和隐患进行排查、辨识，更有利于方案的优化和调整。

5. 三维可视化安全技术交底

BIM 技术的应用，可以对安全技术交底带来方式方法上的变化，可以通过 3D 手段的施工模型提取图片、3D 动态漫游、虚拟动画方式进行交底，更为直观、可懂、可操作的交底方式完全颠覆了原有的书面文字外加 CAD 图片的方式，让工人更加容易了解安全操作过程和注意事项，增加安全防范意识，交底效果更加明显。

6. 安全防护用品采购计量和复核

除了对工程本身工程量进行计取外，各种安全防护用品的标准组建立后，在模型中按照方案要求输入相关信息，最后可以形成用量统计报告，并可以根据实际施工进度进行采购总量的校核和调整。

项目尝试对安全防护用品中的防护栏杆、安全网、外防护脚手架（钢管、扣件、安全网等）采购量进行计量统计，得出结果与实际人工计提采购计划相差不大。采购量的准确性与方案的选择、族的建立、现场的实际操作和软件本身规范的兼容性等都有关联，建议安全防护用品采购量以复核应用为主。

7. VR 技术

虚拟现实技术在 BIM 中的应用，是利用虚拟现实引擎的特性实现 BIM 应用，呈现 BIM 成果。将 BIM 模型无缝快捷地融入 VR 平台，使得模型的显示效果、浏览方式变成 VR 方式（类似于游戏方式），并可以接入 VR 头盔；同时因为是一个 VR 平台，所以在此环境里完整保留了 BIM 模型的属性信息，既得到了好的可视化效果又保留了完整的 BIM 信息。

　　基于扬尘在线监测系统，标养室温度、湿度在线监控、预警系统，通过对所属地天气、环境进行感知，将信息收集处理后发送到后台，根据预设的处理机制，超过预警值自动进行喷雾降尘与温度、湿度调控（见图 4-24）。

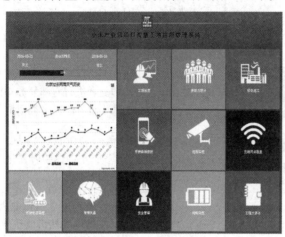

图 4-24　VR 安全教育

　　施工人员安全体验内容如表 4-1 所示。

表 4-1　安全体验内容

体验内容	图片	安全知识
平衡木体验		1. 平衡木体验活动检测自身平衡能力，促进小脑的健康发育和肢体的应变能力。 2. 提高下肢力量和协调能力，锻炼职工沉着冷静、勇敢大胆的心理素质。 3. 增强职工的身体素质，检测作业人员是否满足作业条件
灭火器灭火体验		A 类火灾 （木头起火）　木头起火选用泡沫灭火器或二氧化碳灭火器灭火。不使用干粉灭火器的原因是因为干粉的渗透性差，往往只能灭掉外层的火，物质燃烧后内部仍有高温，而干粉的降温作用是不明显的，所以有可能内部持续发热阴燃，最终会死灰复燃

续　表

体验内容	图片		安全知识
		B类火灾（油漆着火）	油漆起火属于液体火灾，扑灭液体火灾最好的灭火剂是泡沫灭火剂，当然了，其他诸如二氧化碳、干粉也是可以的
		E类火灾（电器起火）	电器起火选用干粉灭火器灭火，泡沫灭火器有水汽，二氧化碳灭火器一般也有液体溶剂，都可能导电造成危险，而干粉灭火器则不存在此类问题
急救知识普及		心肺复苏	通过人物模拟，并配合相应的图文知识讲解来对体验者进行心肺复苏知识教育，避免在日后的施工过程中发生类似情况不知如何处理
安全带规范使用			通过人物模拟，并配合相应的图文知识讲解来对体验者进行安全带规范使用教学，帮助体验者强化安全教育知识，在日后高处作业时不得掉以轻心
劳保用具知识普及		安全帽	安全帽的作用：当作业人员受到高处坠落物、硬质物体的冲击或挤压时，减少冲击力，消除或减轻其对人体头部的伤害 安全帽佩戴要求：首先应将内衬圆周大小调节到对头部稍有约束感，但不难受的程度，以不系下颌带低头时安全帽不会脱落为宜；其次佩戴安全帽必须系好下颌带，下颌带应紧贴下颌，松紧以下颌有约束感，但不难受为宜
		防护面罩	防护面罩的作用： 1.防止异物进入眼睛。 2.防止强光、紫外线和红外线的伤害。 3.防止微波、激光和电离辐射的伤害
		劳保鞋	劳保鞋的作用： 1.防止物体砸伤或刺割伤害。如高处坠落物品及铁钉、锐利的物品散落在地面，这样就可能引起砸伤或刺伤。 2.防止酸碱性化学品伤害。在作业过程中接触到酸碱性化学品，可能发生足部被酸碱灼伤的事故。 3.防止触电伤害。在作业过程中接触到带电体造成触电伤害

体验内容	图片	安全知识	
防护用具 知识普及		防护手套	防护手套的作用： 1. 防止火与高温、低温的伤害。 2. 防止电磁与电离辐射的伤害。 3. 防止电、化学物质的伤害。 4. 防止撞击、切割、擦伤、微生物侵害以及感染
		安全警示服	安全警示服的作用： 安全警示服、安全背心是用高能见度反光材料制成的，它能使施工人员在夜间或特殊天气情况下顺利进行施工活动，从而减少不必要的伤亡
		防护围栏	工地施工围栏应用比较广泛，比如在基坑的周围、临边洞口、隔离区域、屋面楼面临边等，有了围栏工人可以放心的施工，能有效减少高处坠落事故发生
		切割机 防护罩	防止切割机在进行切割作业时产生的火花造成不必要的人身或财产伤害
		钢筋堆放 支架	区分钢筋品种、规格，整齐堆放。 支架底座高 200mm，便于施工吊装
		氧气乙炔 推车	从外观上看，美观大方。 方便在使用过程中频繁移动。 推车配备相应的消防器材，可以应对突发事件
		电焊机 防护罩	安全美观，防止电焊机在使用过程中，施工人员不小心触碰到电焊机发生触电伤害事故

8.运用 BIM 技术进行安全管理

运用 BIM 技术加强事前控制，运用 BIM 技术协助施工过程控制，运用 BIM 进行数据分析总结，运用 PDCA 法则持续改进，通过进度模拟、三维场布、VR 模拟、模板脚手架、二维码、BIM5D 等，深化安全管理，实现安全目标。

（1）通过进度模拟、三维场布，提前确定各阶段部位危险源，提前制订危险源分析表、安全防护设施计划、安全生产应急预案。

（2）通过 VR 模拟与 BIM 技术进行安全技术交底，让交底更直观，作业人员能迅速直观地掌握安全技能，做到心中有数，主动控制。

（3）通过模板脚手架软件优化专项施工方案，使方案更完善，交底更直观，作业人员在作业时能心中有图片，操作更安全。

（4）通过二维码技术，现场可以扫描二维码获得相应设备信息、岗位责任制、操作规程等，方便安全信息的获取，提高安全生产保障及效率。

（5）制订任务流程，发起整改通知→整改回复闭合，形成记录归档。管理人员可以随时查看问题整改情况和归档文件。通过 BIM5D 云端，使安全管理手段更高效，提高安全效率，平台安全数据可以为项目经理提供决策信息。

4.4　材料管理

4.4.1　设备与材料管理的重要性

建筑工程施工成本构成中，建筑材料成本所占比重最大，一般可占工程总成本的 60% 以上，建筑施工项目材料管理的成效和效率在工程项目有着很重要的地位，是降低工程成本、保证工程进度、节能减排的重要途径。与材料密切相关的就是机械设备，其中主要指企业自有的及为施工服务的各种生产性机械设备。它们在施工中起着非常重要的作用，包括：减轻工人劳动强度、保证工程质量、提高劳动生产率、改善劳动环境与安全条件等。材料与机械设备的协同管理对整个施工过程的效率和质量等有着直接的影响。

BIM 是对工程项目的信息化处理并为协同工作提供数据基础。利用 BIM 技术对工程的材料及机械设备进行管理将对工程施工过程中人、材料的有效利用及科学配置提供很大的支持，可在一定程度上帮助施工企业实现效率、质量、利润最大化。在 BIM 技术的框架下对材料与机械设备进行协同管理将是未来信息化管理的一种必然趋势。

某县人民医院综合楼的主要设备材料管理：基于 BIM 技术集成该项目的设备材料相关信息，将设备的管、用、养、修等关键环节与 BIM 模型信息深度整合，从而提高设备的完好率和利用率；将材料的采购、保管和应用等管理环节与 BIM 模型信息集成，将会依据工程进度计划科学管理材料，产生良好的经济效益。

4.4.2　设备管理及 BIM 应用

建设工程中机械设备的管理工作为整项工程项目安全管理的核心内容。而对机械设备的管理不只是安全，如何正确选择机械设备，合理使用机械设备，及时维修机械设备，不断提高机械设备的可使用性能，并及时对现有设备进行技术改造和更新，这些都是保证施工安全、质量、进度各方面的重点，对于提高企业经济效益都具有十分重要的意义。

1.建设工程项目机械设备的分类

建筑机械设备可分为几种类型：① 挖掘机械：包括单斗挖掘机、多斗挖掘机、挖掘装载机等；② 铲土运输机械：包括推土机、铲运机、翻斗机等；③ 压实机械：包括压路机、夯实机等；④ 工程起重机械：包括塔式起重机、履带起重机、施工升降机等；⑤ 桩工机械：包括振动桩锤、液压锤、压柱机等；⑥ 路面机械：包括沥青酒布机、沥青混凝土推铺机等；⑦ 混凝土机械：包括混凝土搅拌机、混凝土搅排输送车、混凝土泵等；⑧ 混凝土制品机械：包括混凝土砌块成型机、空心板挤压成型机等；⑨ 钢筋及预应力机械：包括钢筋强化机械、钢筋成型机械、钢筋连接机械、钢筋预应力机械等；⑩ 装修机械：包括灰浆制备及喷涂机械、涂料喷涂机械、地面修整机械、装修吊篮、手持机动工具等；⑪ 高空作业机械：包括塔吊、高空作业车、高空作业平台等。这么多的机械设备都是施工阶段所必不可少的，而机械给人的印象都是冷冰冰的，且相当危险，稍有操作不当就有可能造成安全事故。而从机械的确定选型开始，就需要对其进行细致的管理。

2.正确选型，合理调配机械设备

任何一种机械由于自身的性能、结构等特性，都有一定的使用技术要求。在组织设计阶段，施工企业需要对整个项目过程中的所有设备进行选型确定。初期通过 BIM 软件的模拟，可对各类机械所需的性能及技术指标有更加合理的了解，以此来选择出适用且能降低成本的机械。比如，对非固定大型机械的选择有着很重要的意义，施工过程中很多时候物料的重量超过了一般塔式起重机的承载能力，则需要汽车吊来完成，通过软件准确规划出机械可使用的区域，再根据吊装物品的性能，可以很快地进行机械选择，可以起到节约场地及成本、降低安全风险的作用。再如混凝土建筑时使用的泵车，通过软件进行合理的场地布置，可以选择更长更大的泵车，以此节约的人力成本是一个相当可观的数字。因此只要严格地按规定选择及合理使用机械，就能将机械效率发挥到极致。

对于长期使用的固定大型机械，如何设置其位置以及选择合理的型号，对生产过程中机械的使用效率有着直接影响，如一般的材料需要塔式起重机的吊装才能更快地运送至指定位置，这对其选型非常重要，如选择相对较小的，将影响整个吊装效率，甚至会加速机械的损耗，发生安全事故，而选择过大的机械，容易造成一定的资源浪费。通过软件对整个过程中所需吊装的物料建模分解，得出合理的型号。而对于各项目之间的机械调配问题，管理中心应做到提前及时地掌握各个施工项目的工程进度与机械设备方面的需求、退场信息，安排好机械设备调用过程中的日常保养维护工作，解决好使用与保养的矛盾冲突。

在上海市胸科医院建设项目中，通过对现场、科教楼及大临设施的 1：1 精确 BIM 建模，根据塔吊吊装范围以及现场需求，确定塔吊的型号及位置。经施工总承包单位 BIM 技术研究分析，确定选用塔吊型号为 TC5015，位于场地基坑北侧中间位置。

通过对现场、科教楼及大临设施的 1：1 精确 BIM 建模，根据现场材料运输需求，确定人货梯的型号及位置，人货梯型号为 SC200/200，位于科教楼东侧中间位置。

基于对胸科医院施工现场的分析研究，利用 BIM 咨询单位构建的大型设备 BIM 族库，合理选择定型化施工设施，主要包括轮扣式脚手架、钢框架安全通道、人货梯设备等主要施工设施。不仅在 BIM 模型中设定几何参数信息，还添加维护保养、日常检查等相关信息，从而为大型设备的安全使用管理奠定良好的基础。

3. 正确使用，及时保养，"用养修"相结合

选择了好的机械并不代表它就可以顺利完成所有工作。在日常机械设备的使用过程中，基于 BIM 模型的信息集成管理，操作人员与指挥人员一定要按照相关设备的安全操作规程正确使用该设备。不规范的操作流程会缩短工程机械的使用寿命，并加大设备管理的工作量与难度，严重的会导致安全事故，这一项在日常使用中不可忽视。

实际的设备安装与使用当中，基于 BIM 模型增加的设备信息，不仅要让操作及指挥人员严格按照操作流程使用，进而使设备能够持久正常发挥功能，还要将设备使用运行时出现的任何问题予以及时有效的发现与解决。

日常对机械设备要有计划地进行定期维护和检查维修，使机械设备经常处于良好的工作状态，提高机械设备的完好率。因而在设备运维的 BIM 管控信息平台上，必须提供设备维护期限，以定期检查和维护各种设备，而且要提供维护设备的技术支持。如果无法自行完成检修则要联系维修单位洽谈并签订维护合同，进

行定期的设备维护保养。且要有设备维护验收手续。

4. 合理分配，提高效率

在机械设备使用时，需要合理配置和及时调度。在组织机械化施工时，要合理配置和及时调度机械设备，充分发挥其效能，提高机械设备的利用率。可通过 BIM 软件对各工序进行建模模拟，据此来规划出机械使用的先后顺序等，完善管理的细节，让机械设备真正做到物尽其用。

有了 BIM 软件后，机械设备从选型到安装位置的选择都有了很好的各方面支持，能将机械设备的使用效率保证在一个高水平上。通过软件的整合，材料与机械设备之间的协配问题得到了很好的改观，合理地使用机械设备运送及处理材料，既提高了效率，加快施工进度，又能很好的节约人力物料成本，为施工企业的节能减排、成本控制等方面带来了很大的优势。

施工企业在摸索过程中通过对 BIM 技术的深入理解，把 BIM 技术应用到施工领域，利用数据库和 CAD 三维显示技术，把施工进度与建筑工程量信息结合起来，用时间表示施工材料需求情况，仿真施工过程中材料的利用，随时获取建筑材料消耗量及下一阶段材料需求量，使得施工企业进度上合理、成本上节约，从而在施工领域实现信息化技术的应用，把施工管理的技术水平提高到新的高度。

4.4.3　材料管理及 BIM 应用

建设过程中材料管理主要以施工进度为依据，在 BIM-4D 施工模拟的基础上编制整体、月度、周计划，把控材料的设计、采购、收发、使用的数量与时间，使材料的供应能够达到实时且供需平衡的标准，以确保工程依项目计划进行。其中包括材料的计划管理、采购管控、进场验收、自检与复检、储存与保管、领用与发放、使用的监督、回收及周转材料的现场管理，以及有毒有害材料的使用与回收。基于 BIM 综合管控云平台的信息集成，材料管理的目标是将合同范围内所有质量合格的材料适时、适量、适质、适地地提供给材料的使用者，以达到降低工程成本、保证工程进度以及节能减排的目的。

1. 材料计划管理

准确的材料计划是材料管理的基本前提。开工前可做一个整体性计划，可以以投标时施工图预算中汇总的材料用量为基础向企业的材料采购部门提出，作为今后备料的依据，而现在可根据 BIM 系统的模型来制订更加详细的材料计划。进入施工阶段，则需要根据施工的进度，提出供料的月度计划。

在制定了详细的计划之后，对于整个现场材料堆放场地的安排也是决定现场效率的一个关键。不合理的堆放，会导致严重的运输缓慢及人力浪费。通过 BIM 软件对整个现场运输机械的轨迹进行模拟，可以更加直观地确定现场的材料堆场。如有多台塔吊的现场，可根据各台起重设备的轨迹及其半径，以及常用材料的使用频率，规划出最合理的钢筋、钢管扣件及木模板的堆放场地，这三类常用的材料堆放位置合理，将大大提高日常施工过程中材料周转的效率，可为整个工期节约相当可观的时间。

通过 BIM 软件的应用，可在材料管理的计划阶段得到更加详尽的进度计划以及所需材料，在一定程度上提高计划的质量，为今后施工过程中的计划依据提供很好的基础。

2. 材料采购管控

在材料采购的过程中，最为重要的就是材料质量这一关。施工企业在签订工程项目主要材料的采购合同之前，各方需要严格审查供货单位的资质证书、营业执照、生产许可证以及准用证，并对经营的手续与能力等进行详细的实地考察，还要了解其售后服务的具体情况。一般情况下，还要求供货单位提供样品，经过认可以及封样之后，施工单位才可进行材料采购，以此来确保质量的首道关卡。

在采购过程中，还需要对建筑材料的购买数量进行考虑，一些用量较少、使用关键的材料亦可依靠 BIM 软件的模型来确定其尺寸、用量等信息，以减少不必要的误工及浪费。如果材料供给无法做到及时，就需要计划存储，分批进行采购。在模式的选择上，对于常用材料的采取在场地允许的情况下可采取集中采购，这就能够更加快捷、便利地处理配送、采购以及储备的全部过程，此外集中采购能够将数量大幅度的增加，从而在成本方面获取一定的便利。

项目材料按种类分为：钢筋、混凝土、砌块、防水卷材等；按项目的部位来分，包括：试桩材料、大底板材料、二次结构材料、防水卷材和围护工程材料。所有材料都要依靠 BIM 模型的信息构建材料台账，做到精细化采购管理。

材料的采购管理是材料进场的重要一关，一定要把提好产品质量及生产企业的各项资质，对于不符合要求的厂家及产品，必须坚决将其挡在采购环节。采购环节中，精确的采购数量是节约成本的好方法，材料管理人员要根据计划来确定具体的数量，确保生产企业有足够的生产准备时间，为施工阶段材料的及时供给提供有力支持。

3. 材料进场验收

材料进场时必须根据进料计划、送料凭证、质量保证书或产品合格证，对材料的数量和质量进行验收，但是在当前的市场环境下，项目人员往往缺乏可靠的工具检验材料是否存在假冒伪劣，一般的证件防伪手段都比较容易被仿冒，所以除了验收品种、规格、型号、数量、证件外，主要的材料还是需要见证取样，送第三方检测机构进行检测并且履行工程材料备案手续。但是为了防止中途化验样品被更换，检验过程一般应由见证及取样人员全程跟踪，以保证检验的真实性。但过程比较烦琐，需要等待检验合格报告后才可以进场，而如果项目施工人员在拿到正式的材料检验报告前施工，一旦材料检验报告不合格，施工单位则需要承担责任。因此在进场验收阶段，必须保证材料检验的可靠性，并严格按要求进行检验，检验合格后的材料才能进行使用，严禁未见报告先使用，对于不合格产品必须做好记录并全部退场，不得留存任何不合格产品。

4.材料的储存与保管

施工组织设计总平面布置图中对于材料的堆放有明确的指定位置，对构件现场材料布置 BIM 模型，材料按照种类、规格以及批次的不同在施工单位的材料场地要分开放置，为了加以区分，在明显的位置需插上标牌。具有不同规格和批次的材料之间不得有混杂的现象，按要求对其设置隔断。对于待检的材料和检验完毕的材料也要进行严格区分，插好待检标牌和已检标牌，并且严格监督，不得出现混用等情况。经过检查后证明质量不合格的材料要插好不合格标牌，标牌上要注明出场的日期以及出场期限，保证不发生错用的现象。监理工作人员要做好材料堆放现场的巡查工作，对于建设工程材料规格混杂以及堆放混乱的现象，要马上发出监理通知单，立刻停止使用不明确的材料。在整改合格，明确了材料的品种、规格以及批次之后才能正常使用。

材料进场后的贮存过程需要根据质量要求，提供符合要求的仓库和堆放场地，建立相应的保管制度。

5.材料领发与回收

在材料的领用环节，可以说限额领料是控制材料超额领用的好方法，但是需要准确地预估领料的数量。这对于很多施工企业来说并不是一件简单的事，一般情况下无法准确地预估出领料数量，直接影响了限额领料的作用。

此外，材料管理人员如果对每天的施工现场工程进度和实时的施工情况不了解，则无法判断领料人员是否超额领料，只能进行事后的总量控制，而无法在领料时进行及时的预控。

这就需要材料管理人员具备更高的职业素养，每日对施工现场的进度及材料耗用情况有很详细的了解，并在 BIM 软件的辅助下查看具体进度情况，对后续的材料需求做到心中有数、发料有底，以此来更好地从每天的细节做起，形成预控用料，达到节约降本的目的。而限额领料单的填制与记录耗时耗力，由此建立的领发料台账记录，很难进行多角度的核算和分析，从而确定领发状况、节超状况和使用效率。

在进行发放材料的过程中，为了有效地避免不良使用情况出现，需要合理地对材料进行控制。而在发放管理当中，首先需要确定建立发放管理制度，对于材料是需要进行定额使用的，就需要在制度上严格地遵循领料规定，并且在发放的时候按照分批次的方式来进行。对于部分实行的单产单进的建筑材料而言，就需要针对实际的情况来考虑，从而建立出相应的计划来进行材料的发放。如果使用的材料出现了损耗或者是进行维修，就需要严格地遵循通过旧材料来换取新材料的方式，如果原先使用的旧材料出现了丢失或者是严重的损坏，就需要严格地按照折价之后的金额进行相应的赔偿，从而最大限度地降低材料在实际当中带来的浪费。基于 BIM 模型便于统计的特点，如果材料已经发放也需要跟踪了解其使用的情况以及去向，从而对于剩余的材料做好及时的处理。另外，在施工过程中还需要建立收发管理的档案制度，从而有效地监督整个的发放过程。

材料发放是个很短暂的过程，但材料发放过后对材料的追踪管理相当重要，材料是否按时准确地使用到现场，是否有班组恶意浪费等情况出现，都是材料管理人员应该时刻关注的。

6.材料使用监督

施工过程中避免不了材料的搬运，而搬运物料也有着很多注意事项。首先物料搬运时应根据物料的不同特性，选用适当的运输设备或工具，防止物料扬尘、遗洒、泄露、损坏、腐蚀和污染。其次，在搬运易燃易爆、油品、危险化学品及有毒有害物品时，不能混装，必须采用专用的方法进行搬运，确保物品的安全性。

在物料使用过程中有损耗和废弃的情况，材料管理人员每日完工后要对这类废弃物料进行检查，督促施工人员及时归堆，清运至指定场地。

完成材料管理的各项工作后，要对实际消耗的材料进行统计分析，尽量做到每周对材料简单清算，每月可采取详细报表的方式，再对比材料的月度计划和软件模型，可以更加详细地得到各项材料的损耗，为后续施工过程中的材料使用提供一定依据。对于已完成供货的材料，应及时进行结算，确认所有过程中的送货单，严格审查，确保数量无误，避免不必要的经济损失。

材料管理穿插着很多的部门及人员，以往的材料管理过程中，对于整个施工阶段材料的需求都是一个相对抽象的管理模式，而加入了 BIM 软件的应用，可上升为一种 4D 的管理模式，更加直观具体地展示出材料的各项需求及安排布置，为整个管理过程提供了很强的技术支持。

在材料管理依靠 BIM 软件的同时，与之密切相关的机械设备管理也需要软件的支持，来完善其在多维度方面的不足。

第 5 章　基于 BIM 的协同管理平台

5.1　协同管理平台的发展分析

随着计算机及信息通信技术的不断发展，协同管理平台的发展也经历了不同的阶段，呈现出不同的应用特点。从总体上看，项目协同管理平台的发展大体上分为四个阶段。协同管理平台在企业管理中最早掀起应用浪潮，办公自动化（office automation，OA）、自动化设备（automation equipment，AE）、客户关系管理（customer relationship managment，CRM）、产品生命周期管理（product lifecycle management，PLM）等系统在企业管理信息化过程中成为不可或缺的应用系统。同时，随着项目管理的日益普及，项目管理信息系统（project management information system，PMIS）逐渐得到应用。在 PMIS 中，除了进度、成本、质量、合同等管理功能外，往往还具有沟通和协同功能。随着项目合作范围的日益扩大，以及互联网的发展和普及，基于互联网建立的计算机支持协同工作平台，实现了信息集中共享、业务信息发送和远程会议等协同功能。这个跃进式的转变，实现了从基于企业内网的单个管理系统，发展到基于互联网的各项目参与方统一运用的协同管理平台，亦即项目门户系统（project information portal，PIP）.

PIP 的主要功能包括三个方面：文档管理、协同工作和信息交流。PIP 实现了从点对点的交流到集中共享的协同工作方式，大大拓展了工作的组织和时空范围。但是，在工程项目中，由于建筑功能和构造越来越复杂，工程规模和合作组织越来越大，迫切需要转变传统的二维设计表达形式，向更加可视化、数字化和智能化的方向发展。

BIM 技术的出现被视为建筑业变革的开始，其不仅改变了建筑设计的方式也带来了沟通和协作的变革，使参与单位之间的沟通更加可视化，信息更加集中，数据的处理也更加智能。将 BIM 和传统的 PMIS、PIP 融合，形成基于 BIM 的协同管理平台，可进一步提升协同工作效率。例如 BIM360 等软件，即是这一需求下的新的商业平台。

随着变革性创新和颠覆性技术的逐渐涌现，未来的协同方式具有无限可能。互联网＋、大数据、人工智能、互联网等技术和设备出现，使万物互联的时代逐渐来临，基于信息物理系统（cyber physical systems，CPS）的超组织协同方式即将出现。协同不再只发生在人与人之间，人、流程、物之间会相互驱动，协同的方式也将更加智能，协同的效率也会有革命性的提升。PMS、PIP、BIM、硬件、人、流程等将会充分融合，真正实现超组织、超协同的智能协同。

随着 BIM 技术在工程建设领域的应用程度不断深化，以及基于 Revit 模型的二次开发应用的发展，BIM 的应用场景、应用范围将越来越广。基于互联网的传递信息将成为新的常态，BIM 应用将主要在 Web 服务和浏览器中构建，这种结合互联网的 BIM 应用模式（Web-BIM）是当前重要的研究发展方向。Web-BIM 将会使 BIM 应用从当前普遍的单点、单机、"重"应用变为集成、协同、快速、灵活的"轻"应用方式。

构建基于 Web-BIM 模式的协同管理平台，将 Revit 模型实现效果在 Web 服务和浏览器中展现，利用模型的物理特性以及三维可视化视图构建项目的真实信息，为各参与方沟通和决策提供数据的直观支持。以 Web-BIM 为应用场景，要解决的关键问题是模型的轻量化展示问题，确保在浏览器中展现和操作模型流畅和快速。上海市胸科医院经过两年努力，实现了基于 Web-BIM 模式的协同管理平台，可在浏览器中实现建筑模型漫游、旋转、移动等操作；针对模型可以进行视点观察，可以根据各参与方的需求自定视角了解模型。通过该平台的实践应用，可以模拟出真实的施工进度，反映真实的工况。

基于 BIM 的项目协同管理平台是 BIM 应用平台的发展趋势，应建立基于 Web、云、多维信息集成和全生命周期协同的平台构建理念。项目管理平台的发展将从 PMIS、PIP 转向基于 BIM 甚至是 CPS 的深度融合。系统将是开放式的、柔性的、可拓展的，系统的应用将是跨组织甚至超组织的。但同时，基于 BIM 的项目管理协同平台不是全新的平台，其是建立在 PMS 和 PIP 的应用基础和技术基础之上，结合 BIM、云、大数据等最新技术而形成的新一代平台。

基于 BIM 的项目协同管理平台具有多样化的需求和功能。在需求方面既有基于 BIM 的三维可视化、业务流程协同、图纸及变更协同管理、进度及质量安全协同管理等传统和基于 BIM 项目管理的功能性需求，也有系统运行效率、数据安全性和可拓展性的非功能需求。在这一需求下，需要构建系统的、层次化的功能框架，其中包括工程监测系统、微现场、基于 BIM 的可视化管理系统以及企业级门户功能等，这些功能既有传统项目管理功能的升级，也有全新功能的增加；既有基于 Web 的操作，也有面向移动终端的操作功能，使平台的应用场景更加灵活，适用范围更广，从而更能适用复杂的现场管理工作情况。

基于 BIM 的项目协同管理平台具有较好的效果，但也碰到了一些现实问题。不同于一般的项目管理平台和 BIM 工具，基于 BIM 的项目协同管理平台是一种新的结合，这种结合是对传统平台的变革性创新。在上海市胸科医院的实际应用过程中，这种平台具有功能实用性、信息可视化、应用终端灵活性、应用场景多样性、信息展示和信息处理及时性等特点，有效解决了传统项目管理信息平台的应用弊端，在工程监测、现场管理、可视化管理、文档管理以及决策支撑等方面都起到了重要作用，在辅助项目管理和 BIM 应用方面起到了良好的支撑作用。但同时，由于该平台尚处于不断完善的过程中，参建单位的工作模式和工作习惯也具有惯性，因此要进一步实现平台的应用目标，还需要业主方驱动的组织支撑、系统的培训支撑、软件的持续换代升级支撑和良好的硬件系统等"四件"支撑，这需要理念的改变，以及多方的投入和支持。

本项目基于 BIM 的全过程协同管理模式。建立以 CIM 城市建设运营一体化平台为可视化管理平台基础，集成方案、设计、施工各阶段的 BIM 应用分析数据、建设数据、管理数据等，结合工程管理流程，为业主提供项目建设全生命周期的 BIM 管理服务。实现在方案设计的基础上通过方案对比、分析模拟、功能优化，提高项目的可建造性；在施工阶段，通过虚拟建造、工程量计算、3D 激光扫描复核，提高建造的整体质量，合理安排建造进度，避免无效变更导致的工程费用的增加，从而提升业主对项目的掌控力。在运维阶段，通过 CIM 平台的数据集成功能，为业主提供全套可视化项目建设信息，为后期运营管理提供基础数据支持。

CIM 平台是基于 BIM 技术，融合地理信息技术及物联网技术的可视化管理平台。通过基于 BIM 的虚拟仿真，结合 BIM 模型数据、地理信息数据以及物联网数据，实现对项目的设计、建设、运维全生命周期管理。在设计阶段可以进行场景创建，各类建筑模型搭载，还原多种设计方案，进行实时的方案比选，智能分析、实施修改等功能，提升设计进度，提高设计效率，减少由于设计调整造成的资本浪费。在施工阶段可配合 BIM 工程管理，对各项工程的施工进度、费用、建设质量等指标进行实时监控，对应到具体问题，进行分析和预警。运维阶段基于设计施工阶段的数据，融合物联网设备，对安防、消防、能源、车辆等多个系统进行对接，可以实现系统化、部件化地对运维各个组件进行管理，提升管理的精细程度，提升管理效率。

5.2 医院项目基于 BIM 的协同管理平台的优势

医院项目具有功能和专业系统复杂、物业和设施长期持有等特点，在运营过程中需要根据不断变化的实际需求进行功能重组、改建和扩建，这就决定了医院项目需要探索符合自身特征的应用模式。通过上海市胸科医院的应用实践，我们认为，业主主导、专业 BIM 咨询公司全过程服务、面向全生命周期的 BIM 应用是充分发挥 BIM 价值的最佳模式之一。该模式的应用包含以下内涵和支撑要素。

（1）BIM 应用与前期决策管理、实施期项目管理和运维期后勤管理深度结合。BIM 应用不能和全过程管理两张皮，不能为了 BIM 而 BIM，应结合每个医院项目的特点，做好全过程应用点的策划，从实际需求出发，充分发挥 BIM 的价值。应发挥不同阶段 BIM 模型成果、数据成果和研究成果的价值，最大化减少阶段转换所带来的信息和知识丢失。在 BIM 应用策划时，应充分体现运维导向的 BIM 应用理念，从使用需求出发、从运维需求出发，建立应用组织、管理流程、协调机制、数据要求和应用标准等，应将医生需求、行政管理人员需求、病人需求、后勤运维需求等进行充分的体现，将施工和运维等后续单位、部门或人员的项目参与充分前置，将后续数据要求标准化、制度化，尽可能地保证数据创建、共享和管理的及时性、实时性和完整性，以提高项目前期决策管理、实施期项目管理以及运维期后勤管理的整体水平。

（2）构建业主方驱动、BIM 咨询公司全过程服务、参建单位共同参与的组织模式。BIM 应用是一个系统工程，涉及工程管理的绝大部分内容以及几乎所有的参与方。因此，作为总组织者、总协调者和总集成者，业主需要在 BIM 中发挥关键作用。而鉴于医院建设单位的特点以及 BIM 应用的专业性，BIM 咨询公司在医院项目 BIM 应用中具有重要地位，是业主在 BIM 应用方面"脑的延伸、手的延长"。但同时，BIM 咨询单位应具有项目管理能力、BIM 建模与应用能力、BIM 信息化能力以及相应的科研创新能力，以适应业主在 BIM 应用方面的现实需求。另外，BIM 的应用离不开几乎所有参建单位的参与和支持，因此各参建单位应在 BM 应用方面配置相应人才，按照各自分工，积极参与到 BIM 应用中。当然，由于各项目的特征不同、管理模式不同、参建单位 BIM 应用水平不同，具体的应用模式和应用分工应根据项目情况进行适应性调整。

（3）制订 BIM 应用的应用规划、实施方案、组织协调机制和相应标准。从总体而言，BIM 在医院项目中的应用还处在探索阶段，还没有形成成熟的应用模式、应用指南和应用标准。另外，由于项目的差异性，每个项目 BIM 应用的模式、需求、深度等都不尽相同，因此就有必要针对项目制订应用规划作为 BIM 应用的最高纲领，编制具体的实施方案作为 BIM 应用的操作依据，必要的话，制订相应技术标准作为 BIM 建模与协同应用、信息化平台构建以及模型移交和验收的依据。同时，需要借助信息化管理软件，搭建 BIM 应用的信息共享和沟通平台，形成 BIM 会议机制，充分发挥 BIM 的信息集成、信息共享以及可视化和数字化优势，进行价值工程分析，为精益建设和项目全过程增值提供服务。依托本项目开发形成的基于 BIM 的项目协同平台"漫拓云工程 Ttek PM"与基于 BIM 的后勤管理平台"漫拓云运维 Ttek FM"为全生命周期 BIM 应用提供了良好的平台与支撑。

（4）针对修善项目，形成模型构建和模型应用的系统性方案。在胸科医院门急诊医技楼大修项目 BIM 应用中，形成业主方为主的 BIM 管理模式，专业 BIM 咨询团队利用三维激光扫描技术建立工程 3D 模型，发挥基于 BIM 模型进行建筑性能化分析等，更好地开展了医院修善项目的管理工作，发挥基于三维模拟和设备管线碰撞优化、施工过程的空间和进度可视化展示、竣工阶段的设备管线模型信息移交等方面的优势和价值，以数字化、信息化和可视化的方式实现基于 BIM 的建设项目管理，提升了医院修善项目的精细化管理水平。

5.3 基于 BIM 的协同管理平台实施与应用效果

在需求分析与调研阶段，对众和建设工程有限公司在建的十个典型项目做了深入了解与分析，调研结果表明企业级 BIM 管理平台应在系统的宽度和深度两方面满足要求。

第一，系统宽度。系统结构宽度应满足企业自身内控的要求，在调研过程中我们研究了企业集团的工作流程和项目实施流程，确定了平台项目群管理和项目管理，两种平台的管控方向。在项目管理中以项目成本管控为目标，结合项目施工进度，实现对项目成本、质量安全、技术资料等业务的动态管控。

第二，系统深度。作为企业级 BIM 管理平台，系统功能过深不仅会造成管理的复杂化，增加管理冗余成本，同时也不利于系统在项目实施中推广。因此适中的系统深度，明确的管理要点，配合便捷的交互操作更有利于 BIM 平台的落地，基于上述平台需求特征，研究综合应用云计算、面向服务架构等技术。

（1）用户层：用户访问层，支持多种终端设备。

（2）应用服务层：是平台主要功能交互区，分为企业级 BIM 平台和项目级 BIM 平台。

（3）应用支撑层：平台运行的基本保障，以及对各功能模块之间数据交互的管理。

（4）数据层：主要的数据存储层，包括结构化数据和非结构化数据，供各模块功能调用。

（5）网络层：应用架构的网络环境，包括企业内、外网，工地外网等。

建筑施工是一个高度复杂的动态过程，施工工序与工期、成本、资源、场地之间都存在着复杂的动态联系，因此，在搭建施工企业 BIM 管理平台时应以施工进度为管控手段，4D 进度模型作为 BIM 项目管理的依据，管控施工成本及与施工过程有关的业务工作。

在本系统实施过程中，结合手机移动端采集现场质量安全及其他工况数据。在 4D 施工模型上挂接质量、安全等施工现场数据，在每周、每月的进度数据更新时能实时获取项目目标成本，而现场采集的数据在经过平台的处理可以生成当天的实际成本数据，通过累积即能获得每周、每月实际成本与目标成本的比对，从而依据实际数据对项目进行管控。

伴随着我国国民经济的快速发展，城市建设速度突飞猛进，城市建筑物越来越高，体型越来越复杂多变。面向建设项目生命期工程管理思想的出现和 BIM 技术的不断成熟，推动着建筑工程信息管理方式和管理手段的创新。基于 BIM 技术的信息协同平台可以为现场实时信息管理提供一种更为有效的工具，BIM 信息集成平台实现了施工阶段不同应用软件之间的信息交换和共享。

BIM 技术是一种应用于工程设计建造管理的数据化工具，通过参数模型整合各种项目的相关信息，在项目策划、运行和维护的全寿命周期过程中进行共享和传递，使工程技术人员对各种建筑信息做出正确理解和高效应对，当前 BIM 技术的研究重心，已从单一应用软件的开发逐步转移到基于 BIM 技术建筑协同平台的开发研究上。

目前我国的建筑业需求正以大约 20% 的增速成长，但是建筑行业本身的信息化管理水平仍停留在初级阶段。在这种情况下，BIM 的出现无疑给当前面临窘境的建筑施工领域带来了希望。BIM 是建筑过程的数字展示方式来协助数字信息交流及合作。信息的有效利用是 BIM 给建筑业带来的主要价值之一。而现代建筑项目施工过程又是一项十分复杂的活动，尤其是伴随着计算机应用技术的迅速发展，各种异型曲面的建筑设计不断涌现，所以应用传统的建筑施工模式已经无法满足当代建筑的迫切需求。

在这种环境背景下，通过应用 BIM 模式创新整合并利用建筑工程项目全生命周期所涉及的信息，不仅缩短了建筑工程所需时间，节约资源成本，同时还帮助所有工程参与者提高了决策效率和设计质量。业主、设计院、施工单位三者对比，从受益度、动力、技术力量三个因素综合考虑，施工单位将是推动 BIM 发展的最大动力。

原因如下：现阶段施工单位的利润率相对偏低，BIM 技术的引入将为其带来更大价值，施工企业对利用新技术、新方法提高生产效率和利润率的动力会比开发商和设计机构高得多。因此有必要研究 BIM 技术在施工阶段的具体应用价值，便于在 BIM 越来越普及的大环境下，逐步提出针对施工企业的 BIM 应用解决方案。

某县人民医院迁建项目作为公司的管理创新试点项目，将积极探索利用 BIM 技术作为信息平台，通过积极探索和研究，初步形成以 BIM 为基础信息平台的管理流程、管理方法，实现远程分布式精细化管理：将协调工作前置，优化工程筹划及资源配置，增强管理工作的预见性，达到缩短工期、提高工程质量等目的。

在此基础上，进行经验总结并在其他项目中逐步推广，形成"工程信息库"和"基于 BIM 的管理平台"等管理手段的完善。通过在虹源盛世项目中的实际应用，逐步进行现场实际数据的积累及使用性检验，并逐步对软件平台的功能进行改进和完善。

建筑领域中各部门各专业设计人员协同工作的基础是建筑信息模型的共享与转换，所以基于 BIM 技术建筑协同平台应具备良好的存储功能。目前大部分建筑信息模型的存储形式仍为文件存储，这样的存储形式难以对多个项目的工程信息进行集中存储。而在当前信息技术的应用中，以数据库存储技术的发展最为成熟、应用最为广泛。并且数据库具有存储容量大、信息输入输出和查询效率高、易于共享等优点，所以本次研究采用数据库对建筑信息模型进行存储，从而可以解决当前 BIM 技术发展所存在的问题。

1.图形编辑平台

在基于 BIM 技术建筑协同平台上，各个专业的设计人员需要对 BIM 数据库中的建筑信息模型进行编辑，转换、共享等操作。这就需要在 BIM 数据库的基础上，构建图形编辑平台，图形编辑平台的构建可以对 BIM 数据库中的建筑信息模型进行更加直观的显示，专业设计人员可以通过它对 BIM 数据库内的建筑信息模型进行相应的操作。在此基础上，还可以进一步考虑存储整个城市建筑信息模型的 BIM 数据库，与地理信息系统、交通信息等相结合，利用图形编辑平台进行显示，可以实现真正意义上的数字城市。

2.建筑专业应用软件

建筑业是一个包含多个专业的综合行业，如在设计阶段，需要建筑师、结构工程师、暖通工程师、电气工程师、给排水工程师等多个专业的设计人员进行协同工作，这就需要用到大量的建筑专业软件，如结构性能计算软件、光照计算软件等。所以，在 BIM 建筑协同平台中，需要开发建筑专业应用软件以便于各专业设计人员对建筑性能进行设计和计算。

3.基于 BIM 技术建筑协同平台

由于在建筑全生命周期过程中有多个专业设计人员的参与，如何能够有效地管理是至关重要的。所以，需要开发 BIM 建筑协同平台，通过此平台可以对各个专业的设计人员进行合理的权限分配、对各个专业的建筑功能软件进行有效的管理、对设计流程、信息传输的时间和内容进行合理的分配，这样才能更有效地发挥基于 BIM 技术建筑协同平台的优势，从而为 BIM 技术的实现奠定了基础。

BIM 是信息化大潮之下顺势而生的应用于建筑行业的新型管理工具，由于模型中可以集成建筑各阶段信息，对施工管理作用巨大。目前，国内有关 BIM 技术在施工中的应用研究尚处于初步探索阶段，施工实时模型在实践中的应用还未有套路可循，国外研究虽有些成果，但鉴于不同国情以及行业形势，并不能照搬到国内。根据我国施工管理特点和实际需求，我国有关专家学者提出了工程施工 BIM 应用的技术架构、系统流程和应对措施，初步尝试了 BIM 与 4D 技术相结合并用于工程筹划及项目进度模拟之中，自主研发了基于 BIM 技术的基坑工程施工信息管理协同平台，探讨了不同管理功能的协同应用。研究成果成功应用于虹源盛世基坑项目，验证了其可行性和适用性，充分体现了 BIM 技术在工程施工中的应用价值和广阔前景。

施工企业将 BIM 从单点应用提升至精细化管理的过程，正是实现"智慧建造"，积累工程建设大数据的过程，因此施工企业的 BIM 管理体系建设刻不容缓。施工企业 BIM 管理体系建设应充分考虑施工企业现有的组织架构及业务模式，以标准业务流程作为基础，逐步打造一套符合企业自身需求的 BIM 管理体系。体系中不仅包含指导运作的规章制度，更重要的是提高一线技术人员工作效率，提升项目精益管控水平，实现项目和企业整体效益的提升。只有符合这种要求的企业 BIM 管理体系才能帮助企业真正实现 BIM 落地，实现施工企业以数据驱动精细化管理的目标。

基于 BIM 的竣工模型构建：

（1）目的和意义。在建筑项目竣工验收时，将竣工验收信息添加到施工过程模型中，并根据项目实际情况进行修正，以保证模型与工程实体的一致性，进而形成竣工模型。

（2）数据准备。包括：施工过程模型，施工过程中新增、修改变更资料，验收合格资料。

（3）操作流程。收集数据，并确保数据的准确性。

施工单位技术人员在准备竣工验收资料时，应检查施工过程模型是否能准确表达竣工工程实体，如表达不准确或有偏差，应修改并完善建筑信息模型相关信息，以形成竣工模型。

验收合格资料、相关信息宜关联或附加至竣工模型，形成竣工验收模型。

竣工验收资料可通过竣工验收模型进行检索、提取。

按照相关要求进行竣工交付。

（4）操作流程如图 5-1 所示。

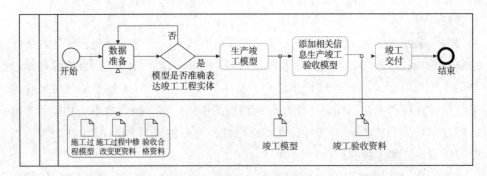

图 5-1　操作流程图

（5）成果竣工模型。模型应准确表达构件的外表几何信息、材质信息、厂家信息以及实际安装的设备几何及属性信息等。其中，对于不能指导施工、对运维无指导意义的内容，应进行轻量化处理，不宜过度建模（见图 5-2）。

图 5-2　某项目竣工模型

竣工验收资料可通过竣工验收模型输出，包含必要的竣工信息，作为档案管理部门竣工资料的重要参考依据。

5.4　基于 BIM 的运维管理

运维阶段是在建筑全生命期中时间最长、管理成本最高的重要阶段。BIM 技术在运维阶段应用的目的是提高管理效率、提升服务品质及降低管理成本，为设施的保值增值提供可持续的解决方案。

运维阶段 BIM 应用是基于业主设施运营的核心需求，充分利用竣工交付模型，搭建智能运维管理平台并付诸具体实施。其主要工作和步骤是：运维管理方案策划、运维管理系统搭建、运维模型构建、运维数据自动化集成、运维系统维护。其中基于 BIM 的运维管理的主要功能模块主要包括：空间管理、资产管理、设施设备维护管理、能源管理、应急管理。

本项目运维阶段的 BIM 应用将按照届时的实际需求，以补充协议约定具体执行标准和成果交接程序。以下的内容将作为后续运维阶段运用办法的基础，但不排除与时俱进的调整及优化。

1.运维管理方案策划

（1）目的和意义。运维管理方案是指导运维阶段 BIM 技术应用不可或缺的重要文件，宜根据项目的实际需求制订。基于 BIM 的运维方案宜在项目竣工交付和项目试运行期间制订。运维方案宜由业主运维管理部门牵头、专业咨询服务商支持（包括 BIM 咨询、FM 设施管理咨询、IBMS 集成建筑管理系统等）、运维管理软件供应商参与共同制订。

（2）工作内容。运维方案须经详尽的需求调研分析、功能分析与可行性分析。需求调研对象应覆盖到主管领导、管理人员、管理员工和使用者。

在需求调研的基础上，需进一步进行功能分析，梳理出针对不同应用对象的功能性模块和支持运维应用的非功能性模块，如角色、管理权限等。

运维方案还需要进行可行性分析，分析功能实现所具备的前提条件，尤其是需要集成进入运维系统的智能弱电系统或者嵌入式设备的接口的可对接性，在运维实施前应做详细调研。

运维方案宜包括成本投入评估和风险评估。

（3）操作流程图如图 5-3 所示。

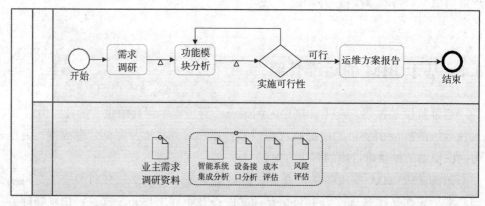

图 5-3　操作流程图

（4）成果。运维方案报告：报告主要内容包括运维应用的总体目标、运维实施的内容、运维模型标准、运维模型构建和运维系统搭建的技术路径、运维系统的维护规划等。

2.运维管理系统搭建

（1）目的和意义。运维系统搭建是该阶段的核心工作。运维系统应在运维管理方案的总体框架下，结合短期、中期、远期规划，本着"数据安全、系统可靠、功能适用、支持拓展"的原则进行软件选型和搭建。

（2）工作内容。运维系统可选用专业软件供应商提供的运维平台，在此基础上进行功能性定制开发，也可自行结合既有三维图形软件或 BIM 软件，在此基础上集成数据库进行开发。运维平台宜利用或集成业主既有的设施管理软件的功能和数据。运维系统宜充分考虑利用互联网、物联网和移动端的应用。

如选用专业软件供应商提供的运维平台，应全面调研该平台的服务可持续性、数据安全性、功能模块的适用性、BIM 数据的信息传递与共享方式、平台的接口开放性、与既有物业设施系统结合的可行性等内容。

如自行开发运维平台，应考察三维图形软件或 BIM 软件的稳定性、既有功能对运维系统的支撑能力、软件提供 API 等数据接口的全面性等。

运维系统选型应考察 BIM 运维模型与运维系统之间的 BIM 数据的传递质量和传递方式，确保建筑信息模型数据的最大化利用。

（3）成果。运维系统和运维实施搭建手册：运维系统由软件供应商提供或开发团队提供，运维实施搭建手册包括：运维系统搭建规划、功能模块选取、资源配备、实施计划、服务方案等。

3.运维模型构建

（1）目的和意义。运维模型构建是运维系统数据搭建的关键性工作。运维模型来源于竣工模型，如果竣工模型为竣工图纸模型，并未经过现场复核，则必须经过现场复核后进一步调整，形成实际竣工模型。

（2）数据准备。包括实际竣工模型、运维所需数据资料、运维模型标准。

（3）操作流程。验收竣工模型，并确保竣工模型的可靠性。

根据运维系统的功能需求和数据格式，将竣工模型转化为运维模型。在此过程中，应注意模型的轻量化。模型轻量化工作包括：优化、合并、精简可视化模型；导出并转存与可视化模型无关的数据；充分利用图形平台性能和图形算法提升模型显示效率。

根据运维模型标准，核查运维模型的数据完备性。验收合格资料、相关信息宜关联或附加至运维模型，形成运维模型。

（4）成果。运维模型应准确表达构件的外表几何信息、运维信息等。对运维无指导意义的内容，应进行轻量化处理，不宜过度建模或过度集成数据（见图5-4）。

图 5-4　某项目运维模型

4. 空间管理

（1）目的和意义。为了有效管理建筑空间，保证空间的利用率，结合建筑信息模型进行建筑空间管理，其功能主要包括空间规划、空间分配、人流管理（人流密集场所）等。

（2）系统功能。① 空间规划。根据企业或组织业务发展情况，设置空间租赁或购买等空间信息，积累空间管理的各类信息，便于预期评估，制订满足未来发展需求的空间规划。② 空间分配。基于建筑信息模型对建筑空间进行合理分配，方便查看和统计各类空间信息，并动态记录分配信息，提高空间的利用率。③ 人流管理。对人流密集的区域，实现人流检测和疏散可视化管理，保证区域安全。④ 统计分析。开发空间分析功能获取准确的面积使用情况，满足内外部报表需求。

（3）数据准备。建筑信息模型：建筑空间模型文件，要求分单体、分楼层编制。属性数据：空间编码、空间名称、空间分类、空间面积、空间分配信息、空间租赁或购买信息等与建筑空间管理相关的信息。属性数据可以集成到建筑信息模型中，也可单独用 Excel 等结构化文件保存。

（4）数据集成。包括收集数据，并保证模型数据和属性数据的准确性。将空间管理的建筑信息模型根据运维系统所要求的格式加载到运维系统的相应模块中。将空间管理的属性数据根据运维系统所要求的格式加载到运维系统的相应模块中。两者集成后，在运维系统中进行核查，确保两者集成的一致性。在空间管理功能的日常使用中，进一步将人流管理、统计分析等动态数据集成到系统中。空间管理数据为建筑物的运维管理提供实际应用和决策依据。

5.资产管理

（1）目的和意义。利用建筑信息模型对资产进行信息化管理，辅助建设单位进行投资决策和制订短期、长期的管理计划。利用运维模型数据，评估、改造和更新建筑资产的费用，建立维护和模型关联的资产数据库。

（2）系统功能。形成运维和财务部门需要的可直观理解的资产管理信息源，实时提供有关资产报表。

生成企业的资产财务报告，分析模拟特殊资产更新和替代的成本测算。

记录模型更新，动态显示建筑资产信息的更新、替换或维护过程，并跟踪各类变化。

基于建筑信息模型的资产管理，财务部门可提供不同类型的资产分析。

（3）数据准备。建筑信息模型：建筑资产模型文件，要求分单体、分楼层编制。属性数据：资产编码、资产名称、资产分类、资产价值、资产所属空间、资产采购信息等与资产管理相关的信息。属性数据可以集成到建筑信息模型中，也可单独用 Excel 等结构化文件保存。

（4）数据集成。包括：收集数据，并保证模型数据和属性数据的准确性；将资产管理的建筑信息模型根据运维系统所要求的格式加载到运维系统的相应模块中；将资产管理的属性数据根据运维系统所要求的格式加载到运维系统的相应模块中；两者集成后，在运维系统中进行核查，确保两者集成的一致性；在资产管理功能的日常使用中，进一步将资产更新、替换、维护过程等动态数据集成到系统中；资产管理数据为运维和财务部门提供资产管理报表、资产财务报告，作为决策分析的依据。

6.设施设备维护管理

（1）目的和意义。将建筑设备自控（BA）系统、消防（FA）系统、安防（SA）系统及其他智能化系统和建筑运维模型结合，形成基于 BIM 技术的建筑运行管理系统和运行管理方案，有利于实施建筑项目信息化维护管理。其重要价值如下：

① 提高工作效率，准确定位故障点的位置，快速显示建筑设备的维护信息和维护方案。

② 有利于制订合理的预防性维护计划及流程，延长设备使用寿命，从而降低设备替换成本，并能够提供更稳定的服务。

③ 记录建筑设备的维护信息，建立维护机制，以合理管理备品、备件，有效降低维护成本。

（2）系统功能。① 设备设施资料管理：对设备设施技术资料进行归纳，以便快速查询，并确保设施设备的可追溯性以及文件数据的备份管理。② 日常巡检：利用建筑模型和设施设备及系统模型，制订设施设备日常巡检路线；结合楼宇 BA 系统及其他智能化系统，对楼宇设施设备进行计算机界面巡检，减少现场巡检频次，以降低楼宇运行的人力成本。③ 维保管理：编制维保计划，利用建筑模型和设施设备及系统资产管理清册，结合楼宇实际运行需求制定楼宇建筑和设施设备及系统的维保计划。④ 定期维修：利用建筑模型和设施设备及系统模型，结合设备供应使用说明及设备实际使用情况，按维保计划要求对设施设备进行维护保养，确保设施设备始终处于正常状态。⑤ 报修管理：利用建筑模型和设施设备及系统模型，结合故障范围和情况，快速确定故障位置及故障原因，进而及时处理设备运行故障。⑥ 自动派单：系统提示设备设施维护要求，自动根据维护等级发送给相关人员进行现场维护。⑦ 维护更新设施设备数据：及时记录和更新建筑信息模型的运维计划、运维记录（如更新、损坏、老化、替换、保修等）、成本数据、厂商数据和设备功能等其他数据。

（3）数据准备。① 建筑信息模型：建筑设施设备模型文件，要求分单体、分楼层或分系统、分专业编制；② 属性数据：设备编码、设备名称、设备分类、资产所属空间、设备采购信息等与设备管理相关的信息。属性数据可以集成到建筑信息模型中，也可单独用 Excel 等结构化文件保存。

（4）数据集成。包括以下步骤：收集数据，并保证模型数据和属性数据的准确性；将设备管理的建筑信息模型根据运维系统所要求的格式加载到运维系统的相应模块中；将设备管理的属性数据根据运维系统所要求的格式加载到运维系统的相应模块中；两者集成后，在运维系统中进行核查，确保两者集成一致性；在设备管理功能的日常使用中，进一步将设备更新、替换、维护过程等动态数据集成到系统中；设备管理数据为维保部门的维修、维保、更新、自动派单等日常管理工作提供基础支撑和决策依据。

7. 应急管理

（1）目的和意义。利用建筑模型和设施设备及系统模型，制订应急预案，开展模拟演练。当突发事件发生时，在建筑信息模型中直观显示事件发生位置，显示相关建筑和设备信息，并启动相应的应急预案，以控制事态发展，减少突发事件的直接和间接损失。

（2）系统功能。模拟应急预案。在 BIM 运维系统中内置物业编制好的应急预案，包括人员疏散路线、管理人员负责区域、消防车、救护车等进场路线等，对应急预案进行模拟演练。

应急事件处置。在发生应急事件时，系统能自动定位到发生应急事件的位置，并进行报警，同时，应急事件发生时系统中的应急预案可为应急处置提供参考。

（3）数据准备。事件数据：与应急管理相关的事件脚本和预案脚本、路线信息、发生位置、处理应急事件相关的设备信息等。

模型数据：事件脚本和预案脚本相关的建筑信息模型。

（4）操作流程。收集数据，并保证事件数据的准确性；将事件脚本和预案脚本相关的建筑信息模型根据运维系统所要求的格式加载到运维系统的相应模块中；在运维系统的应急管理模块中，根据脚本设置，选择发生的事件，以及必要的事件信息（如发生位置或救援位置），利用系统功能自动或半自动地模拟事件，并利用可视化功能展示事件发生的状态，如着火、人流、救援车辆等。应急管理数据可为建筑物的安保工作提供决策依据。

8. 能源管理

（1）目的和意义。利用建筑模型和设施设备及系统模型，结合楼宇计量系统及楼宇相关运行数据，生成按区域、楼层和房间划分的能耗数据，对能耗数据进行分析，发现高耗能位置和原因，并提出针对性的能效管理方案，降低建筑能耗。

（2）系统功能。数据收集。通过传感器将设备能耗进行实时收集，并将收集到的数据传输至中央数据库进行整合处理。

能耗分析。运维系统对中央数据库收集的能耗数据信息进行汇总分析，通过动态图表的形式展示出来，并对能耗异常位置进行定位、提醒。

智能调节。针对能源使用历史情况，可以自动调节能源使用情况，也可根据预先设置的能源参数进行定时调节，或者根据建筑环境自动调整运行方案。

能耗预测。根据能耗历史数据预测设备能耗未来一定时间内的能耗使用情况，合理安排设备能源使用计划。

（3）数据准备。① 建筑信息模型：包括建筑设施设备及系统模型文件和建筑空间及房间的模型文件中关于能源管理的相应设备。② 属性数据：包括能源分类数据，如水、电、煤系统基本信息，以及能源采集所需要的逻辑数据。属性数据宜用 Excel 等结构化文件保存。

（4）数据集成。收集数据，并保证模型数据和属性数据的准确性；将与能源管理相关的建筑信息模型根据运维系统所要求的格式加载到运维系统的相应模块中，也可直接利用设备维护管理和建筑空间管理已经加载的模型数据；将能源管理的属性数据根据运维系统所要求的格式加载到运维系统的相应模块中；两者集成后，在运维系统中进行核查，确保两者集成的一致性；在能耗管理功能的日常使用中，进一步利用数据自动采集功能，将不同分类的能源管理数据通过中央数据库自动集成到运维系统中；能耗管理数据为运维部门的能源管理工作提供决策分析依据。

9.运维管理系统维护

（1）目的和意义。为确保运维管理系统的正常运行和发挥价值，系统维护必不可少。运维管理维护包括：软件本身的维护升级，数据的维护管理。运维管理系统的维护宜由软件供应商或者开发团队提供。运维管理维护计划宜在运维系统实施完毕交付之前由业主运维部门审核通过。

（2）维护内容。数据安全管理：运维数据的安全管理包括数据的存储模式、定期备份、定期检查等工作。

模型维护管理：由于建筑物维修或改建等原因，运维管理系统的模型数据需要及时更新。

数据维护管理：运维管理的数据维护工作包括：建筑物的空间、资产、设备等静态属性的变更引起的维护，也包括在运维过程中采集到的动态数据的维护和管理。

（3）系统升级。运维管理系统的版本升级和功能升级都需要充分考虑到原有模型、原有数据的完整性、安全性。

5.5 推广 BIM 应用的成效

BIM 技术作为一套全新的项目管理手段，对项目管理单位提升项目精细化管理、各参建单位集约化管理，推动业主信息化建设和综合管理效率方面，有其巨大的存在价值。如同在上海中心、深圳平安金融中心、港珠澳大桥、上海迪士尼等一大批国家重点工程中一样，BIM 技术的数字化建造取得了卓有成效的探索和成果，通过宣传已有项目的实施经验及成效，让行业人员都能深切感受到项目全生命期运用 BIM 技术与管理所发挥的强大影响力。重庆江津综合保税区项目属于综合办公楼，工期紧、结构复杂的特色决定了其在 BIM 应用与管理上可依托 BIM 顾问管理的模式，且该模式在项目全过程中的运用也将取得一定成效，自然而然会使该项目起到试点及示范作用。因此项目有义务及意义去推广并传播 BIM 项目运用的成效。主要推广运用方向为：

（1）通过建立示范、成熟的实施方法并培养团队，实现项目全员全生命期的BIM 应用。在项目内部开展学习与交流经验总结大会，听取各方意见及建议，完善、更新基于 BIM 技术的项目管理及运用。

（2）依据 BIM 技术在本项目设计、管理上的运用成效，通过制订相应时间计划，在重要工程节点及业主需求的情况下，向业主汇报 BIM 技术应用的阶段性成果及管理经验，帮助业主了解工程开展情况。

（3）向业主和有关部门进行汇报与宣讲有关 BIM 实践的运用成效及经验。通过 BIM 顾问管理模式下的经验总结、心得分享，将技术运用成果与管理经验进行公开化的推广与宣贯，结合业主的大力支持和推动作用，形成一系列系统的宣贯机制。使 BIM 技术在本项目的运用得到更为广泛的关注，也给行业对 BIM 应用于项目管理，全生命期应用提出新的思考和启示。

第6章 BIM 技术的发展趋势

随着 BIM 技术的发展和完善，BIM 的应用还将不断扩展，BIM 将永久性地改变项目设计、施工和运维管理方式。随着传统低效的方法逐渐退出历史舞台，目前许多工作岗位、任务和职责将成为过时的东西。报酬应当体现价值创造，而当前采用的研究规模、酬劳、风险以及项目交付的模型应加以改变，才能适应新的情况。在这些变革中，可能即将发生的包括：

（1）市场的优胜劣汰将产生一批已经掌握 BIM 并能够有效提供整合解决方案的公司，它们基于以往成功经验来参与竞争，赢得新的工程。这些公司将包括设计师、施工企业、材料制造商、供应商、预制件制造商以及专业顾问。

（2）专业的认证将有助于把真正有资格的 BIM 从业人员从那些对 BIM 一知半解的人当中区分开来。教育机构将把协作建模融入其核心课程，以满足社会对 BIM 人才的需求。同时，企业内部和外部的培训项目也将进一步普及。

（3）尽管当前 BIM 应用主要集中在建筑行业，具备创新意识的公司正将其应用于土木工程的项目中。同时，随着 BIM 带给各类项目的益处逐渐得到人们的广泛认可，其应用范围将继续快速扩展。

（4）业主将期待更早地了解成本、进度计划以及质量，这将促进生产商、供应商、预制件制造商和专业承包商尽早使用 BIM 技术。

（5）新的承包方式将出现，以支持一体化项目交付（基于相互尊重和信任、互惠互利、协同决策以及有限争议解决方案的原则）。

（6）BIM 应用将有力促进建筑工业化发展。建模将使得更大和更复杂的建筑项目预制件成为可能。更低的劳动力成本、更安全的工作环境、减少原材料需求以及一贯坚持的质量，这些将为该趋势的发展带来强大的推动力，使其具备经济性以及市场的可持续性激励。项目重心将由劳动密集型向技术密集型转移，生产商将采用灵活的生产流程，提升产品定制化水平。

（7）随着更加完备的建筑信息模型融入现有业务，一种全新的内置式高性能数据仪在不久即可用于建筑系统及产品。这将形成一个对设计方案和产品选择产生直接影响的反馈机制。通过监测建筑物的性能与可持续目标是否相符，以促进帮助绿色设计及绿色建筑全寿命期的实现。

第 7 章 项目案例

7.1 BIM 技术在某住宅小区项目中的应用

7.1.1 项目概述

　　某住宅小区项目为框架剪力墙结构，总建筑面积 101 308.74m²，其中地下两层，地下建筑面积 36 805.34m²。该住宅小区项目体量大，地下室构造复杂，专业众多，类型不一，建造过程中的协同与管理尤为重要（见图 7-1）。

图 7-1　某住宅小区

7.1.2 BIM 应用过程

　　1. BIM 应用目标

　　（1）明确施工阶段 BIM 应用目标。明确施工各阶段 BIM 应用点，对具体操作流程、协同流程提出构想，对应用成效及成果做出明确要求。

（2）明确基于 BIM 的成果质量、进度管理内容，形成一系列 BIM 实施保障措施。包括交付成果审核体系、依据工程进度需提前或后期完善的内容及时间节点交付计划，通过建立及完善 BIM 成果质量管理体系，规划及落实相应的过程审核机制，是 BIM 成果及应用能够真正发挥效用的前提与保障。

（3）结合项目管理流程及基于 BIM 的项目管理规划，深化协同平台工作模式。通过对项目各参与方在 BIM 应用上相应职责的细化与切分，落实 BIM 应用的实施过程，加强项目管理的管控力度，提高 BIM 实际施工过程中的最大价值。

2. BIM 应用软硬件介绍

该住宅小区项目 BIM 应用所采用软件有：Autodesk Revit2016、广联达 BIM 土建算量软件 GCL2013、广联达 BIM 钢筋算量软件 GGJ2013、Navisworks Manage2016、广联达 BIM5D2.5 等。模型组配置台式机 5 台，笔记本 2 台；应用组配置台式机 6 台，笔记本 1 台。

该项目施工企业 BIM 中心和项目部主要成员一起组成项目 BIM 团队，BIM 中心有专职的建模人员，项目部不设专职 BIM 人员，BIM 应用属于项目上技术、商务、物资人员的岗位职责。

3. BIM 应用实施

BIM 团队成立后，首先确定了公司 BIM 管理制度和规划实施方案，统一了建模标准，按照"分工建模，统一整合"的原则进行建模。

（1）三维场布建模。该项目位于市区，施工场地狭小，交通复杂。前期由项目经理安排人员收集现场环境资料，建模人员根据周边工程施工情况、施工进度进行土方开挖、合理规划行车道路以及施工场地材料堆场，采用广联达场地布置软件创建现场布置三维场布模型、后瓷带样板模型、卫生间样板模型、屋面样板模型、机电样板模型、安全体验馆样板模型、安全防护设施模型。三维模型结合施工现场，立体展现施工现场布置情况，合理进行施工平面布置和交通管理，该项目运用实施动态管理实现施工场地的土地利用最大化，减少材料的二次搬运及搬运距离。

（2）创建全专业模型，梳理图纸问题。通过创建全专业三维模型，及时发现图纸问题，梳理总结后通过业主反馈设计院，与设计院人员进行沟通，设计院确认后变更确定实施方案，BIM 实施人员修改模型，这样能够避免二次返工的发生，加快施工进度，节约施工成本，如图 7-2 所示。

（3）碰撞检查。建模人员完成模型创建后，将模型进行整合并利用 Navisworks 进行碰撞检查分析，共出具碰撞点 1 820 处，之后形成碰撞检查报告，根据检查报告，逐项反馈到设计图纸中，交由设计院对原设计进行整合修改，优化施工。通过运行土建结构模型进行碰撞试验检测，共发生碰撞1 820处，将碰撞部位进行返工需要的费用划分为四个等级（一级碰撞需5万元以上、二级碰撞需要2.5万元以上、三级碰撞需要0.5万元以下、四级碰撞需要0.1万元以下），共统计出一级碰撞5处，二级碰撞13处，三级碰撞584处，四级碰撞1 218处，共节省返工费用471.3万元。

图7-2 创建全专业模型

（4）施工模拟。项目根据现场分区图划分流水段，并与进度计划任务项相关联，利用BIM5D动态进度模拟，直观监控工程进度，统计人，材，机消耗数据为管理人员对工程进度管控提供数据支持。根据生长模型，模拟项目施工进度，项目部开会讨论创建施工组织设计，制作施工进度计划表，并实时地将项目实际进度与计划进度相对照，做到提前预知，把控项目进度。通过每月生成进度报表，形象地呈现实际进度与计划进度对比，便于及时调整纠偏。

（5）管线综合。本工程地下室预留管线综合排布任务量较大，所有系统全部在地下设备夹层，包括动力配电、照明系统、给排水、采暖、通风空调、消防。传统CAD机电管线综合排布需要花费大量深化设计时间，且易造成耽误工期、耗费材料、返工、窝工等现象。为节约成本，避免返工现象，BIM小组把各专业模型共同综合，利用Navisworks、Fuzor等软件进行碰撞、净高分析等，生成数据报告，共同解决项目中出现的问题。

（6）技术交底。本工程地下室后浇带较多，楼梯间错综复杂，如何确保不延误工期是难点。团队施工前利用BIM技术与3D漫游相结合，导出三维模型图，对项目作业人员进行可视化交底效果明显。本工程地下室后浇带较多、楼梯间复杂，技术负责人利用三维动画向现场管理人员和施工人员进行施工要点的讲解，在Revit 2016中将设计变更和复杂节点直接导出模型节点，并利用Word 2010生成技术交底书，向施工人员进行三维交底。利用三维可视化实时模拟对施工班组进行技术交底提高了沟通效率，实现了资源共享。

（7）移动端管理。项目通过手机移动端对现场资料进行采集，同步到BIM模型，通过BIM 5D进行系统管理，对3D建筑物模型进行全方位查看。利用广筑App移动应用，现场管理人员利用手机可直接查看三维模型上需要的构建信息，在验收时避免了质量员、施工员携带大量的图纸，与传统的CAD平面图相比，更加准确、直观，提高了工作效率。现场管理人员可以随时上传照片、视频、语音对项目现场发现的质量、安全、文明施工等问题进行统一的管理，并与BIM模型进行关联。在会议上可以通过云端平台的三维可视化功能解决问题，并下达整改通知，把修改后的照片、视频二次上传云端实现闭合管理。

（8）二次结构。借助BIM5D数据库中记录的同类项目材料消耗数据以及多维的模拟施工功能，审核人员能够快速、准确地拆分、汇总并输出任意工序的材料需求量，真正实现限额领料。

（9）沙盘模拟。安排建模人员围绕工程施工进度计划编制、资金筹措、资源使用计划、风险管理、工程报量结算、经营核算等过程进行沙盘模拟。根据现金预算，管理层就可以判断出未来项目现金流的状况及现金结余的情况以及现金是否有短缺，如果有短缺，金额是多少，测算出资金需要量，使项目管理者对项目成本进行有效的预控。

4. BIM应用效益分析

（1）运用BIM技术对整个工程进行总体规划，做到最为合理化、精细化布置施工现场，由于前期策划充分，零返工，与各方协调较好，目前已赶超进度16余天，与传统方式比较节约80%。

（2）利用BIM技术优化工艺，合理安排材料按工期进度流水进场，杜绝资金积压和材料虚报现象。项目材料预算中钢筋、混凝土两项总价约4 000万元，按材料节约率8%计算，BIM技术为项目节约资金320万。

（3）BIM技术的崛起是建筑行业的一次革命，就如当初CAD引起的抛弃图板一样，BIM技术势必会成为未来建筑全生命周期管理的引领者。BIM理念需要每一位建筑从业者从心理上去接受、去理解，这样才能促进企业的发展，让企业在未来的竞争中更具生命力。

7.2 BIM 技术在某市创新创业（科研）公共服务中心项目中的应用

7.2.1 项目概述

1. 工程简介

（1）创新创业（科研）公共服务中心项目位于某市高新区站西路与建设路交叉口西北角，总建筑面积 25 377.61m²。

（2）本工程分为公共服务中心、附属用房、地下车库三个单位工程。公共服务中心建筑面积 17 404.5m²，地上 19 层，地下 2 层（含局部夹层），建筑总高度 78.0m，屋面防水等级为Ⅰ级，外门窗采用铝合金中空玻璃门窗；附属用房建筑面积 3 596.33m²，地上 5 层，地下 2 层（含夹层），建筑总高度 20.4m，屋面防水等级为Ⅰ级，外门窗采用铝合金中空玻璃门窗，1 ~ 2 层外围护结构局部采用玻璃幕墙；地下车库建筑面积 4 376.78m²，地下 1 层，地下室防水等级为Ⅱ级，人防部分为甲类 6 级人防地下室，战时为物资库，平时为汽车库。

（3）公共服务中心建筑结构形式为钢框架 - 钢管混凝土束剪力墙结构。主楼基础采用筏板 + 天然地基，筏板厚 1.2m，筏板混凝土强度等级为 C30 防水混凝土，抗渗等级为 P6。

2. 项目重难点分析

（1）土方开挖与基坑支护降水难：现场场地狭小，土方无法放坡开挖，周边建筑管线复杂，工程地质报告中提出存在不均匀分布砂层降水难度大等难点。

（2）集水坑、电梯井支护难：本工程电梯井开挖深度较深（-9.700m），坑边坡度较大，平面形状较复杂，形成了坑中坑结构，支护困难。

（3）大体积混凝土施工难：本工程主楼地下室底板厚度为 1 200mm，要求一次连续浇筑完成，不允许出现混凝土冷缝。混凝土的供应、浇筑的组织协调工作量大而繁杂，需要做充分的准备工作。

（4）钢管束墙体吊装困难：大跨度墙体构件重量大，需进行合理的分割；构件吊装位置及吊装方式复杂；吊装指挥操作人员需专项培训，保证吊装安全；安装过程中，需一次安装到位，避免上下多次吊运安装。

（5）施工场地狭小，材料堆场空间有限，需要结合现场实际进度制订精细的用料计划，保障施工进度。

图 7-3 所示为创新创业（科研）公共服务中心效果图。

图 7-3　创新创业（科研）公共服务中心效果图

7.2.2　BIM 应用

1. 项目 BIM 技术应用目标

（1）以本项目为试点，组建培养优秀的 BIM 团队。通过 BIM 系统的部署，建立配套的管理体系，包括 BIM 标准、流程、制度、架构、竞争体系等。

（2）本项目 BIM 应用是为了提高工程设计及施工质量，更好地开展该工程的项目管理，达到项目设定的安全、质量、工期、投资等各项管理目标。

（3）通过 3D 深化设计、管线碰撞、工艺模拟、管线综合、场地模拟、辅助验收等 BIM 技术的应用，以数字化、信息化和可视化的方式提升项目建设水平，做到精细化管理。

2. BIM 实施方案

为实现本项目资源与计划管理，本项目引进鲁班 BIM 应用平台。该平台实现了 5D BIM 应用管理的功能，能够进行资源统计，辅助计划管理与决策。该平台作为应用平台，在模型深化完成后，导入该平台进行应用。

3. BIM 应用的组织机构

成立总包 BIM 管理部，作为总包层牵头成立 BIM 应用部门。部门具体职责为：制订本项目 BIM 应用策划和计划，搭建并维护本项目与 BIM 相关的软硬件环境并负责培训，建立本项目实体部分 BIM 模型统一标准，具体实施 BIM 应用。

4. BIM 应用过程

（1）图纸问题的查找。通过建模与碰撞检查共计发现钢结构专业图纸问题 15 处，并将图纸问题汇总为问题报告，反馈设计院及时做出更正，避免二次施工（见图 7-4）。

（2）BIM 工程量的提取。通过建模得到项目的具体工程量，得到钢柱栓钉、单构件最大重量等一系列准确数据，达到施工材料有量可查，有量可依的目的（见图 7-5）。

（3）钢筋排布。利用 BIM 技术进行钢筋三维模拟建造，查看基础构件钢筋排布、三维骨架图、下料单，方便现场技术交底，大大地提高了沟通的效率。

（4）吊装方案模拟。现场钢管束墙体吊装困难，大跨度墙体构件重量大，需进行合理的分割，构件吊装位置及吊装方式复杂。利用 Fuzor 软件模拟吊装方案，确保吊装一次到位，避免上下多次吊运安装。

图 7-4　图纸问题汇总图

钢管束名称	
GS-1	1807.2
GS-2	2402.4
GS-3	940.6
GS-4	2630
GS-5	2555.1
GS-6	1489.2
GS-6变更	1483.7
GS-8	1696.6
GS-9	1401.3
GS-10	4291.75
GS-11	510.4
GS-12	2719.4
GS-13	
GS-13变更	
GS-14	1301.5
GS-14变更	1371
GS-15	1292.5
GS-16	1376.8
GS-17	1703.9
GS-18	1630.6
GS-19	1365.1
GS-19变更	1355
GS-20	1365.1
GS-20变更	1355
GS-21	1622.6
GS-22	1794

图 7-5　钢管束工程量提取

（5）出加工图。依据钢结构设计规范等准则，如图 7-6、图 7-7、图 7-8、图 7-9 所示，利用所建模型出具钢构件的详细图纸，为工厂构件制作提供依据，避免因构件制作不符合实际工程而造成的二次返工。

图 7-6　钢结构设计规范

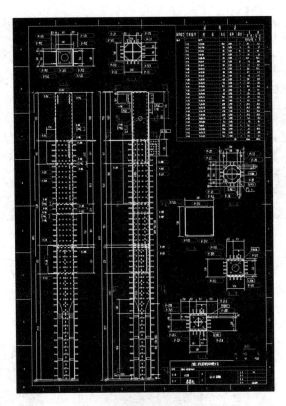

图 7-7　钢构件详细图纸 1

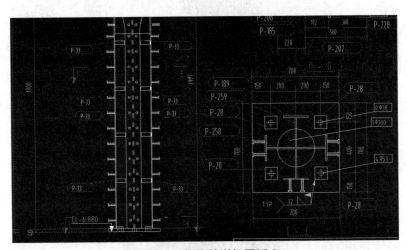

图 7-8　钢构件详细图纸 2

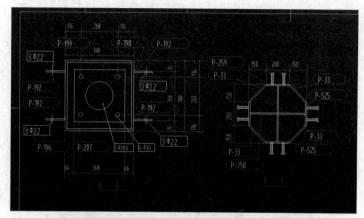

图 7-9　钢构件详细图纸 3

（6）优化节点设计。利用鲁班节点优化钢筋与钢柱的有效碰撞，为现场施工人员的钢筋绑扎与焊接提供技术指导（见图 7-10、图 7-11）。

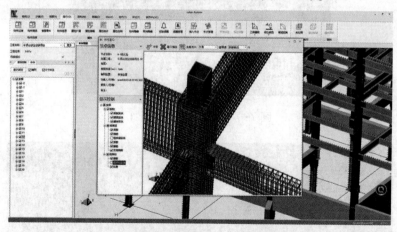

图 7-10　鲁班节点优化钢筋

图 7-11　施工现场钢筋绑扎

（7）BV 手机端的应用。通过 BV 手机端，通过现场施工情况的实时传输，施工管理各方均可参与其中，达到及时处理问题反馈，控制进度、监控质量的目的（见图 7-12）。

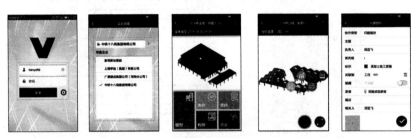

图 7-12　BV 手机端的应用

（8）砌体排布。制订砌体排布标准，利用 BIM 技术精确计算每一道墙的工程量，减少二次搬运。模拟墙体排布，降低人工排布的错误率，提高施工质量（见图 7-13、图 7-14）。

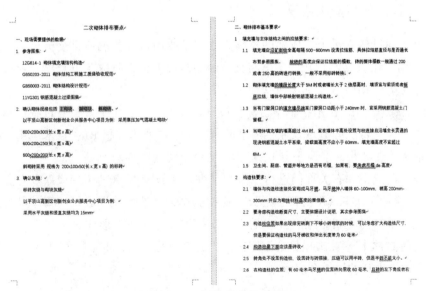

图 7-13　钢体排布要点图

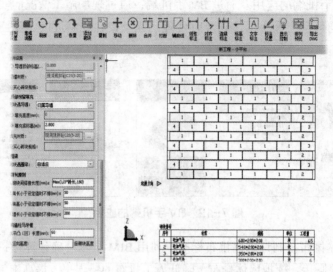

图 7-14　砌体排布剖面图

7.2.3　BIM 技术应用效果

（1）通过建立示范、成熟的实施方法并培养团队，实现项目全员全生命期的 BIM 应用。在项目内部开展学习与交流经验总结大会，听取各方意见及建议，完善、更新基于 BIM 技术的项目管理及运用。

（2）依据 BIM 技术在本项目深化设计、管理上的运用成效，通过制订相应时间计划，在重要工程节点及业主需求的情况下，向业主汇报 BIM 技术应用的阶段性成果及管理经验，帮助业主了解工程开展情况。

（3）向业主和有关部门进行汇报与宣讲有关 BIM 实践的运用成效及经验。通过 BIM 顾问管理模式下的经验总结、心得分享，将技术运用成果与管理经验进行公开化的推广与宣贯，结合业主的大力支持和推动作用，形成一系列系统的宣贯机制。使 BIM 技术在本项目的运用得到更为广泛的关注，也给行业对 BIM 应用于项目管理提出新的思考和启示。

7.3　BIM 技术在某市医院儿科医技培训中心综合楼项目中的应用

7.3.1　项目概况

1.工程简介

某市第一人民医院儿科医技培训中心综合楼项目位于河南省某市雕阳区旋路292 号，东临凯旋路，南临北海路，是一个集儿科、医技门诊和全科医生培训为一体的现代化医疗综合楼。该工程延续了始建于 1912 年加拿大圣公会创办的圣保罗医院建筑的特点，又具有现代化的结构与特性。建成之后该医院将成为豫东地区具有广泛代表性的现代化三级甲等综合医院。

该项目由某市第一人民医院投资建设。工期要求：2014 年 3 月 27 日到2016 年 11 月 4 日，总工期 960 天。质量目标为"争创鲁班奖"。项目总建筑面积 75 455m²（不含设备层），其中地上 60 231m²，地下 15 224m²，建筑总高度74.450m，主楼 17 层，裙楼 5 层，地下 2 层，结构类型为框架剪力墙，设计床位600 张，其中机电专业系统主要包括：给排水、通风空调水、消防等系统。

2.项目重难点分析

通过对本工程机电专业图纸与现场的实际情况进行分析，总结概括为以下 6个方面。工程量大，性能要求高：机电工程造价 8 131 万元，安装工程量大，不同专业之间管线交叉严重，如果翻弯过多，势必会影响到管线的各项性能指标，同时也增加施工难度和施工成本，并且管线设备的空间占位要求高，施工过程中协调难度大。采用传统的施工方法无法实现安装一次成优。

劳务作业交叉多，交底困难：由于本工程涉及专业多，管线复杂，机电安装专业施工队伍 7 支、高峰期工人 260 名，交叉作业多，对工程施工班组工人提出了很高要求。如果依旧采用传统的交底方式，将会加大施工工人对系统工艺及管线布置理解的难度。

进度控制难度大：多专业交叉施工沟通难度大，复杂综合管线排布不合理，次序不规范，极易影响施工进度。

材料种类多，管理难度大：机电安装涉及的材料种类极多，管线的综合排布难度会增加材料计划的误差，导致材料的浪费；另一方面，现场进行预制、加工的样板不准确，容易出现边角料过多等浪费现象。

协同管理难度大：机电安装涉及专业多，各专业之间的工程质量、安全、资金、进度等方面的协同管理难度大，传统协同管理方法难以保证工程的顺利进展。

工期紧，任务重：本项目总工期 960 日历天，建设方要求紧，社会期望度高，阶段时间内资源投入大，资金实现有效调配困难大。

7.3.2　BIM 应用

1. BIM 应用目标

实现 BIM 技术在项目管理、工程施工、技术创新等方面的应用，为了积累 BIM 融入机电专业承包管理模式中的相关经验，该项目承包建设公司将本工程立项为公司 BIM 示范公司将本工程立项为公司 BIM 示范项目，探索 BIM 在深化设计、施工技术应用、日常质量安全管理、进度管理、材料及成本管理等方面的协调应用，将 BIM 融入项目管理制度中，从框架上确定 BIM 的作用，最终形成一系列 BIM 流程、工作方式。希望 BIM 技术在该工程运用的案例能多以点带面，把 BIM 技术应用于工程的日常管理工作中，实现集团公司未来 BIM 技术施工的普及化，提升公司的新技术、新工艺创新能力，增强企业的竞争力，为企业带来一定的社会、经济效益。

项目以 BIM 技术为核心，取得工期缩短、成本减少、施工效率提高等成果。应用 BIM 技术的可视化、信息数字化等特点，同时尝试将 BIM 融入项目管理的各流程与框架中，提高项目人员的管理水平、保障工程的质量与保证安全生产工作效率，并利用 BIM 技术的优势减少返工及材料浪费，保证工期，节约成本，为项目创造价值。

培养一批优秀的 BIM 技术专业人才，为将来 BIM 技术的普及奠定良好的基础。

本工程立项为公司 BIM 示范项目，BIM 技术相关人员均是通过培训、实际操作演练等考核合格的优秀人才，他们将从 BIM 建模、BIM 应用、BIM 管控等全过程参与本项目 BIM 技术的应用，以便能够成为有技术、有经验的 BIM 技术专业人才。

2. BIM 的应用点

根据集团公司 BIM 应用目标要求和项目重点难点，确定如下的 BIM 应用点：

（1）深化设计：根据设计图纸及企业族库进行 BIM 建模，并进行碰撞检查，生成问题报告。根据问题报告进行图纸会审，解决各专业问题，确定深化设计方案，建立深化后的 BIM 模型。

（2）技术应用：利用深化后的模型，通过净空分析进行管线综合排布，并进一步进行净空优化，根据最终综合管线排布方案制订综合支吊架样式并进行预制加工，同时利用 BIM 模型及相关数据进行系统调试。

（3）生产应用：根据最终建立的 BIM 模型，项目部制订可视化的技术方案，采用全新的三维交底，利用 BIM 模型进行现场检查对照，并采集设备参数传至云端实现移动端查看，制订标准化施工对质量安全管理、进度跟踪等过程加以控制，对各项信息和数据进行监督和管理。

（4）商务应用：根据最终建立的 BIM 模型，项目部能够制订详细准确的材料计划与施工进度计划，并利用 BIM5D 软件实现可视化的控制，实现材料管理上的合理利用与节约、成本管理上资金的合理分配以及造价上的节省。

3. BIM 应用软件介绍

结合项目重难点、BIM 应用目标和实施范围，本项目确定使用 Revit、MagiCAD、Navisworks、Fuzor、广联达 BIM5D 等多种 BIM 软件开展 BIM 实施工作，并在实施的过程中结合应用对软件的有效性进行评估。

4. BIM 组织介绍

本工程根据 BIM 实施的要求，组织公司 BIM 中心人员、项目人员共同组成 BIM 团队，由软件公司人员提供支持。

5. BIM 应用过程

（1）BIM 实施标准制定。本工程项目部在该工程前期依据企业及规定制定了《BIM 实施方案》，对本工程 BIM 技术的应用做了相似的策划。

制定了完整的 BIM 工作流程。在建模时统一建模标准，建模组成员依据建模标准提交模型，技术人员通过模型对施工图进行深化，将修改完善的工程模型，用于技术、生产和商务管理，做到策划严密、模型精确、过程细致、应用落地。

（2）建立模型。工程开工前期，项目 BIM 团队依据施工图纸与《BIM 应用实施方案》中的流程图，运用 Autodesk Revit、MagiCAD 等软件建立了土建，机电等专业模型，从施工全过程对机电安装进行控制，并利用 Autodesk Navisworks、Fuzor 等软件进行三维模拟漫游监视、检查，对项目信息数据加以有效的监督和管理，准确还原设计意图。

（3）碰撞检查。将各专业模型整合后，在 MagiCAD、Autodesk Navisworks 等软件中进行软硬碰撞检查，找出碰撞点进行分析归类，找出重大碰撞点235条，并结合现场施工提出详细优化建议。

（4）问题报告及图纸会审。建模过程中，记录各专业图纸问题，形成图纸问题清单。模型建立完成后，利用 MagiCAD、Autodesk Navisworks 等软件进行碰撞检查，找出冲突点，并形成碰撞报告和净空分析报告，针对每一个问题提出初步调查意见，供业主和设计方参考。

由甲方组织设计方、施工方进行图纸会审，针对报告中的问题，利用三维模型进行沟通交流。确定修改方案，最终形成修改意见书。解决了传统图纸会审中沟通效率低的问题，保证了工程参建各方沟通的高效率，比传统会审节约时间达50%。

（5）管线综合排布优化。第一人民医院儿科医技培训中心工程内部空调、给排水、电气、医用气体等专业多，管线复杂，相互之间交叉多，如何合理科学地布置管线，既能避免相互冲突、返工，又能够保证楼层空间，仅靠传统的平面图在现场排布摸索施工是很难保证的。因此，项目部依据经各方充分探讨审核过的图纸会审记录文件，结合各安装方案，尤其是针对地下室机房、楼层走道吊顶等关键部位，利用 MagiCAD、Navisworks 等软件多视角解决管材部件的错漏碰、安装尺寸、连接方式、限高、作业面工序不合理等问题，进行管线的综合优化，提升合理性及空间价值。得到最终无碰撞和净空满足使用要求的 BIM 模型，为后期BIM 模型应用和施工管理提供准确的数据支撑。

（6）净空优化。根据管线综合优化后的 BIM 模型，会同业主、监理单位和各安装专业单位进行管线的最终排布，确定标高，对走廊等净空利用率低的公共区域进行净空优化。例如：标准层医患共用走廊内桥架、风管、喷淋、空调水管、给排水等管线比较集中、净空较低，利用 BIM 模型进行管线综合优化后，管线净空提高了约 10~15cm，提高了本工程的空间利用率。

（7）综合支吊架预制加工。依据 BIM 模型，项目部协同各安装专业召开碰头会，确定综合支吊架样式，利用 MagiCAD 软件在 BIM 模型中加设综合支吊架，选取代表性位置进行剖面截图，并进行预制加工，节省人工，减少了材料的浪费。

（8）系统预调试。本工程应用 BIM 模型，依据系统调试流程图，在 MagiCAD软件中对各专业系统进行数据模拟调试，以保证安装后的系统满足设计要求，减少了现场可能存在的返工，节省了工期和成本。

（9）技术方案分析。本工程地下二层泵房内设备较多、管线复杂，项目部技术人员综合各专业模型，对复杂安装部位施工工艺进行比选，选项最优方案，改善了传统施工作业中交叉问题多的情况，避免了经常停工、返工，保证了施工顺利进行。

（10）三维交底与检查。技术负责人利用三维动画向现场管理人员和施工人员进行施工要点的讲解，并编制技术交底资料，向作业人员进行三维交底。现场施工完毕后质检员依据 BIM 模型进行现场质量检查，确保施工质量一次成优。例如在地下室空调机房施工中，采用优化好的 BIM 模型对施工班组进行了详细的 3D 交底，确保施工人员对现场管线布置的充分理解，保证了施工质量优良无返工。

（11）移动端应用。利用手机、iPad 查看施工图以及各构建信息，施工现场运用二维码进行管理，移动端扫描二维码即可以显示出构件的详细参数及施工信息，便于现场的施工及检查、验收。

（12）质量安全管理。项目部利用 BIM5D 平台对施工现场发现的质量、安全问题进行跟踪，将现场采集的照片上传至 BIM5D，关联模型进行直接定位，并指定人员整改，通过客户端对整改情况进行检查，实现了质量、安全问题全员参与、协同解决。

（13）进度跟踪。项目运用施工模拟技术比较计划进度与实际进度的时差，工期滞后时，系统自动预警，管理人员实时分析施工过程中存在的问题，找出影响施工进度的原因，对进度计划进行调整，实现工程项目动态管理。

（14）材料管理。造价人员从 BIM 模型中提取工程清单，制定材料计划，避免了材料采购不足或一次采购过多造成寄存的问题。材料管理人员运用 BIM5D 软件生成领料单，对施工队伍限额发放，有效避免材料的浪费。经测算，比传统管理方法节省材料费约 23 万元。材料管理人员依据 BIM 模型对施工队伍进行限额领料、发料，依据 BIM 模型对施工队伍进行过程结算，有效地避免了结算过程中经常出现的纠纷。

（15）计算工程量。在家人员把 MagiCAD 模型导入广联达 GQI 软件进行算量，运用广联达计量计价软件套价，快速计算工程造价，解决预算人员工程计量烦琐、工程量大等难题。

（16）统筹项目资金调配。流动资金是企业的血液，管好用活工程项目的流动资金，加快流动资金流转，对提高企业经济效益至关重要。项目部根据 BIM5D 生成的项目进度资金曲线，进行统筹的资金调配，合理指定资金使用计划，保证了流动资金的使用效率。

7.3.3 BIM 应用效果

通过项目施工阶段一系列 BIM 技术的探索，企业实现了将 BIM 技术应用于项目管理、工程施工、技术创新等方面，并取得了显著效果，完成项目前期制定的工期缩短、成本减少、施工效率提高等目标，同时提升了项目人员的管理水平，培养了一批优秀的 BIM 技术专业人才，进一步带动集团公司重点工程施工阶段 BIM 技术的应用，为集团公司 BIM 技术全面普及铺平了道路。

1. 企业 BIM 技术应用成果

通过本次试点项目，企业内部制定了《BIM 实施规范》，创建了 BIM 管理中心，并构建了企业 BIM 组织机构，搜集到了大量的 BIM 族库数据，为将来 BIM 技术应用提供了参考与便利，也使得企业在项目管理、工程施工、技术创新等方面有了一个全新的思路，大大增强了企业的竞争力。

2. 项目 BIM 应用效益分析

（1）将 BIM 模型、施工模拟动画应用到图纸会审、进度等各种例会中，利于更直接形象地发现问题、解决问题。

（2）通过 BIM 模型与实体对比，现场无纸化办公、云端传输等手段加快了现场查阅图纸与施工的效率，显著提高了管理水平，节省了沟通成本。

（3）本项目通过比较分析计划时间与实际发生时间，实时动态管理建设工程过程并发现问题；利用 BIM 进度模拟对实际施工时间与计划施工时间的偏差进行预警，在第一时间找出建设工程中发生施工进度延迟的原因并进行改进。

（4）通过运用 BIM 三维模型，技术人员可直观地进行管线优化排布。施工前期发现图纸问题，模拟施工过程，对施工中存在的难点进行分析，避免了施工中的问题整改，从而提高了施工效率与准确率，有效减少返工率约 65%，节省工期 48 天，比传统施工节省约 5%。

（5）本工程在施工中，材料管理人员依据 BIM 模型对施工队伍进行材料的领料、发料，周转材料使用率提高 18.3%。项目部依据 BIM 模型对施工队伍进行过程结算，保证了领料、发料工作的准确性，极大地避免了材料的浪费，节约材料费 124 万元。

（6）BIM 技术应用过程中，安排相关人员对施工过程进行了数据采集，通过与以往类似传统施工项目进行数据对比，发现本工程在进度管理、材料节约、综合工日、周转材料使用率、返工率等方面都有明显改善，综合效益有了很大提升。

（7）项目部利用广联达 BIM5D 进行模拟施工，动态地模拟施工进度，依据进度和成本造价的计划及软件生成的周计划资源控制图、资金消耗累计控制图、资金周消耗控制图，对下一步工作提前做出响应，确保实现以"进度控制""投资控制""质量控制"合同管理""资源管理"为目标的数字化三控两管项目总控系统。

（8）通过本次试点项目，公司培养了一批有技术、有经验的 BIM 技术专业人才，他们在 BIM 建模、BIM5D 模型、BIM 技术应用上的能力得到了显著提升，为公司实现 BIM 技术普及化奠定了扎实的基础，并逐步实现集团公司试点应用、重点应用及推广应用三步走战略的发展规划。

（9）通过 BIM 技术与施工管理的配合，本项目先后取得了"河南省结构中州杯""全国绿色施工示范工程""国家级 QC 小组一等奖"等奖项，在质量、技术、安全、文明施工等各方面取得了巨大收获。

7.4　BIM 技术在某药业原料药搬迁项目中的应用

7.4.1　项目概况

1.工程简介

本工程为某药业原料药搬迁项目合成车间 2 号，本工程主体为框架结构，地上 3 层，建筑面积 4 320.85m²，建筑高度 22.2m，总造价 5 200 万元，每平方米造价约 1.2 万元，工程包括土建、钢结构、水电、暖通、消防、工艺管线及设备等，项目建设严格按照新版 GMP 标准和欧盟、FDA 要求进行设计、建设施工。

因本工程分区多、交叉工序多、建设要求标准高以及建设单位限定工期紧，必须确保某种药品持续占有市场等特殊情况，经公司研究决定成立 BIM 中心，经过一年多的努力，取得了可喜的成绩，并形成了可推广的方法体系（见图 7-15）。

图 7-15　某药业原料药搬迁项目合成车间

2. BIM 实施策划

（1）安全管理目标：达到《建筑施工安全检查标准》（JGJ59-2011）标准，杜绝重伤、死亡、火灾和重大机械设备事故，轻伤事故率为零。

（2）质量创优目标：符合国家标准和集团公司标准，达到"中州杯"质量标准。

（3）环境管控目标：符合企业安全文明及绿色施工标准，实现绿色施工和文明施工，达到安全文明示范工地要求，实现施工过程和未来生产的节能减排。

（4）工期管控目标：满足合同工期300日历天的要求，在保证质量安全和环保的前提下尽可能地缩短工期，提前建成投产，确保车间生产药品持续占有市场。

（5）成本管控目标：在完成工程处经营指标的前提下，通过先进技术和精细化管理节约成本，实现成本降低率不低于3%。

7.4.2　BIM 应用具体实施过程

1. 运用 BIM 技术进行安全管理

运用 BIM 技术加强事前控制，运用 BIM 技术协助施工过程控制，运用 BIM 进行数据分析总结，运用 PDCA 法则持续改进，通过进度模拟、三维场布、VR 模拟、模板脚手架、二维码、BIM5D 等，深化安全管理，实现安全目标。

（1）通过进度模拟、三维场布，提前确定各阶段部位危险源，提前制订危险源分析表、安全防护设施计划、安全生产应急预案。

（2）通过 VR 模拟与 BIM 技术进行安全技术交底，让交底更直观，作业人员能迅速直观地掌握安全技能，做到心中有数，主动控制。

（3）通过模板脚手架软件优化专项施工方案，使方案更完善，交底更直观，作业人员在作业时能心中有图片，操作更安全。

（4）通过二维码技术，现场可以扫描二维码获得相应设备信息、岗位责任制、操作规程等，方便安全信息的获取，提高安全生产保障及效率（见图7-16）。

（5）制订任务流程，发起整改通知→整改回复闭合，形成记录归档。管理人员可以随时查看问题整改情况和归档文件。通过 BIM5D 云端，使安全管理手段更高效，提高安全效率，平台安全数据可以为项目经理提供决策信息。

图 7-16　二维码技术

2. BIM 技术在质量创优方面的实施过程

（1）运用进度模拟（见图 7-17），提前规划，在质量管理体系基础上，通过全专业立面施工图、可视化技术交底、作业指导书、二维码技术、BIM5D 云端等，深化质量管理，加强事前、事中控制，实现质量管理目标。

（2）通过进度模拟、VR 技术，提前确定施工重点难点，制作作业指导书、施工方案、工程质量通病控制表等（见图 7-18）。

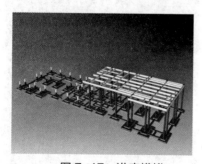

图 7-17　进度模拟

图 7-18　VR 模拟

（3）通过 BIM 优化施工组织设计，全面提升质量管理能力，完善质量保证措施，确保工程创优（见图 7-19）。

图 7-19　BIM 技术

（4）通过 BIM 优化全专业立面施工图、技术交底、作业指导书，让交底更直观，管理人员和作业人员能迅速直观地掌握施工工艺和特点、施工方法和质量控制要求，做到心中有要求，心中有方法，心中有图片，通过"心中有数"提高施工过程质量管理能力（见图 7-20 至图 7-22）。

图 7-20　技术交底

图 7-21　作业指导书

图 7-22　BIM 出图

（5）通过二维码技术，在现场设置二维码，扫描即可获得 BIM 作业指导书、技术交底等相关信息，提高质量管理效率（见图 7-23）。

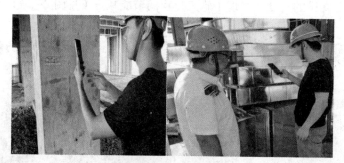

图 7-23　二维码技术

（6）通过 BIM5D 云端，使管理流程更快捷、更高效，提高质量管理效率。制订任务流程，发起整改通知→整改回复闭合。形成记录归档，使管理人员能够随时查看问题的整改情况和归档文件情况。

3. BIM 技术在环境管理方面的具体实施

在施工阶段中实现动态、集成和可视化的 4D 施工管理。将建筑物及施工现场 3D 模型与施工进度相链接，并与施工资源和场地布置信息集成一体，建立 4D 施工信息模型，实现建设项目施工阶段工程进度、人力、材料、设备、成本和场地布置的动态集成管理及施工过程的可视化模拟。

（1）通过三维场布提前规划场地，提高场地利用率，减少冲突率，方便组织有序施工，保障节能减排绿色施工（见图 7-24）。

（2）通过施工模拟，按照"建设工程施工现场安全文明及绿色施工标准"，提前建模，提前规划，确保满足标准要求（见图 7-25）。

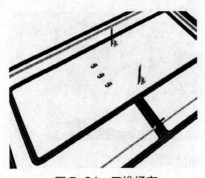

图 7-24　三维场布　　　　　　图 7-25　施工模拟优化场地布置

（3）通过全专业综合管线优化，使布局更合理、线路更短，减少水电、消防、通风、工艺等管道的长度，实现了施工过程的节能减排（见图 7-26）。

图 7-26　全专业综合管线优化

（4）通过可视化立面施工图指导施工，精准控制各专业管线的标高、位置，确保各专业队伍施工后，布局合理，管线最优，在未来生产中，能耗更小，排放量更小，实现了未来生产的节能减排。

（5）通过 BIM5D 云端，使管理手段更高效，提高效率，平台数据可以为项目经理提供决策信息（事中事后控制）。

（6）通过全专业综合管线优化，一方面使布局更合理、线路更短，减少水电、消防、通风、工艺等管道的长度，另一方面避免了返工，减少了材料浪费和废料产生，实现了施工过程的节能减排。

（7）制订任务流程，发起整改通知→整改回复闭合。形成记录归档，管理人员能够随时查看问题整改情况和归档文件。

（8）通过 BIM5D 云端，使管理手段更高效，提高效率，平台安全数据可以为管理人员提供决策信息。

4.运用 BIM 技术进行进度管理

（1）运用 BIM 技术，在进度计划及保证措施的基础上，通过斑马·梦龙进度模拟、前锋线控制、全专业综合立面施工图、PDCA 循环法则等，深化进度管控，加强事前、事中控制，实现工期提前（见图 7-27）。

图 7-27　BIM 技术

（2）通过斑马·梦龙进度模拟编制进度计划，实现进度计划的动态控制（见图 7-28）。

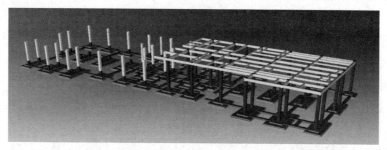

图 7-28　进度生长模型

（3）通过前锋线设置实时监控进度执行情况，前锋线设置→拉直前锋线→计划变动分析表，为进度调整提供可靠信息。

（4）通过全专业综合管线立面施工图，为进度计划优化提供了技术保障，安装作业实现各楼层作业段同时开始，穿插作业，工期提前。

（5）通过广联达斑马·梦龙施工模拟，运用PDCA法则，通过计划、模拟、检查、优化、计划不断循环，制定出成本节约工期最短的进度计划。

（6）通过BIM模拟指导单机试运转和联合试运行，实现一次性试运行成功，工期提前（见图7-29）。

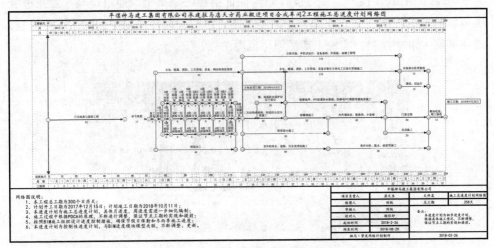

图7-29 施工总进度计划网络图

本工程总工期为300个日历天。计划开工日期为2017年12月15日；竣工日期为2018年10月11日，工期300日历天。

工程按原计划施工，由于春节放假，2018年2月23日恢复施工，做好现场准备工作后时间已经到2018年2月26日，主体结构施工刚刚开始，通过斑马进度计划设置前锋线，拉直前锋线，计划变动分析，按原计划施工已不满足投产需求。

通过前锋线设置实时监控进度执行情况，前锋线设置→拉直前锋线→计划变动分析表，为进度调整提供可靠信息。

通过可视化立面施工图指导施工，标出水电、消防、通风、工艺管线的标高和位置，各专业同时施工穿插作业，节省时间。

通过全专业综合管线立面施工图，为进度计划优化提供了技术保障，安装作业实现各楼层作业段同时开始，穿插作业，工期提前。

为了保证节点工期的实现和提前，项目部在BIM中心召开进度协调会，通过斑马·梦龙进行模拟，不断通过模型进行 PDCA 循环改进，在充分考虑物资供应、资金计划、质量目标、成本节约等多方面因素影响的前提下，项目部、BIM 中心和 QC 小组决定，使用斑马更新绘制详细施工进度计划，主体部分采用 2 段流水施工，安装施工阶段穿插施工，在保证安全质量和环境的前提下加快施工节奏，确保进度目标的实现，同时保证物资供应，确保劳动力组织，加强安全质量和环境措施，加强外部协调，争取实现工期提前，费用节约。

主体施工阶段采用分段流水施工，最终控制主体封顶节点工期提前至 2018 年 4 月 9 日，不仅确保了节点工期，并且比原计划节点工期（2018 年 4 月 13 日）提前 5 日。

安装施工阶段，加入穿插施工，二次结构粗装饰分层分段施工，水电、暖通、消防、设备、工艺管线、钢平台、屋面部分穿插施工，小装修、门窗、吊顶部分适时跟进，最终在 2018 年 8 月 29 日提前竣工，实际总工期 258 天，比合同工期提前了 42 天。

通过 BIM 模拟指导单机试运转和联合试运行，实现一次性试运行成功，实现工期提前。

5.运用 BIM 技术进行成本管控

运用 BIM 技术提高质量管理水平、安全管理水平、绿色施工和文明施工管理水平，在管理中求效益，以效益促管理，运用全专业综合管线优化、综合支吊架设计、综合预留预埋调整、模型提量等，提高成本管理水平，实现成本节约。

（1）解决碰撞问题。施工过程中相关各方有时需要付出几十万、几百万，甚至上千万的代价来弥补由设备管线碰撞等引起的拆装、返工和浪费。BIM 技术的应用能够安全避免这种无谓的浪费。传统的二维图纸设计中，在结构、水暖电等各专业设计图纸汇总后，由总图工程师人工发现和解决不协调问题，这将耗费建筑结构设计师和安装工程设计师大量时间和精力，影响工程进度和质量。由于采用二维设计图来进行会审，人为的失误在所难免，使施工出现返工现象，造成建设投资的极大浪费，并且还会影响施工进度。

应用 BIM 技术进行三维管线的碰撞检查，不但能够彻底消除硬碰撞、软碰撞，优化工程设计，减少在建筑施工阶段可能存在的错误损失和返工的可能性，而且能优化净空，优化管线排布方案。可以利用碰撞优化后的三维管线方案，进行施工交底、施工模拟，提高施工质量，同时也提高了与业主沟通的能力。

通过碰撞分析调整、净高分析、综合支吊架设计等优化各专业管线的布局和路线，使布局更合理、线路更短，从而实现成本节约（见图 7-30、7-31）。

图 7-30　综合管线优化

图 7-31　综合支吊架设计

（2）通过全专业综合管线立面施工图指导施工，安装作业实现各楼层作业段同时开始，穿插作业，工期提前，实现成本节约。

（3）通过 BIM 模拟指导单机试运转和联合试运行，实现一次性试运行成功，实现成本节约（见图 7-32）。

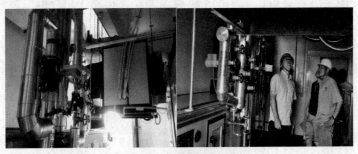

图 7-32　现场单机试运行

（4）通过全专业综合管线优化，使布局更合理，线路更短，实现了施工成本和未来生产成本的双节约（见图 7-33）。

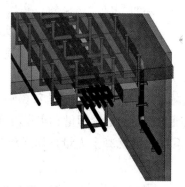

图 7-33　综合管线优化

（5）通过 BIM5D 云端，加强资金审批、限额领料、材料消耗量指标等管理手段，提质增效，提高成本管理水平。

通过管线综合优化、综合支吊架设计、预留预埋调整深化设计出图，确定各专业管线的标高和位置、预留预埋的尺寸和位置，一次安装就位，一次预埋到位，避免返工和材料浪费，实现各专业提前穿插施工，工期提前，费用节约。

运用 Revit 查找不满足净高要求的位置得出净高分析报告，

将不满足净高要求的区域进行方案再优化，确定最终施工方案，为后期工艺设备安装位置进行精确定位，有效地避免了后期因净高不足而带来的重复施工与材料浪费的后果。

通过可视化立面施工图指导施工，标出水电、消防、通风、工艺管线的标高和位置，避免返工浪费，实现成本节约。

通过全专业综合管线立面施工图，为进度计划优化提供了技术保障，安装作业实现各楼层作业段同时开始，穿插作业，工期提前，成本节约。

建立以项目经理为核心的成本管理体系，运用 BIM5D 技术手段建立工作流程，加强传统采购、限额领料、材料消耗量指标、机械设备使用等管理措施的信息化水平，提高管理效率，通过平台的流程化管理和数据集成，不断提高成本管理水平。

（6）节约成本汇总。应用 BIM 技术，提高成本管理水平，实现成本节约。一方面从深化设计出图源头出发，通过优化管道路线，设置综合支吊架，减少管材及人工用量，实现水电、消防、通风、工艺管线及配件材料费节约 21.6 万，人工费（含工器具）节约 14.4 万元，另一方面通过精细化管理和进度提前，实现钢管租赁费节约 7.2

万元，塔吊使用费2万元，其他机械租赁费7.5万元，管理人员工资及项目部日常开销9.6万，计日工等7.3万元，共计：21.6+14.4+7.2+2+7.5+9.6+7.3=69.6（万元）。

通过BIM技术模拟单机试运行和联合试运转，实现一次性试运行成功，为项目投产节约大量时间，合成车间2号提前投产2个月，实现直接经济效益1280万元，在老车间因环保已停产3个月的情况下，提前投产使药品及时供应，确保了市场占有率，具有重大意义。

6.混凝土系数K的成功运用，实现成本质量双控制

运用BIM模型得出混凝土提量、理论用量、实际用量，三量对比，加权平均，得出理论系数K，采用K系数控制混凝土方量，加强预判，减少浪费，实现成本质量双控制。

通过一层模型提量为476m³，理论用量为463m³，实际用量为470m³确定K系数为1.013。在二层、三层应用中，按照K系数控制混凝土方量425/1.013≈420m³，实际用量为420m³，420/1.013≈415m³，实际用量为415m³，在同类管理水平条件下，运用K系数完全可以控制混凝土用量，实现成本质量双控制（见表7-1）。

表7-1　混凝土系数K控制表

楼层	模型量	预算量	实际用量
一层	476 m³	463 m³	470 m³
二层	425 m³	420 m³	420 m³
三层	420 m³	414 m³	415 m³
合计	1 321 m³	1 297 m³	1 310 m³

运用合成车间2混凝土K系数，作为合成车间3的初始K系数，主体第一次浇筑，混凝土最后一车掐方，预计按照418m³的预算量控制已不满足浇筑需求，多发了3m³混凝土，最后浇筑完剩余约1.7m³，通过过程分析，不存在胀模、跑浆等浪费现象，调整K系数为1.24。

7.增强了与参建各方的沟通能力

（1）通过BIM的终端设备能把业主和参建各方进行实时链接在一起，在本工程的建设周期内让各方畅通的沟通。通过搭建1：1的三维信息化建模型，能让可能不懂专业的业主也能直观地了解本工程的各项情况，如同现场参观实体一样。

（2）施工前可以快速搭建方案设计三维模型，取代了传统的平面图，或是效果图，让业主形象地全方位了解设图纸的设计方案，以便于确定图纸是否实现了业主的想法。

（3）通过 BIM 系列软件搭建 1：1 的精细化三维模型，形象地表现出成品形象，实现所见及所得。业主及监理方可随时跟踪进度，以及统计实体工程量，以便于前期的造价控制、质量跟踪控制。

（4）可以最大程度地满足业主对所建造产品的细节要求（业主可在线以任何一个角度观看设产品的的构造，甚至是小到一个插座的位置、规格、颜色），业主可在线随时提出修改意见，公司将及时满足业主的合理修改要求。

（5）BIM 技术让建设人员为业主提供更为完美的产品，它能让建设人员把工程的结构分析、节能设计、智能化、安全、环保、绿色等做得更好。

（6）在施工阶段中实现动态、集成和可视化的 4D 施工管理。将建筑物及施工现场 3D 模型与施工进度相链接，并与施工资源和场地布置信息集成一体，建立 4D 施工信息模型，实现建设项目施工阶段工程进度、人力、材料、设备、成本和场地布置的动态集成管理及施工过程的可视化模拟。

（7）在施工阶段可以把大量的工程相关信息（如构件和设备的技术参数、供方信息、状态信息）录入到信息模型中，可在运营过程中随时更新，通过对这些信息快速准确的筛选调阅，能为项目的后期运营带来很大便利。

8. 实现开工前的虚拟施工

实现虚拟施工是在计算机上执行建造过程，虚拟模型可在实际建造之前对工程项目的功能及可建造性等潜在问题进行预测，包括施工方法实验、施工过程模拟及施工方案优化等。

（1）在施工阶段随时随地都可以非常直观快速地知道计划进度是什么情况，实际进度又是什么情况。这样通过 BIM 技术结合施工方案、施工模拟和现场视频进行监测，大大减少建筑质量问题、安全问题，减少返工和整改。

（2）三维可视化技术可以直观地将工程建筑与实际工程对比，考察理论与实际的差距和不合理性。同时，三维模型的对比可以使业主对施工过程及建筑物相关功能性进行进一步评估，从而提早反应，对可能发生的情况做及时的调整。

（3）施工过程中无论是施工方、监理方，甚至非工程行业出身的业主领导都能对工程项目的各种问题和情况了如指掌。

（4）三维动画渲染和漫游让业主和其他参建单位具有真实感和直接的视觉冲击，如亲临现场一般。

9. 实现精细化的施工管理

项目各参与方通过网络协同工作，进行工程洽商、协调，实现施工质量、安全、成本和进度的管理和监控。

（1）可视化的技术交底。施工作业人员文化水平不高，比较复杂的工程向工人技术交底时往往难以让工人理解技术要求，但通过模型就可以直观地让人工人知道自己将要完成的部分是什么样，有哪些技术要求，直观而形象。

（2）精细化的施工安排。可以用模型形象地反映出工程实体的实况，通过对各步工作的分解，精确统计出各步工作工程量，再结合工作面情况和资源供应情况分析后可精确地组织施工资源进行实体的修建。

（3）精确的工程量统计。施工管理人员可以根据施工进度（部位）快速统计出需要的工程材料数量，实现真正的定额领料并合理安排运输。

（4）实现钢结构的预拼装。大型钢结构施工过程中变形较大，传统的施工方法要在工厂进行预拼装后再拆开到现场进行拼装。而采用 BIM 技术后就可以把现场的已安装的钢结构进行精确测量后在计算机中建立与实际情况相符的模型，实现虚拟预拼装。

（5）实现构件工厂化生产。可以基于 BIM 设计模型对构件进行分解，对其进行二维码标注，在工厂加工好后到运到现场进行组装，精准度高，失误率低。

（6）"框图出价"——造价管理。基于 BIM 技术可以根据三维图形分楼层、区域、构件类型、时间节点等进行"框图出价"，可以快速、准确地进行工程量计算，使工程款的使用做到游刃有余。

10. 为工程后期维护提供准确数据

在实施阶段，通过 BIM 全专业应用与建设单位综合组、土建组、电气组、安装组、工艺组、自控组建立了良好的沟通渠道，参与 BIM 模型的工程文档管理，将文档等通过手工操作和 BIM 模型中相应部位进行链接。该管理系统集成了对文档的搜索、查阅、定位功能，并且所有操作在基于四维 BIM 可视化模型的界面中，能充分提高数据检索的直观性，提高工程相关资料的利用率。在我们施工结束后，自动形成的完整的信息数据库，为工程运营管理人员提供快速查询定位，根据模型能快速、准确地查找到问题源头，及时解决问题，提高生产效率。

BIM 成果为建设单位进行工艺教育培训提供了可视化的培训素材，使新进员工能够更快掌握生产技术。

参考文献

[1] 位帅鹏, 李庆达. BIM 技术在潞河医院项目进度管理中的开发应用 [J]. 施工技术, 2014, 43(S2): 577–579.

[2] 张飞涟, 郭三伟, 杨中杰. 基于 BIM 的建设工程项目全寿命期集成管理研究 [J]. 铁道科学与工程学报, 2015, 12(03): 702–708.

[3] 刘晓东, 田林, 高子钰. BIM 对建筑工程施工技术影响研究 [J]. 哈尔滨理工大学学报, 2015, 20(03): 117–120.

[4] 钟炜, 张凯乐, 杨岗营, 等. BIM 视阈下工程项目管理业务流程再造研究 [J]. 图学学报, 2017, 38(06): 896–903.

[5] 蒋凤昌, 周桂香, 李永奎, 等. 上海市胸科医院科教综合楼设计阶段的 BIM 应用 [J]. 工业建筑, 2018, 48(02): 39–46.

[6] 周桂香, 蒋凤昌, 李永奎, 等. 上海市胸科医院科教综合楼施工阶段的 BIM 应用 [J]. 工业建筑, 2018, 48(02): 47–52.

[7] 刘德富, 彭兴鹏, 刘绍军, 等. BIM5D 在工程项目管理中的应用 [J]. 施工技术, 2017, 46(S2): 720–723.

[8] 张爱琳, 李璐. BIM 技术在医院机电安装工程中的应用 [J]. 建筑技术, 2018, 49(05): 461–462.

[9] 赵凯航. BIM 技术在建筑工程建设管理中的应用 [J]. 企业管理, 2017(S1): 172–173.

[10] 武炜. 基于 BIM 的建筑工程进度估计方法研究 [J]. 现代电子技术, 2018, 41(17): 178–181.

[11] 窦志明, 刘诗虎, 黄节华, 等. BIM 技术在海外工程项目营地规划与设计的应用 [J]. 施工技术, 2018, 47(S1): 1521–1523.

[12] 袁德胜, 花园园, 魏雪婷. BIM 应用情境下工程项目合同条件的变化解析 [J]. 施工技术, 2018, 47(S1): 1570–1573.

[13] 赵飞, 张大宝, 李昌松. BIM 技术在钢结构模块化建筑工程中的应用 [J]. 建筑技术, 2018, 49(S1): 145–146.

[14] 张国华. 基于 BIM 的建筑工程设计优化关键技术及应用 [J]. 现代电子技术, 2018, 41(21): 165–168.

[15] 罗文林，刘刚.基于 BIM 技术的 Revit 族在工程项目中的应用研究 [J]. 施工技术，2015, 44(S1): 761–764.

[16] 张丽丽，李静.BIM 技术条件下施工阶段的工程项目管理 [J]. 施工技术，2015, 44(S2): 691–693.

[17] 李志成，王飞龙，吉久茂，等.BIM 技术在建筑工程设计中的应用 [J]. 铁道科学与工程学报，2016, 13(06): 1179–1185.

[18] 马凌，王学博，于成龙，等.医院建筑 BIM 研发阶段的实施 [J]. 建筑技术，2016, 47(08): 722–724.

[19] 赵晖，刘原池，王丽颖.基于 BIM 的建筑工程信息价值链再造研究 [J]. 情报科学，2014, 32(05): 105–108.

[20] 黄玮征.建筑工程 BIM 信息交换研究 [J]. 建筑经济，2014, 35(07): 106–108.

[21] 李艳，廖再毅，袁宏川.BIM 对工程项目参与方的影响及应用研究 [J]. 施工技术，2014, 43(S1): 522–525.

[22] 徐勇戈，鹿鹏.基于 BIM 的大型建设工程项目组织集成 [J]. 铁道科学与工程学报，2016, 13(10): 2092–2098.

[23] 于国，张宗才，孙韬文，等.结合 BIM 与 GIS 的工程项目场景可视化与信息管理 [J]. 施工技术，2016, 45(S2): 561–565.

[24] 王成，王文跃.BIM 技术在建筑工程中的研究与应用 [J]. 施工技术，2016, 45(S2): 588–591.

[25] 刘洪亮，何兵，段宗哲.大型冶金工程项目机电安装 BIM 应用研究 [J]. 施工技术，2017, 46(06): 22–26.

[26] 张国峰.BIM 在建筑工程岩土勘察三维虚拟现实可视化中的应用 [J]. 建筑技术，2017, 48(03): 275–277.

[27] 欧阳焜.BIM 多因素随机性工程项目进度预测模型研究 [J]. 建筑技术，2017, 48(04): 395–398.

[28] 周勃，任亚萍.基于 BIM 的工程项目施工过程协同管理模型及其应用 [J]. 施工技术，2017, 46(12): 143–150.

[29] 杨玉梅.BIM 技术在建筑工程中的应用 [J]. 林产工业，2017, 44(09): 57–59+62.

[30] 丰景春，赵颖萍.建设工程项目管理 BIM 应用障碍研究 [J]. 科技管理研究，2017, 37(18): 202–209.

[31] 陈家远，石亚杰，郑威，等.基于 BIM 的设计与管理在复杂工程项目中的应用 [J]. 施工技术，2017, 46(S1): 473–478.

[32] 刘剑峰 . BIM 在建筑工程临时建筑中的应用 [J]. 施工技术 , 2017, 46(S1): 502–505.

[33] 王广斌 , 任文斌 , 罗广亮 . 建设工程项目前期策划新视角——BIM/DSS[J]. 建筑科学 , 2010, 26(05): 102–105.

[34] 陈彦 , 戴红军 , 刘晶 , 等 . 建筑信息模型 (BIM) 在工程项目管理信息系统中的框架研究 [J]. 施工技术 , 2008(02): 5–8.

[35] 戴晓燕 , 刘超 . 基于 BIM 技术的建筑工程虚拟仿真实训中心的建设研究 [J]. 实验技术与管理 , 2018(12): 237–241.

[36] 李昕鹏 . 项目管理法在建筑工程管理中的应用 [J]. 施工技术 , 2011, 40(S1): 291–293.

[37] 成立 , 王小萍 , 黄志青 , 等 . 施工组织设计优化 [J]. 建筑技术 , 2007(04): 311–312.

[38] 王新文 . 浅谈建筑工程项目投标施工组织设计编制 [J]. 建筑经济 , 2007(06): 104–105.

[39] 陈春梅 . 信息技术在建筑工程管理中的应用探讨 [J]. 四川建筑科学研究 , 2007(05): 229–232.

[40] 邵回祖 , 武俊生 . 面向对象建筑工程管理系统的设计与实现 [J]. 计算机工程与设计 , 2007(23): 5739–5740.

[41] 高明珠 , 贾克斌 , 张立 , 等 . 基于 B/S 的建筑工程管理信息平台 [J]. 计算机工程 , 2006(03): 257–258+266.

[42] 尚春静 , 刘长滨 . 建筑工程管理信息化 [J]. 建筑经济 , 2004(08): 26–29.

[43] 保冠雄 . 浅谈业主的建筑工程管理方法 [J]. 施工技术 , 2003(12): 39–40.

[44] 米舰 . 投标施工组织设计的编制研究 [J]. 施工技术 , 2013, 42(10): 108–110.

[45] 董小林 , 白云峰 , 潘望 , 等 . 工程项目施工组织环境保护方案设计研究 [J]. 建筑科学与工程学报 , 2013, 30(02): 121–126.

[46] 韩玉龙 . 浅析施工组织设计 (方案) 的编制 [J]. 施工技术 , 2015, 44(S1): 742–745.

[47] 李保川 . 如何才能编制出好的施工组织设计 [J]. 施工技术 , 2007, 36(S2): 382–387.

[48] 沈书立 , 赵国杰 , 王雪青 . 基于灾后援建特殊性的工序施工组织设计优化 [J]. 管理工程学报 , 2014, 28(02): 160–166.

[49] 袁贵顶 . 从图纸会审与施工组织设计的相依性探究投资项目价值工程的意义 [J]. 四川建筑科学研究 , 2010, 36(06): 297–300.

[50] 冯锦华 . 施工组织设计编制的方法与要点 [J]. 施工技术 , 2009, 38(09): 113–115.

[51] 戴俭 , 朱小平 , 王珊 . 医院建筑室内环境"人性化"设计 [J]. 建筑学报 , 2003(07): 22–24.

[52] 巴志强，姜龙，郭锡斌，等 . 浅谈建筑智能化系统在医院建筑中的应用 [J]. 中国医院管理，2005(10): 64–65.

[53] 诸葛立荣 . 医院建设与发展趋势 [J]. 中国医院建筑与装备，2004(05): 6–10.

[54] 闫泰山，高平，安宗锦 . 论代建制下大型医院建设项目管理方式 [J]. 中国医院建筑与装备，2015(12): 87–89.

[55] 王伽琪 . Z 医院建设管理现状分析及改进对策研究 [D]. 吉林大学，2009.

[56] 潘文骏 . 现代项目管理计划方法在滇池医院建设项目中的应用 [D]. 昆明理工大学，2007.

[57] 徐峻 . FX 医院建设项目的进度管理研究 [D]. 兰州大学，2010.

[58] 王铭铭 . 既有建筑的改造和扩建设计研究 [D]. 北京建筑大学，2016.

[59] 王旭光 . 基于综合效率评价的大型医院门诊楼的设计策略研究 [D]. 重庆大学，2013.

[60] 殷许鹏，倪红梅，李盛斌 . 建筑 BIM 技术应用 [M]. 吉林大学出版社，2017.

[61] 翟丽雯，姚玉娟 . 建筑工程组织与管理 [M]. 北京大学出版社，2009.

[62] 成虎，陈群 . 工程项目管理 (第四版)[M]. 中国建筑工业出版社，2015.

[63] 刘瑾瑜，吴洁 . 建筑工程项目施工组织及进度控制 [M]. 武汉理工大学出版社，2012.

[64] 于金海 . 建筑工程施工组织与管理 [M]. 北京：机械工业出版社，2017.

[65] 李明安，邓铁军，杨卫东 . 工程项目管理理论与实务 [M]. 长沙：湖南大学出版社，2012.

[66] 曹磊，谭建领，李奎著 . 建筑工程 BIM 技术应用 [M]. 北京：中国电力出版社，2017.

[67] 穆静波，侯敬峰，王亮，等 . 建筑施工组织与管理 [M]. 清华大学出版社，2013.

[68] 李思康，李宁，冯亚娟 .BIM 施工组织设计 [M]. 化学工业出版社，2018.

[69] 孙彬，栾兵，刘雄，等 .BIM 大爆炸 [M]. 机械工业出版社，2018.

[70] 李娟，曾立民 . 建筑施工企业 BIM 技术应用实施指南 [M]. 中国建筑工业出版社，2017.

[71] 张建忠 .BIM 在医院建筑全生命周期中的应用 [M]. 上海：同济大学出版社，2017.

[72] 金睿 . 建筑施工企业 BIM 应用基础教程 [M]. 杭州：浙江工商大学出版社，2016.

[73] 上海申康医院发展中心 . 上海市级医院建筑信息模型应用指南 2017 版 [M]. 上海：同济大学出版社，2017.